高等职业教育土木建筑类专业教材

建筑工程安全管理
（第2版）

主　编　胡　戈　王贵宝　杨　晶

副主编　高雅琨　侯丽萍　代洪伟

参　编　吕润平　任尚万　徐　蓉

主　审　郝　俊　李仙兰

U0339353

北京理工大学出版社
BEIJING INSTITUTE OF TECHNOLOGY PRESS

内 容 提 要

　　本书共分为13章，主要内容包括安全生产管理及安全生产预控，安全检查与安全事故处理，土（石）方工程安全技术，模板工程施工安全技术，脚手架工程安全技术，建筑工程施工安全防护，施工现场临时用电安全技术，施工机械安全技术，拆除工程安全技术，治安保卫工作，施工现场管理与文明施工，环境保护与环境卫生，消防安全管理。每章均有明确的知识目标与能力目标，每章后面都附有思考与练习，以方便学生对所学过的知识进行巩固。

　　本书可作为高等职业教育院校建筑工程技术专业的教材，也可作为施工企业生产第一线管理人员的培训和参考书。

图书在版编目（CIP）数据

建筑工程安全管理 / 胡戈，王贵宝，杨晶主编. —2版. —北京：北京理工大学出版社，2017.1（2020.8重印）

ISBN 978-7-5682-3556-3

Ⅰ.①建…　Ⅱ.①胡…　②王…　③杨…　Ⅲ.①建筑工程—安全管理—高等学校—教材　Ⅳ.①TU714

中国版本图书馆CIP数据核字（2017）第002789号

出版发行 / 北京理工大学出版社有限责任公司

社　　　址 / 北京市海淀区中关村南大街5号

邮　　　编 / 100081

电　　　话 / （010）68914775（总编室）

　　　　　　（010）82562903（教材售后服务热线）

　　　　　　（010）68948351（其他图书服务热线）

网　　　址 / http://www.bitpress.com.cn

经　　　销 / 全国各地新华书店

印　　　刷 / 北京紫瑞利印刷有限公司

开　　　本 / 787毫米×1092毫米　1/16

印　　　张 / 16　　　　　　　　　　　　　　　　　　　责任编辑 / 李玉昌

字　　　数 / 340千字　　　　　　　　　　　　　　　　文案编辑 / 瞿义勇

版　　　次 / 2017年1月第2版　2020年8月第4次印刷　　责任校对 / 周瑞红

定　　　价 / 42.00元　　　　　　　　　　　　　　　　责任印制 / 边心超

图书出现印装质量问题，请拨打售后服务热线，本社负责调换

第2版前言

随着我国经济的迅猛发展，工程建设在国民经济中占据了举足轻重的地位。工程建设项目具有投资大、建设周期长等特点，与国民经济运行和人民生命财产安全息息相关，因此，加强工程建设的安全管理是工程建设活动中一项十分重要的工作。在高等职业技术教育中也应加强学生工程建设安全管理能力的训练，培养"适应生产、建设、管理、服务第一线需要的德、智、体全面发展的高等技术应用人才"。

高等职业教育技术应用型人才培养培训教材，应加强职业技能的培养，突出高等职业技术教育以就业为导向，以能力为本位的特色，全面培养学生的职业素质和职业能力，实现"零距离上岗"。教材编写应打破学科理论体系，构建职业核心能力型的课程体系，开发与生产实际、技术应用密切联系的综合性和案例性教材。

本书正是根据以上要求，按照教育部、住建部联合制定的高等职业技术教育建筑工程专业领域技术应用型人才培养培训指导方案的精神编写的。它体现了高等职业技术教育人才培养的特点，符合建筑施工企业生产第一线的技术应用型人才培养的目标。本书以学生项目施工安全管理的能力培养为目标，从建筑施工安全管理、建筑施工安全技术、安全文明施工管理及职业卫生与环境保护等方面进行章节划分；每个章节均有详细的教学要求，包括学习目标和能力目标；每个章节均安排了一定数量的职业活动训练、思考与练习。目的是使学生通过课堂学习和职业活动训练，基本掌握建筑施工安全管理事前预控和过程控制的依据、基本思路、方法、手段和途径。

本书由内蒙古自治区建筑安全监督总站王贵宝和内蒙古建筑职业技术学院胡戈、杨晶担任主编，内蒙古建筑职业技术学院高雅琨、侯丽萍和代洪伟担任副主编，内蒙古第三建筑公司吕润平、内蒙古建筑职业技术学院任尚万、徐蓉参与了本书的编写工作。具体编写分工为：第一章由王贵宝和侯丽萍编写，第二章由任尚万编写，第四章由徐蓉、代洪伟编写，第五章由代洪伟编写，第三、六、八、九、十章由胡戈编写，第七章由吕润平和高雅琨编写，第十一、十二章由杨晶编写，第十三章由高雅琨编写。全书由胡戈负责统编，由郝俊和李仙兰主审。

限于编者水平和经验，书中难免存在疏漏和不妥之处，敬请读者批评指正。

编　者

第1版前言

随着我国经济的迅猛发展，工程建设在国民经济中占据了举足轻重的地位。工程建设项目具有投资大、建设周期长等特点，与国民经济运行和人民生命财产安全休戚相关，因此，加强工程建设的安全管理是工程建设活动中一项十分重要的工作。在高等职业技术教育中也应加强学生工程建设安全管理能力的训练，培养"适应生产、建设、管理、服务第一线需要的德、智、体全面发展的高等技术应用人才"。

高等职业教育技术应用型人才培养，应加强职业技能的培养，突出高等职业技术教育以就业为导向、以能力为本位的特色，全面培养学生的职业素质和职业能力，实现"零距离上岗"。教材编写应打破学科理论体系，构建职业核心能力型的课程体系，开发与生产实际、技术应用密切联系的综合性和案例性教材。

本书正是根据上述要求，按照教育部、住房和城乡建设部联合制订的高等职业技术教育建筑工程专业领域技术应用型人才培养培训指导方案的精神编写的，体现了高等职业技术教育人才培养的特点，符合建筑施工企业生产第一线的技术应用型人才培养的目标。本书以施工安全管理的能力培养为目标，从建筑施工安全管理、建筑施工安全技术、安全文明施工管理及职业卫生与环境保护等方面进行章节划分；每个章节均有详细的教学要求，包括知识目标和能力目标；每个章节均安排了一定数量的职业活动训练、思考与练习，目的是使学生通过课堂学习和职业活动训练，基本掌握建筑施工安全管理事前预控和过程控制的依据、基本思路、方法、手段和途径。

本书由内蒙古建筑职业技术学院胡戈和内蒙古自治区建筑安全监督总站王贵宝担任主编，内蒙古建筑职业技术学院杨晶和张兰柱担任副主编，吕润平、任尚万、徐蓉、赵洁参与编写。本书具体编写分工为：第一章由内蒙古自治区建筑安全监督总站王贵宝和内蒙古建筑职业技术学院张兰柱编写，第二章由内蒙古建筑职业技术学院任尚万编写，第四章由内蒙古建筑职业技术学院徐蓉编写，第三、五、六、八、九、十章由内蒙古建筑职业技术学院胡戈编写，第七章由内蒙古第三建筑公司吕润平和内蒙古建筑职业技术学院张兰柱编写，第十一、十二章由内蒙古建筑职业技术学院杨晶编写，第十三章由内蒙古建筑职业技术学院赵洁编写，全书由胡戈负责统稿。

本书可作为高等职业技术学院、高等专科学校、成人高校及本科院校开办二级职业技术学院的建筑工程技术专业、工程技术监理专业及相近专业的教学用书，也可作为施工企业生产一线管理人员的培训和参考用书。

限于编者水平和经验，书中难免存在疏漏和不妥之处，敬请读者批评指正。

编　者

目 录

第一章　安全生产管理及安全生产预控

◉ **知识目标**

1. 熟悉安全与安全生产管理的基本概念，安全管理的目标、方针，建筑工程安全生产的特点及不安全因素；
2. 掌握安全控制的程序与方法；
3. 熟悉建筑工程安全生产相关的法律、法规。

◉ **能力目标**

1. 能够结合工程实际分析某一工程实践的安全生产特点及安全因素；
2. 能够编制该工程项目安全控制的方法、目标与程序；
3. 能够分析某一工程实践符合有关安全生产的法律、法规的情况。

第一节　安全与安全管理

一、安全的相关概念

1. 安全

安全即没有危险、不出现事故，是指人的身体健康不受伤害，财产不受损失，保持完整无损的状态。安全可分为人身安全和财产安全。

2. 安全生产

安全生产是指在劳动生产过程中，通过努力改善劳动条件、克服不安全因素来防止伤亡事故发生，使劳动生产在保障劳动者安全健康和国家财产及人民生命财产不受损失的前提下顺利进行。

狭义的安全生产是指生产过程处于避免人身伤害、物的损坏及其他不可接受的损害风险（危险）的状态。不可接受的损害风险（危险）通常是指超出了法律、法规和规章的要求；超出了安全生产的方针、目标和企业的其他要求；超出了人们普遍接受的（通常是隐含）要求。

广义的安全生产除直接对生产过程的控制外，还应包括劳动保护和职业卫生健康。

安全与否是相对危险的接受程度来判定的，是一个相对的概念。世上没有绝对的安全，任何事物都存在不安全因素，即都具有一定的危险性，当危险降低到人们普遍接受的程度时，就认为是安全的。

3. 安全生产管理

安全生产管理是指经营管理者对安全生产工作进行的策划、组织、指挥、协调、控制和改进的一系列活动，目的是保证生产经营活动的人身安全、财产安全，促进生产的发展，并促进社会的稳定。

安全管理的目标和方针是安全第一、预防为主、综合治理。

二、建筑工程安全生产的特点

1. 作业人员素质的不稳定性

从目前的建筑市场情况看，绝大多数操作工人都是来自农村或偏远山区的临时工、外包工，文化程度总体较低，绝大多数未受过专业训练，人员素质总体较差；由于各工种专业技能和安全施工操作要点需要通过工作实践逐步积累，因此，人员素质受作业年限长短的影响非常明显，每年都有大批新民工涌入建筑市场，致使作业人员及其素质极不稳定；在建筑施工过程中，生产管理人员根据生产进度情况灵活地组织操作人员进场，施工队伍、操作人员不可避免地经常处于动态的调整过程，为适应作业量的变化、满足工期和工序搭接的需要，在同一项目工程的不同建筑之间，以及同一建筑的不同施工部位也存在施工队伍、操作人员的流动；尽管相关建筑企业管理意识不断优化，在施工队伍、操作人员中还是有一些单位的经营承包管理人员受利益的驱使，在管理和监督稍有薄弱的情况下，非法转包和招聘一些不能胜任作业的队伍、人员，导致建筑施工现场操作人员素质更不稳定。作为"人"的不安全因素，建筑工程施工操作人员素质的不稳定，是建筑工程施工现场的重要安全隐患。

2. 体积庞大、受外部环境影响的因素多

建筑产品多为高耸庞大、固定的大体量产品，因此，建筑施工生产只能在露天条件下进行。正是因为露天作业这一特点，导致施工现场存在更多的事故隐患，同时，也使建筑工程施工现场的安全管理工作难度加大。

施工现场安全直接受到天气变化的制约，如冬期、雨期、台风、高温等都会给现场施工带来许多问题，各种较恶劣的气候条件对施工现场的安全都有很大的威胁；建筑产品所处的地理、地质、水文和现场内外水、电、路等环境条件也会影响施工现场的安全。

3. 设备设施投入量大、分布分散

由于建筑产品体积庞大，物资和人力消耗巨大，在有限的施工场地上集中大量的建筑材料、设备设施、施工机具。露天的电气线路装置多，塔式起重机、井架、脚手架等危险性较大的设备设施多，无型号、无专门标准、自制和组装的中小型机械类型数量多，手持

移动工具多，而且使用广泛、布局分散，致使安全生产管理工作的难度更加增大。

4. 人力、物力投入量大、生产周期长

由于建筑产品体积庞大，物资和人力消耗巨大，往往需要长期大量地投入人力、物力、财力，少则几个单位，多则二三十个单位共同进行作业。在有限的施工现场上集中大量的人力、建筑材料、设备设施、施工机具，加之施工生产过程中各施工工序及工艺流程都需要衔接配合，连续性较强，致使安全生产管理工作要综合考虑多方面的安全隐患，稍有疏忽便有可能发生安全事故。

5. 产品自身的固定性与作业的流动性

建筑产品是不同于其他行业的特殊商品，其位置保持固定，建成后就不能移动；而在生产工程中，施工机械、机具设备、建筑材料、施工操作人员等都必须根据施工流程，持续动态的流动，各设备、材料等周转使用，一个项目产品完成后，又要投入到其他新的项目产品中，人、材、机作业性流动非常大。在工程中由于"人的不安全行为""物的不安全状态"以及"组织管理的不安全因素"等原因互相影响，致使施工安全生产管理工作更为复杂。

6. 建筑产品形式多样、规则性差

建筑产品在设计时，不仅要考虑结构耐久性，还要考虑其本身的经济实用性，并且满足人们对建筑产品美观上的要求；建筑产品的地理位置、民族特征、风俗习惯和所处的环境不同，致使施工工程处于不同的外部作业条件；为满足各行各业的需要，外观和使用功能各异，形式和结构灵活多变。即使同类工程、同样工艺和工序，其施工方法和施工情况也会有差异和变化，因此，建筑产品规则性差，具有突出的单件性。施工生产过程受到的制约因素较多，不可能全部照搬以往的施工经验，而且立体交叉作业的情况较多，使其生产周期很长，少则数月、多则数年，导致潜在的事故隐患较多、安全管理工作难度较大。

建筑产品的上述特点，使建筑产业的经营管理，特别是施工现场安全生产管理比其他工业企业的管理更为复杂，因此，加强对建筑工程施工现场安全生产管理工作的力度意义重大。

三、建筑工程施工的不安全因素

施工现场各类安全事故潜在的不安全因素主要有施工现场人的不安全因素和施工现场物的不安全状态。同时，管理的缺陷也是不可忽视的重要因素。

1. 事故潜在的不安全因素

人的不安全因素和物的不安全状态，是造成绝大部分事故的两个潜在的不安全因素，通常也可称作事故隐患。事故潜在的不安全因素是造成人身伤害、物的损失的先决条件，各种人身伤害事故均离不开人与物，人身伤害事故就是人与物之间产生的一种意外现象。在人与物中，人的因素是最根本的，因为物的不安全状态的背后，实质上还是隐含着人的因素。分析大量事故的原因可以得知，单纯由于物的不安全状态或者单纯由于人的不安全行为导致的事故情况并不多，事故几乎都是由多种原因交织而形成的，总的来说，安全事故是有人的不安全因素和物的不安全状态以及管理的缺陷等多方面原因结合而形成的。

(1)人的不安全因素。人的不安全因素是指影响安全的人的因素，是使系统发生故障或发生性能不良事件的人员自身的不安全因素或违背设计和安全要求的错误行为。人的不安全因素可分为个人的不安全因素和人的不安全行为两个大类。个人的不安全因素，是指人的心理、生理、能力中所具有不能适应工作、作业岗位要求而影响安全的因素；人的不安全行为，通俗地讲，就是指能造成事故的人的失误，即能造成事故的人为错误，是人为地使系统发生故障或发生性能不良事件，是违背设计和操作规程的错误行为。

1)个人的不安全因素。

①生理上的不安全因素。生理上的不安全因素包括患有不适合作业岗位的疾病、年龄不适合作业岗位要求、体能不能适应作业岗位要求的因素，疲劳和酒醉或刚睡醒觉、感觉朦胧、视觉和听觉等感觉器官不能适应作业岗位要求的因素等。

②心理上的不安全因素。心理上的不安全因素是指人在心理上具有影响安全的性格、气质和情绪(如急躁、懒散、粗心等)。

③能力上的不安全因素。能力上的不安全因素包括知识技能、应变能力、资格等不适应工作环境和作业岗位要求的影响因素。

2)人的不安全行为。

①产生不安全行为的主要因素。主要因素有工作上的原因、系统、组织上的原因以及思想上责任性的原因。

②主要工作上的原因。主要工作上的原因有作业的速度不适当、工作知识的不足或工作方法不适当，技能不熟练或经验不充分、工作不当，且又不听或不注意管理提示。

③不安全行为在施工现场的表现：

a. 不安全装束；

b. 物体存放不当；

c. 造成安全装置失效；

d. 冒险进入危险场所；

e. 徒手代替工作操作；

f. 有分散注意力行为；

g. 操作失误，忽视安全、警告；

h. 对易燃、易爆等危害物品处理错误；

i. 使用不安全设备；

j. 攀爬不安全位置；

k. 在起吊物下作业、停留；

l. 没有正确使用个人防护用品、用具；

m. 在机器运转时进行检查、维修、保养等工作。

(2)物的不安全状态。物的不安全状态是指能导致事故发生的物质条件，包括机械设备等物质或环境所存在的不安全因素。通常，人们将此称为物的不安全状态或物的不安全条件，也有直接称其为不安全状态。

1)物的不安全状态的内容。

①安全防护方面的缺陷；

②作业方法导致的物的不安全状态；

③外部的和自然界的不安全状态；

④作业环境场所的缺陷；

⑤保护器具信号、标志和个体防护用品的缺陷；

⑥物的放置方法的缺陷；

⑦物(包括机器、设备、工具、物质等)本身存在的缺陷。

2)物的不安全状态的类型。

①缺乏防护等装置或有防护装置但存在缺陷；

②设备、设施、工具、附件有缺陷；

③缺少个人防护用品用具或有防护用品但存在缺陷；

④生产(施工)场地环境不良。

2. 管理的缺陷

施工现场的不安全因素还存在组织管理上的不安全因素，通常也可称为组织管理上的缺陷，它也是事故潜在的不安全因素，作为间接的原因共有以下几个方面：

(1)技术上的缺陷；

(2)教育上的缺陷；

(3)管理工作上的缺陷；

(4)生理上的缺陷；

(5)心理上的缺陷；

(6)学校教育和社会、历史上的原因造成的缺陷等。

所以，建筑工程施工现场安全管理人员应从"人"和"物"两个方面入手，在组织管理等方面加强工作力度，消除任何物的不安全因素以及管理上的缺陷，预防各类安全事故的发生。

四、安全管理措施

要做好施工现场伤亡事故预防，就必须要消除人和物的不安全因素、弥补管理的缺陷，实现作业行为和作业条件安全化。为了切实达到预防事故发生和减少事故损失，应采取以下措施：

(1)消除人的不安全行为，实现作业行为安全化。

1)开展安全思想教育和安全规章制度教育；

2)进行安全知识岗位培训，提高职工的安全技术素质；

3)推广安全标准化管理操作，严格按照安全操作规程和程序进行各项作业；

4)注意劳逸结合，使作业人员保持充沛的精力，从而避免产生不安全行为；

5)定期对作业条件(环境)进行安全评价，以便提前采取安全预防措施，保证符合作业的安全要求。

(2)加强对施工现场的安全管理，消除管理的不安全因素。导致现场安全事故发生的原因除人的不安全行为、物的不安全状态因素之外，管理的缺陷也是重要的因素。因此，实现安全生产的另一重要保证就是加强安全管理。采取有力措施，加强安全施工管理，保障安全生产。建立健全安全生产责任制，严格执行安全生产各项规章制度，开展三级安全教育、经常性安全教育、岗位培训和安全竞赛等活动。安全检查、监督和切实落实各项防范措施等安全管理工作，是消除事故隐患、做好伤亡事故预防的基础工作。

第二节　建筑工程安全生产相关法律、法规

安全生产法律、法规是指国家关于改善劳动条件、实现安全生产，为保护劳动者在生产过程中的安全和健康的各种法律、法规、规章和规范性文件的总和，在建筑活动中施工管理者必须遵循相关的法律、法规及标准，同时，还应当了解法律、法规及标准各自的地位及相互关系。

一、建筑法律

建筑法律一般是由全国人大及其常务委员会制定，经国家主席签署主席令予以公布，由国家政权保证执行的规范性文件。是对建筑管理活动的宏观规定，侧重于对政府机关、社会团体、企事业单位的组织、职能、权利、义务等，以及建筑产品生产组织管理和生产基本程序进行规定，是建筑法律最高层次、具有最高法律效力的文件，其地位和效力仅次于宪法。安全生产法律是制定安全生产行政法规、标准、地方法规的依据。典型的建筑法律有《中华人民共和国建筑法》《中华人民共和国安全生产法》《中华人民共和国消防法》。

1. 中华人民共和国建筑法

《中华人民共和国建筑法》(以下简称《建筑法》)是我国第一部规范建筑活动的部门法律，它的颁布施行强化了建筑工程质量和安全的法律保障。《建筑法》总计八十五条，通篇贯穿了质量与安全问题，具有很强的针对性。对影响建筑工程质量和安全的各方面因素作了较为全面的规范。

《建筑法》颁布的意义在于：

(1)规范了我国各类房屋建筑及其附属设施建造和安装活动的重要法律。

(2)它的基本精神是保证建造工程安全、规范和保障建筑各方主体的权益。

(3)对建筑施工许可、建筑工程发包与承包、建筑安全生产管理、建筑工程质量管理等

主要方面作出原则性的规定，对加强建筑质量管理发挥了积极的作用。

(4)它的颁布加强了建筑活动的监督管理、维护建筑市场秩序，保证了建设工程质量和安全。促进建筑业的健康发展，提供了法律保障。

(5)它实现了"三个规范"，即规范市场主体行为，规范市场主体的基本关系，规范市场竞争秩序。

它主要规定了建筑许可、建筑工程发包承包、建筑工程监理、建筑安全生产管理、建筑工程质量管理及相应法律责任等方面的内容。

《建筑法》确定了施工许可制度、单位和人员从业资格制度、安全生产责任制度、群防群治制度、项目安全技术管理制度、施工现场环境安全防护制度、安全生产教育培训制度、意外伤害保险制度、伤亡事故处理报告制度等各项制度。

针对安全生产管理制度制定的相关措施是：

(1)建筑工程设计应当符合国家相关规定制定的建筑安全规程和技术规范，保证工程的安全性能。

(2)建筑施工企业在编制施工组织设计时，应当根据建筑工程的特点制定相应的安全技术措施。

(3)施工现场对毗邻的建筑物、构筑物和特殊作业环境可能造成损害的，建筑施工企业应当采取的安全防护措施。

(4)施工现场安全由建筑施工企业负责。实行总承包的，由总承包单位负责。

(5)建筑施工企业应当依法为职工参加工伤保险缴纳工伤保险费。鼓励企业为从事危险作业的职工办理意外伤害保险，支付保险费。

(6)涉及建筑主体和承重结构变动的装修工程，建设单位应当在施工前委托原设计单位或者具有相应资质条件的设计单位提出设计方案；没有设计方案的，不得施工。

(7)房屋拆除应当由具备保证安全条件的建筑施工单位承担，并由建筑施工单位负责人对安全负责。

2. 中华人民共和国安全生产法

《中华人民共和国安全生产法》(以下简称《安全生产法》)是安全生产领域的综合性基本法，它是我国第一部全面规范安全生产的法律，是我国安全生产法律体系的主体法，是各类生产经营单位及其从业人员实现安全生产所必须遵循的行为准则，是各级人民政府及其有关部门进行监督管理和行政执法的法律依据，是制裁各种安全生产违法犯罪的有力武器。

《安全生产法》颁布的意义在于：它明确了生产经营单位必须做好安全生产的保证工作，既要在安全生产条件上、技术上符合生产经营的要求，又要在组织管理上建立健全的安全生产责任并进行有效落实；明确了从业人员为保证安全生产所应尽的义务，也明确了从业人员进行安全生产所享有的权利；明确规定了生产经营单位负责人的安全生产责任；明确了对违法单位和个人的法律责任追究制度；明确了要建立事故应急救援制度，制定应急救援预案，形成应急救援预案体系。

《安全生产法》中提供了四种监督途径，即工会民主监督、社会舆论监督、工众举报监督和社区服务监督。

《安全生产法》确立了基本法律制度，如政府的监管制度、行政责任追究制度、从业人员的权利义务制度、安全救援制度、事故处理制度、隐患处置制度、关键岗位培训制度、生产经营单位安全保障制度、安全中介服务制度等。

3. 其他有关建设工程安全生产的法律

其他有关建设工程安全生产的法律包括《中华人民共和国劳动法》《中华人民共和国刑法》《中华人民共和国消防法》《中华人民共和国环境保护法》《中华人民共和国大气污染防治法》《中华人民共和国固体废物污染环境保护法》《中华人民共和国环境噪声污染防治法》等。

二、建筑行政法规

建筑行政法规是对法律的进一步细化，是国务院根据有关法律中的授权条款和管理全国建筑行政工作的需要制定的，是法律体系中第二层次，以国务院令形式公布。

在建筑行政法规层面上，《安全生产许可证条例》和《建设工程安全生产管理条例》是建设工程安全生产法规体系中主要的行政法规。在《安全生产许可证条例》中，我国第一次以法律形式确立了企业安全生产的准入制度，是强化安全生产源头管理、全面落实"安全第一，预防为主"安全生产方针的重大举措。《建设工程安全生产管理条例》是根据《建筑法》和《安全生产法》制定的一部关于建筑工程安全生产的专项法规。

1. 建设工程安全生产管理条例

该条例确立了建设工程安全生产的基本管理，明确了政府部门的安全生产监管和《建筑法》对施工企业的五项安全生产管理制度的规定；规定了建设活动各方主体的安全责任及相应的法律责任，其中，明确规定了建设活动各方主体应承担的安全生产责任；明确了建设工程安全生产监督管理体制；明确了建立生产安全事故的应急救援预案制度。

该条例较为详细地规定了建设单位、勘察单位、设计单位、工程监理单位、其他有关单位的安全责任和施工单位的安全责任，以及政府部门对建设工程安全生产实施监督管理的责任等。

2. 安全生产许可证条例

该条例的颁布和实行标志着我国依法建立起了安全生产许可制度，其主要内容如下：国家对矿山企业、建筑施工企业和危险化学品、烟花爆竹、民用爆破器材生产企业（以下统称为企业）实行安全生产许可制度，企业取得安全生产许可证应当具备的安全生产条件并在企业进行生产前，应当依照条例的规定向安全生产许可证颁发管理机关申请并领取安全生产许可证，还应提供条例第六条规定的相关文件、资料。安全生产许可证颁发管理机关应当自收到申请之日起 45 日内审查完毕，经审查符合该条例规定的安全生产条件的，方可颁发安全生产许可证；不符合该条例规定的安全生产条件的，不予颁发安全生产许可证，书面通知企业并说明理由。安全生产许可证有效期为三年。该条例明确规定了企业要取得安全生产许可证应具备的安全生产条件。

3. 建筑安全生产监督管理规定

该规定指出：建筑安全生产监督管理应当根据"管生产必须管安全"的原则，贯彻"预防为主"的方针，依靠科学管理和技术进步，推动建筑安全生产工作的开展，控制人身伤亡事故的发生。并规定了各级建设行政主管部门的安全生产监督管理的内容和职责。

4. 建设工程施工现场管理规定

该规定指出：建设工程开工实行施工许可制度；规定了施工现场实行封闭式管理、文明施工；任何单位和个人要进入施工现场开展工作，必须经主管部门的同意。并对施工现场的环境保护提出了明确的要求。

5. 生产安全事故报告和调查处理条例

《生产安全事故报告和调查处理条例》于 2007 年 3 月 28 日国务院第 172 次常务会议通过，自 2007 年 6 月 1 日起施行。国务院 1989 年 3 月 29 日公布的《特别重大事故调查程序暂行规定》和 1991 年 2 月 22 日公布的《企业职工伤亡施工报告和处理规定》同时废止。该条例就事故报告、施工调查、施工处理和事故责任等作了明确的规定。

6. 国务院关于特大安全事故行政责任追究的规定

该规定对各级政府部门，对特大安全施工的预防、处理职责作了相应的规定，并明确了对特大安全施工行政责任进行追究的有关规定。其主要内容概述如下：各级政府部门对特大安全事故预防的法律规定、各级政府部门对特大安全事故处理的法律规定、各级政府部门负责人对特大安全事故应承担的法律责任。

7. 特种设备安全监察条例

《特种设备安全监察条例》规定了特种设备的生产（含设计、制造、安装、改造、维修）、使用、检验检测及其监督检查，应当遵守该条例。军事装备、核设施、航空航天器、铁路机车、海上设施和船舶以及煤矿矿井使用的特种设备的安全监察不适用该条例。房屋建筑工地和市政工程工地用起重机械的安装、使用的监督管理，由建设行政主管部门依照有关法律、法规执行。

8. 国务院关于进一步加强安全生产工作的决定

国务院于 2004 年 1 月 9 日发布了《国务院关于进一步加强安全生产工作的决定》（国发〔2004〕2 号），共 23 条，分 5 部分，包括提高认识，明确指导思想和奋斗目标；完善政策，大力推进安全生产各项工作；强化管理，落实生产经营单位安全生产主体责任；完善制度，加强安全生产监督管理；加强领导，形成齐抓共管的合力。

三、工程建设标准

工程建设标准是做好安全生产工作的重要技术依据，对规范建设工程各方责任主体的行为、保障安全生产具有重要的意义。根据标准化法的规定，标准包括国家标准、行业标准、地方标准和企业标准。

国家标准是指由国务院标准化行政主管部门或者其他有关主管部门对需要在全国范围内统一的技术要求制定的技术规范。

行业标准是指国务院有关主管部门对没有国家标准而又需要在全国某个行业范围内统一的技术要求所制定的技术规范。

1. 建筑施工安全检查标准

《建筑施工安全检查标准》(JGJ 59—2011)是强制性行业标准。于 2011 年实施该标准采用安全系统工程原理，结合建筑施工伤亡事故规律，依据国家有关法律、法规、标准和规程，对安全生产检查提出了明确的要求，包括要有定期安全检查制度；安全检查要有记录；检查出事故隐患，整改要做到定人、定时间、定措施；对重大事故隐患整改通知书所列项目应如期完成。

制定该标准的目的是科学地评价建筑施工安全生产情况，提高安全生产工作和文明施工的管理水平，预防施工伤亡的发生、确保职工的安全健康，实现检查评价工作的标准化和规范化。

2. 施工企业安全生产评价标准

《施工企业安全生产评价标准》(JGJ/T 77—2010)是一部推荐性行业标准，于 2010 年正式实施。制定该标准的目的是加强施工企业安全生产的监督管理，科学地评价施工企业安全生产业绩及相应的安全生产能力，实现施工企业安全生产评价工作的规范化和制度化，促进施工企业安全生产管理水平的提高。

3. 施工现场临时用电安全技术规范

该规范明确规定：施工现场临时用电施工组织设计的编制、专业人员、技术档案管理要求，外电线路与电气设备防护、接地预防类、配电室及自备电源、配电线路、配电箱及开关箱、电动建筑机械及手持电动工具、照明以及实行 TN—S 三相五线制接零保护系统的要求等方面的安全管理与安全技术措施的要求。

4. 建筑施工高处作业安全技术规范

该规范明确规定：高处作业的安全技术措施及其所需料具；施工前的安全技术教育及交底；人身防护用品的落实；上岗人员的专业培训考试、持证上岗和体格检查；作业环境和气象条件；临边、洞口、攀登悬空作业、操作平台与交叉作业的安全防护设施的计算、安全防护设施的验收等。

5. 龙门架及井架物料提升机安全就算规范

该规范明确规定：安全提升机架体人员应按高处作业人员的要求，经过培训持证上岗；使用单位应根据提升机的类型制订操作规程，建立管理制度及检修制度；应配备经正式考试合格持有操作证的专职司机；提升机应具有相应的安全防护装置并满足其要求。

6. 建筑施工扣件钢管脚手架安全技术规范

该规范对工业与民用建筑施工用落地式单、双排扣件式钢管脚手架的设计与施工，以及水平混凝土结构工程施工中模板支架的设计与施工作了明确规定。

7. 建筑机械使用安全技术规程

该规程主要内容包括总则、一般规定(明确了操作人员的身体条件要求,上岗作业资格、防护用品的配置以及机械使用的一般条件)和10大类建筑机械使用时所必须遵守的安全技术要求。

8. 工程建设标准强制性条文

该条文以摘编的方式,将工程建设现行国家标准和行业标准中涉及人民生命财产安全、人身健康、环境保护和其他公众利益且必须严格执行的强制性规定汇集在一起,是《建筑工程质量管理条例》的一个配套文件。

第三节　安全生产管理制度

制度建设是做好一切基础工作特别是安全工作,建立和不断完善安全管理制度体系。切实将各项安全管理制度落实到建筑生产中是实现安全生产管理目标的重要手段。

一、建筑施工企业安全许可制度

为了严格规范建筑施工企业安全生产条件,进一步加强安全生产监督管理,防止和减少生产安全事故,原建设部根据《安全生产许可证条例》《减少工程安全生产管理条例》等有关行政法规,于2004年7月发布原建设部令第128号《建筑施工企业安全生产许可证管理规定》(以下简称《规定》)。

国家对建筑施工企业实行安全生产许可证制度。建筑施工企业未取得安全生产许可证的,不得从事建筑施工活动。

《规定》的主要内容包括以下几个方面。

1. 安全生产许可证的申请条件

建筑施工企业取得安全生产许可证,应当具备下列安全生产条件:

(1)建立健全安全生产责任制,制定完备的安全生产规章制度和操作规程;

(2)保证本单位安全生产条件所需要的资金投入;

(3)设备安全生产管理机构,按照国家有关规定配备专职安全生产管理人员;

(4)主要负责人、项目负责人、专职安全生产管理人员经建设主管部门或者其他有关部门考核合格;

(5)特种作业人员经有关业务主管部门考核合格,取得特种操作资格证书;

(6)管理人员和作业人员每年至少进行一次安全生产教育培训并考核合格;

(7)依法参加工伤保险,依法为施工现场从事危险作业的人员办理意外伤害保险,为从业人员交纳保险费;

（8）施工现场的办公、生活区作业场所和安全防护用具、机械设备、施工机具及配件符合有关安全生产法律、法规、标准和规程的要求；

（9）有职业危害防治措施，并为作业人员配备符合现行国家标准或者行业标准的安全防护用具和安全防护服装；

（10）有对危险性较大的分部分项工程及施工现场易发生重大事故的部位及环节的预防、监控措施和应急预案；

（11）有安全事故应急救援预案、应急救援组织或者应急救援人员，配备必要的应急救援器材、设备；

（12）法律、法规规定的其他条件。

2. 安全生产许可证的申请与颁发

建筑施工企业从事建筑活动前，应当依照规定向省级以上建设主管部门申请领取安全生产许可证。中央管理的建筑施工企业（集团公司、总公司）应当向国务院建设主管部门申请领取安全生产许可证，其他的建筑施工企业，包括中央管理的建筑施工企业（集团公司、总公司）下属的建筑施工企业，应当向企业注册所在地的省、自治区、直辖市人民政府建设主管部门申请领取安全许可证。

建设主管部门应当自受理建筑施工企业的申请之日起 45 日内审查完毕；经审查符合安全生产条件的，颁布安全生产许可证；不符合安全生产条件的，则不予颁发安全生产许可证，书面通知企业并说明理由。企业接到通知之日起应当立即进行整改，整改合格后方可再次提出申请。建设主管部门审查建筑施工企业安全生产许可证申请，涉及铁路、交通、水利等有关专业工程时，可以征求铁路、交通、水利等有关部门的意见。

建筑施工企业变更名称、住址、法定代表人等，应当在变更后 10 日内，到原安全生产许可证颁发管理机关办理安全生产许可证变更手续。

建筑施工企业破产、倒闭、撤销的，应当将安全生产许可证交回原安全生产许可证颁发管理机关予以注销。

建筑施工企业遗失安全生产许可证，应当立即向原安全生产许可证颁发管理机关报告，并在公众媒体上声明作废后，方可申请补办。

安全生产许可证申请表采用原建设部规定的统一样式。安全生产许可证采用国务院安全生产监督管理部门规定的统一样式。安全生产许可证分正本和副本，正、副本具有同等法律效力。

3. 生产许可证的监督管理

县级以上人民政府建设主管部门应当加强对建筑施工企业安全生产许可证的监督管理。建设主管部门在审核发放施工许可证时，应当对已经确定的建筑施工企业是否有安全生产许可证进行审查，对没有取得安全生产许可证的，不得颁发施工许可证。

跨省从事建筑施工活动的建筑施工企业若有违反《规定》的行为，由工程所在地的省级人民政府建设主管部门将建筑施工企业在本地区违法事实、处理结果和处理建议抄告原安全生产许可证颁发管理机关。

建筑施工企业取得安全生产许可证后，变动降低安全生产条件，并应当加强日常安全生产管理，接受建设主管部门的监督检查。安全生产许可证颁发管理机关发现企业不再具备生产条件的，应暂扣或者吊销其安全生产许可证。

安全生产许可证颁发管理机关或者其上级行政机关发现有下列情形之一的，可以撤销已经颁发的安全生产许可证：

(1)安全生产许可证颁发管理机关工作人员滥用职权、玩忽职守颁发安全生产许可证的；

(2)超越法定职权颁发安全生产许可证的；

(3)违反法定规程颁发安全生产许可证的；

(4)对不具备安全生产条件的建筑施工企业颁发安全生产许可证的；

(5)依法可以撤销已经颁发的安全生产许可证的其他情形。

依照前款规定撤销安全生产许可证使建筑施工企业的合法权益受到损害的，建设主管部门应当依法给予赔。

安全生产许可证颁发管理机关应当建立健全安全生产许可证档案管理制度，定期向社会公布企业取得安全生产许可证的情况，每年向同级安全生产监督部门通报建筑施工企业安全生产许可证颁发和管理情况。

建设主管部门工作人员在安全生产许可证颁发、管理和监督检查工作中，不得索取或者接受建筑施工企业的财物，不得谋取其他利益。

任何单位或者个人对违反该规定的行为，有权向安全生产许可证颁发管理机关或者监察机关等有关部门举报。

4. 法律责任

安全生产许可证颁发管理机关工作人员若有违反下列规定之一的，给予降级或者撤职的行政处分；构成犯罪的，依法追究刑事责任。

(1)向不符合安全生产条件的建筑施工企业颁发安全生产许可证的；

(2)发现建筑施工企业未依法取得安全生产许可证擅自从事建筑施工活动，不依法处理的；

(3)发现取得安全生产许可证的建筑施工企业不再具备安全生产条件，不依法处理的；

(4)接到有违反《规定》行为的举报后，不及时处理的；

(5)在安全生产许可证颁发、管理和监督检查工作中，索取或者接受建筑施工企业的财物，或者谋取其他利益的。

二、建筑施工企业安全教育与培训管理制度

(一)安全生产教育的基本要求

安全教育和培训要体现全面、全员、全过程。施工现场所有人均应接受过安全培训与

教育，确保他们先接受安全教育，懂得相应的安全知识后才能上岗。原建设部建质〔2004〕59号《建筑施工企业主要责任人、项目负责人和专职安全生产管理人员安全生产考核管理暂行规定》规定，建筑施工企业主要责任人、项目负责人和专职安全生产管理人员必须经建设行政主管部门或者其他有关部门进行安全生产考核，考试合格取得安全生产合格证后方可担任相应职务；教育要做到经常性。根据工程项目的不同、工程进展和环境的不同，对所有人员，尤其是施工现场的一线管理人员和工人实行动态的教育，做到经常化和制度化。为达到经常性安全教育的目的，教育可采用出板报、上安全课、观看安全教育影视片资料等形式，但更重要的是必须认真落实班前安全教育活动和安全技术交底制度。因为通过日常的班前教育活动和安全技术交底，告知工人在施工中应注意的问题和措施，也就可以让工人了解和掌握相关的安全知识，起到反复和经常性的教育和学习的作用。《建筑施工安全检查标准》(JGJ 59—2011)对安全教育提出以下要求：

(1)企业和项目部必须建立安全教育制度。

(2)新工人应进行三级安全教育，即凡是公司招收的新工人，以及分配来的实习生和代培员，分别由公司进行一级安全教育，项目经理部进行二级安全教育，现场施工员级班组长进行三级安全教育。并要有安全教育的内容、时间及考核结果记录。

(3)安全教育要有具体的安全教育内容。

(4)工人变换工种时要进行安全教育。

(5)工人应掌握和了解本专业的安全规程和技能。

(6)施工管理人员应按规定进行年度培训。

(7)专职安全管理人员应按规定参加年度考核培训，年度考核培训合格才能上岗。

(二)教育和培训时间

根据建教〔1997〕83号文件印发的《建筑业企业职工安全培训教育暂行规定》的要求如下：

(1)企业法人代表、项目经理每年不少于30学时；

(2)专职管理和技术人员每年不少于40学时；

(3)其他管理和技术人员每年不少于20学时；

(4)特殊工种每年不少于20学时；

(5)其他职工每年不少于15学时；

(6)待、转、换岗位重新上岗前接受一次不少于20学时的培训；

(7)新工人的公司、项目、班组三级培训教育时间分别不少于15学时、15学时、20学时。

(三)教育和培训的内容

教育和培训按等级、层次和工作性质分别进行，三级安全教育是每个刚进企业的新工人必须接受的首次安全生产方面的基本教育，三级安全教育是指公司(即企业)、项目(或工程处、施工处、工区)、班组这三级。对新工人或调换工种的工人，必须按规定进行安全教育和技术培训，经考核合格方准上岗。

各级安全培训教育的主要内容为：

(1)三级教育一般由企业的安全、教育、劳动、技术等部门配合进行。

(2)受教育者必须经过考试合格后才准许进入生产岗位。

(3)为每一名职工建立职工劳动保护教育卡,记录三级教育、变换工种教育等教育考核情况,并由教育者与受教育者双方签字后入册。

三级教育的主要内容包括:

(1)公司教育。公司级安全培训教育的主要内容包括:

1)国家和地方有关安全生产、劳动保护的方针、政策、法律、法规、规范、标准及规章。

2)企业及其上级部门(主管局、集团、总公司、办事处等)印发的安全管理规章制度。

3)安全生产与劳动保护工作的目的、意义等。

(2)项目(或工程处、施工处、工区)级教育。项目级教育是新工人被分配到项目以后进行的安全教育。项目级安全培训教育的主要内容包括:

1)建设工程施工生产的特点,施工现场的一般安全管理规定、要求。

2)施工现场的主要事故类别,常见多发性事故的特点、规律及预防措施,事故教训等。

3)本工程项目施工的基本情况(工程类型、施工阶段、作业特点等)施工中应当注意的安全事项。

(3)班组级教育。班组级教育又称岗前教育,其主要内容包括:

1)本工种作业的安全技术操作要求。

2)本班组施工生产概况,包括工作性质、职责、范围等。

3)本人及本班组在施工过程中,使用和遇到的各种生产设备、设施、电气设备、机械、工具的性能、作用、操作要求、安全防护要求。

4)个人使用和保管的各类劳动防护用品的正确穿戴、使用方法及劳动防护用品的基本原理与主要功能。

5)发生伤亡事故或其他事故,如火灾、爆炸、设备管理事故等,应采取的措施(救助抢险、保护现场、报告事故等)要求。

(四)特种作业人员培训

(1)建筑企业特种作业人员一般包括建筑电工、焊工、建筑架子工、司炉工、爆破工、机械操作工、起重工、塔式起重机司机及指挥人员、人货两用电梯司机等。

(2)建筑企业特种作业人员除进行一般安全教育外,还要执行《建筑施工安全检查标准》(JGJ 59—2011)的有关规定,按国家、政府、地方和企业规定进行本工种专业培训、资格考核,取得《特种作业人员操作证》后上岗。

(3)特种作业人员取得岗位操作证后每年仍应接受有针对性的安全培训。

(五)三类人员考核任职制度

三类人员考核任职制度是从源头上加强安全生产监管的有效措施,是强化建筑施工安全生产管理的重要手段。

依据原建设部《关于印发〈建筑施工企业主要负责人、项目负责人和专职安全生产管理人员安全考核管理暂行规定〉的通知》(建质〔2004〕59号)的规定，为贯彻落实《安全生产法》《建筑工程安全生产管理条例》和《安全生产许可证条例》，提高建筑施工企业主要负责人、项目负责人和专职安全生产管理人员安全生产知识水平和管理能力，保证建筑施工安全生产，对建筑施工企业三类人员进行考核认定。企业三类人员应当经建设行政主管部门或者其他有关部门考核合格后方可任职。

1. 三类人员考核任职制度的对象

(1)建筑施工企业主要负责人、项目负责人和专职安全生产管理人员。

(2)建筑施工企业主要负责人包括企业法定代表人、经理、企业分管安全生产工作的副经理等。

(3)建筑施工企业项目负责人，是指经企业法人授权的项目管理的负责人等。

(4)建筑施工企业专职安全生产管理人员，是指在企业专职从事安全生产管理工作的人员，包括企业安全生产管理机构的负责人及其工作人员和施工现场专职安全生产管理人员。

2. 三类人员考核任职的主要内容

(1)考核的目的和依据：根据《安全生产法》《建筑工程安全生产管理条例》和《安全生产许可证条例》等法律、法规，旨在提高建筑施工企业主要负责人、项目责任人和专职安全生产管理人员的安全生产知识水平和管理能力，保证建筑施工安全进行。

(2)考核的范围：在中华人民共和国境内从事建设工程施工活动的建筑施工企业管理人员以及实施和参与安全生产考核管理的人员，建筑施工企业管理人员必须经建设行政主管部门或者其他安全生产有关部门考核，考核合格取得安全生产考核合格证书后，方可担任相应职务。建筑施工企业管理人员安全生产考核内容包括安全生产知识和管理能力。

(六)班前教育制度

《建筑施工安全检查标准》(JGJ 59—2011)对班前活动提出的要求如下：

(1)要建立班前活动制度。班前活动是安全管理的一个重要环节，是提高工人的安全素质，落实安全技术措施，减少事故发生的有效途径。班前安全活动是班组长或管理人员，在每天上班前，检查了解班组的施工环境、设备和工人的防护用品的佩戴情况，总结前一天的施工情况，根据当天施工任务特点和分工情况，讲解有关的安全技术措施，同时，预知操作中可能出现的不安全因素，提醒大家注意和采取相应的防范措施。

(2)班前安全活动要有记录。每次班前活动均应简要记录重点活动内容，活动记录应收录为安全管理档案资料。

(七)安全生产的经常性教育

企业在做好新工人入场教育、特种作业人员安全生产教育和各级领导干部、安全管理干部的安全生产培训的同时，还必须把经常性的安全教育贯穿于管理工作的过程，并根据接受教育对象的不同特点，采取多层次、多渠道及多种方法进行。安全生产教育多种多样，应贯彻及时性、严肃性、真实性，做到简明、醒目，具体形式如下：

(1)施工现场(车间)入口处的安全纪律牌。

(2)举办安全生产训练班、讲座、报告会、事故分析会。

(3)建立安全防护教育室,举办安全防护展览。

(4)举办安全防护广播,印发安全防护简报、通报等,办安全防护黑板报、宣传栏。

(5)张挂安全防护标志和标语口号。

(6)举办安全防护文艺演出、放映安全防护音像制品。

(7)组织家属做好职工的安全生产思想工作。

(八)安全教育与培训检查

《建筑施工安全检查标准》(JGJ 59—2011)对安全教育与培训的监督检查主要包括以下几个方面:

(1)检查施工单位的安全教育制度。建筑施工企业要广泛开展安全生产宣传教育,使各级领导和广大职工真正认识到安全生产的重要性、必要性,懂得安全生产、文明施工的科学知识,牢固树立安全第一的思想,自觉地遵守各项安全生产法令和规章制度。因此,企业要建立健全的安全教育和培训考核制度。

(2)检查新入场工人三级安全教育情况。现在临时劳务工多,伤亡事故多发生在临时劳务工之中,因此,在三级安全教育上,应把临时劳务工作为新入场工人对待。新工人(包括合同工、临时工、学徒工、实习和代培人员)都必须进行三级安全教育。主要检查施工单位、工区、班组对新入场工人的三级教育考核记录。

(3)检查安全教育内容。安全教育要有具体内容,要把《建筑工人安全技术操作规程》作为安全教育的重要内容,人手一册。除此之外,企业、工程处、项目经理部、班组都要有具体的安全教育内容。电工、焊工、架子工、司炉工、爆破工、机械工及起重工、打桩机和各种机动车辆司机等特殊工种均要有相应的安全教育内容。经教育合格后,方准独立操作,每年还要复审。对从事有尘毒危害作业的工人,要进行尘毒危害的防治知识教育。也应有相关的安全教育内容。

主要检查每个工人(包括特殊工种工人)是否人手一册《建筑工人安全技术操作规程》,检查企业、工程处、项目经理部、班组的安全教育资料。

(4)检查交换工种时是否进行安全教育。各工种工人及特殊工种工人除懂得一般安全生产知识外,还要懂得各自的安全技术操作规程,当采用新技术、新工艺、新设备施工和调换工作岗位时,要对操作人员进行新技术操作和新岗位的安全教育,未经教育不得上岗操作。主要检查变换工种的工人在调换工种时重新进行安全教育的记录;检查采用新技术、新工艺、新设备施工时,应进行新技术操作安全教育的记录。

(5)检查工人对本工种安全操作规程的熟悉程度。该条是考核各工种工人掌握《建筑工人安全技术操作规程》的熟悉程度,也是施工单位对各工种工人安全教育效果的检查。

按《建筑工人安全技术操作规程》的内容,到施工现场(车间)随机抽查各工种工人对本工种安全技术操作规程的问答,各工种工人宜抽查 2 人以上进行问答。

（6）检查施工管理人员的年度培训。若各级建设行政主管部门，明文规定施工单位的施工管理人员进行年度有关安全生产方面的培训，施工单位应按各级建设行政主管部门文件规定，安排施工管理人员的培训。施工单位内部也要规定施工管理人员每年进行一次有关安全生产工作的培训学习。主要检查施工管理人员是否进行年度培训的记录。

（7）检查专职安全人员的年度培训考核情况。原建设部、省、自治区、直辖市建设行政主管部门规定专职安全人员要进行年度培训考核，具体由县级、地区（市）级建设行政主管部门经办。建设企业应根据上级建设行政主管部门的规定，对本企业的专职安全人员进行年度培训考核，提高专职安全人员的专业技术水平和安全生产工作的管理水平。按上级建设行政管理部门和本企业有关安全生产管理文件，考核专职安全人员是否进行年度培训考核及考核是否合格，未进行安全培训的或考核不合格的，是否仍在岗工作等。

三、安全生产责任制度

安全生产责任制度就是对各级负责人、职能部门以及各类施工人员，在管理和施工过程中应当承担的责任作出明确的规定。具体来说，就是将安全生产责任分解到施工单位的主要负责人、项目负责人、班组长以及每个岗位的作业人员身上。安全生产责任制度是施工企业最基本的安全管理制度，是施工企业安全生产管理的核心和中心环节。依据《建设工程安全生产管理条例》和《建筑施工安全检查标准》的相关规定，安全生产责任制度的主要内容包括以下几个方面。

1. 安全生产责任制的基本要求

（1）公司和项目部必须建立健全安全生产责任制，制定各级人员和部门的安全生产职责，并要打印成文。

（2）各级管理部门及各类人员均要认真执行责任制。公司及项目部应制定与安全生产责任制相应的检查和考核办法，执行情况的考核结果应有记录。

（3）经济承包合同中必须要有具体的安全生产指标和要求。在企业与业主、企业与项目部、总包单位与分包单位、项目部与劳务队的承包合同中都应确定安全生产指标、要求和安全生产责任。

（4）项目部应为项目的主要工种印制相应的安全技术操作规程，并应将安全技术操作规程列为日常安全活动和安全教育的主要内容，悬挂在操作岗位前。

（5）施工现场应按规定配备专（兼）职安全员。建筑工程、建筑装饰、装修工程的专职安全员应按规定配置足够的专职安全员（一般情况下，建筑面积为1万平方米以及以下的工程至少1人；1万～5万平方米的工程至少2人；5万平方米以上的工程至少3人）。并应设置安全主管，按土建、机电设备等专业设置专职安全生产管理人员。无论是兼职或是专职安全员都必须有安全员证。

（6）管理人员责任制考核要合格。企业或项目部要根据责任制的考核办法定期进行考核，督促和要求各级管理人员的责任制考核都要达到合格。各级管理人员也必须明确自己的安全生产工作职责。

2. 有关人员的安全职责

(1)项目经理的职责。

1)对合同工程项目生产经营过程中的安全生产负全面领导责任。

2)在项目施工生产全过程中，认真贯彻落实安全生产方针政策、法律法规和各项规章制度，结合项目工程特点及施工全过程的情况，制定本项目工程各项安全生产管理办法，或有针对性地提出安全管理要求，并监督其实施。严格履行安全考核指标和安全生产奖惩办法。

3)在组织项目工程业务承包、聘用业务人员时，必须本着加强安全工作的原则，根据工程特点确定安全工作的管理制度、配备人员，并明确各业务承包人的安全责任和考核指标，支持、指导安全管理人员的工作。

4)健全和完善用工管理手续，录用外包队必须及时向有关部门申报，严格用工制度与管理，适时组织上岗安全教育，要对外包工队的健康与安全负责，加强劳动保护工作。

5)认真落实施工组织设计中的安全技术措施及安全技术管理的各项措施，严格执行安全技术审批制度，组织并监督项目工程施工中的安全技术交底制度和设备、设施验收制度的实施。

6)领导、组织施工现场定期的安全生产检查，发现施工生产中的不安全问题，组织应采取措施、及时解决。对上级提出的安全生产与管理方面的问题，要定时、定人、定措施予以解决。

7)发生事故及时上报，保护好现场，做好抢救工作，积极配合事故的调查，认真落实和纠正防范措施，吸取事故教训。

(2)项目技术负责人的职责。

1)对项目工程生产经营中的安全生产负技术责任。

2)贯彻、落实安全生产方针、政策，严格执行安全技术规程、规范、标准，结合项目工程特点，主持项目工程的安全技术交底。

3)参加或组织编制施工组织设计；编制、审查施工方案时，要制定、审查安全技术措施，保证其可行性与针对性，并随时检查、监督、落实。

4)主持制定专项施工方案、技术措施计划和季节性施工方案的同时，制定相应的安全技术措施并监督执行，及时解决执行中出现的问题。

5)及时组织应用新材料、新技术、新工艺及相关人员的安全技术培训。认真执行安全技术措施与安全操作规程，预防施工中因化学物品引起的火灾、中毒或其新工艺实施中可能造成的事故。

6)主持安全防护设施和设备的检查验收，发现设备、设施的不正常情况应及时采取措施，严格控制不符合标准要求的防护设备、设施投入使用。

7)参加安全生产检查，对施工中存在的不安全因素，从技术方面提出的整改措施应及时予以消除。

8)参加、配合因工伤及重大未遂事故的调查，从技术上分析事故的原因，提出防范措施和相关意见。

（3）施工员的职责。

1)严格执行安全生产各项规章制度，对所管辖单位工程的安全生产负直接领导责任。

2)认真落实施工组织设计中安全技术措施，针对生产任务特点，向作业班组进行详细的书面安全技术交底，履行签认手续并对规程、措施、交底要求执行情况随时检查，并随时纠正违章作业。

3)随时检查作业内的各项防护设施、设备的安全状况，及时消除不安全因素，不违章指挥。

4)配合项目安全员定期和不定期地组织班组，学习安全操作规程，开展安全生产活动，督促、检查工人正确使用个人防护用品。

5)对应用的新材料、新工艺、新技术严格执行申报和审批制度，若发现问题，及时停止使用，并上报有关部门或领导。

6)发生工伤事故、未遂事故要立即上报，保护好现场；参与工伤及其他事故的调查处理。

（4）安全员的职责。

1)认真贯彻执行劳动保护、安全生产的方针、政策、法令、法规、规范标准，做好安全生产的宣传教育和管理工作，推广先进经验。对本项目的安全生产负检查、监督的责任。

2)深入施工现场，负责施工现场生产巡视督查，并做好记录，指导下级安全技术人员工作，掌握安全生产情况，调查研究生产中的不安全问题，提出改进意见和措施，并对执行情况进行监督检查。

3)协助项目经理组织安全活动和安全检查。

4)参加审查施工组织设计和安全技术措施计划，并对执行情况进行监督检查。

5)组织本项目新工人的安全技术培训、考核工作。

6)制止违章指挥、违章作业，发现现场存在安全隐患时，应及时向企业安全生产管理机构和工程项目经理报告，遇到险情有权暂停生产，并报告领导处理。

7)进行工伤事故统计分析和报告，参加工伤事故调查、处理。

8)负责本项目部的安全生产、文明施工、劳务手续的办理及治安保卫的管理工作。

（5）班组长的职责。

1)认真执行安全生产规章制度及安全操作规程，合理安排班组人员工作，对本班组人员在生产中的安全和健康负责。

2)经常组织班组人员学习安全操作规程，监督班组人员正确使用个人劳保用品，不断提高自保能力。

3)认真落实安全技术交底，做好班前教育工作，不违章指挥、冒险蛮干。

4）随时检查班组作业现场安全生产状况，发现问题及时解决并上报有关领导。

5）认真做好新工人的岗位教育。

6）发生工伤事故及未遂事故，保护好现场，立即上报有关领导。

四、施工组织设计和专项施工方案安全编审制度

施工组织设计和专项施工方案是组织建筑工程施工的纲领性文件，是指导施工准备和组织施工的全面性的技术、经济文件，是指导现场施工的规范性文件。

1. 安全施工方案编审制度

《建筑施工安全检查标准》(JGJ 59—2011)对施工组织设计或施工方案提出以下要求：

(1)施工组织设计中要有安全技术措施。《建筑工程安全生产管理条例》规定施工单位应在施工组织设计中编制安全技术措施和施工现场临时用电方案。

(2)施工组织设计必须经审批以后才能实施施工。工程技术人员编制的安全专项施工方案，由施工企业技术部门专业技术人员及专业监理工程师进行审核，审核合格，由施工企业技术负责人、监理单位的总监理工程师签字。无施工组织设计(方案)或施工组织设计(方案)未经审批的不能开始该项目的施工，实施过程中，也不得擅自更改。

(3)对专业性较强的项目，应单独编制专项施工组织设计(方案)。建筑施工企业应按规定对达到一定规模的危险性较大的分部、分项工程在施工前由施工企业专业工程技术人员编制安全专项施工方案，并附具安全验算结果，并由施工企业技术部门专业技术人员及专业监理工程师进行审核，审核合格，由施工企业技术负责人、监理单位的总监理工程师签字，由专职安全生产管理人员监督执行。对于特别重要的专项施工方案还应组织安全专项施工方案专家组进行论证、审查。

(4)安全措施要全面、有针对性。编制安全技术措施时要结合现场实际、工程具体特点以及企业或项目部的安全技术装备和安全管理水平等来制定，把施工中的各种不利因素和安全隐患考虑周全，并制定详尽的措施一一予以解决。安全技术措施要具体、有针对性。

(5)安全措施要落实。安全技术措施不仅要具体、有针对性，还要在施工中落实到实处，防止应付检查编制计划，空喊口号不落实，使安全措施流于形式。

2. 安全技术措施及方案变更管理

(1)施工过程中如发生设计变更，选定的安全技术措施也必须随之变更，否则不准许施工。

(2)施工过程中确实需要修改拟定的技术措施时，必须经编制人同意，并办理修改审批手续。

五、安全技术交底制度

安全技术交底制度是安全制度的重要组成部分。其目的是贯彻落实国家安全生产方针、政策、规程规范、行业标准及企业各种规章制度，及时对安全生产、工人职业健康进行有

效预控，提高施工管理、操作人员的安全生产管理水平及其操作技能，努力创造安全生产环境。根据《安全生产法》《建设工程安全生产管理条例》《施工企业安全检查标准》等有关规定，在进行工程技术交底的同时要进行安全技术交底。《建筑施工安全检查标准》(JGJ 59—2011)对安全技术交底提出以下要求：

(1)施工企业应建立健全的安全交底制度，并分级进行书面文字交底，交底要履行签字手续。

(2)安全技术交底是对施工方案的细化和补充，技术交底必须具体、明确、针对性强。分部分项工程的交底，不但要口头讲解，同时，还应附以书面文字交底资料。

六、安全检查制度

1. 安全生产检查的意义

(1)通过检查，可以发现施工(生产)中的不安全因素(人的不安全行为和物的不安全状态)、职业健康不卫生问题，从而采取对策，消除不安全因素，保障安全生产。

(2)利用安全生产检查，进一步宣传、贯彻、落实党和国家安全生产方针、政策和各项安全生产规章制度。

(3)安全检查实质上也是一次群众性的安全教育。通过检查，增强领导和群众的安全意识，纠正违章指挥、违章作业，提高安全生产的自觉性和责任感。

(4)通过检查可以互相学习、总结经验、吸取教训、取长补短，有利于进一步促进安全生产工作。

(5)通过安全生产检查，了解安全生产状态，为分析安全生产形势、加强安全管理提供信息和依据。

2. 安全检查制度

以往安全检查主要靠感觉和经验，进行目测、口讲。安全评价也往往是"安全"或"不安全"的定性估计。随着安全管理科学化、标准化、规范化，安全检查工作也不断地进行改革、深化。目前，安全检查基本上都采用安全检查表和实测的检测手段，进行定性定量的安全评价。《建筑施工安全检查标准》(JGJ 59—2011)对安全检查提出了具体要求：

(1)安全检查要有定期的检查制度。项目参建单位特别是建筑安装工程施工企业，要建立健全可行的安全检查制度，并把各项制度落实到工程实际当中。建筑安装工程施工企业除进行日常性的安全检查外，还要制订和实施定期的安全检查。

(2)组织领导。各种安全检查都应该根据检查要求配备力量，特别是大范围、全国性安全检查，要明确检查负责人，抽调专业人员参加检查，进行分工，明确检查内容、标准及要求。

(3)要有明确的目的。各种安全检查都应有明确的检查目的和检查项目、内容及标准。重要内容，如在安全管理上，安全生产责任制的落实，安全技术措施经费的提取使用等。关键部位，如安全设施要重点检查。大面积或数量多的相同内容的项目，可采取系统的观感和一定数量的测点相结合的检查方法。检查时，应尽量采用检测工具，用数据说话。对现场管理人员和操作工人不仅要检查是否有违章指挥和违章作业行为，还应进行应知抽查，以便了解管理人员及操作工人的安全素质。

（4）检查记录是安全评价的依据，因此，要认真、详细。特别是对隐患的记录必须具体（如隐患的部位、危险性程度等），然后整理出需要立即整改的项目和在一段时间内必须整改的项目，并及时将检查结果通知有关人员，安全技术交底和班前教育活动更具有针对性。做好有关安全问题和隐患记录，并及时建立安全管理档案。

（5）安全评价。安全检查后要认真、全面地进行系统分析，并进行安全评价。哪些检查项目已达标，哪些检查项目虽然基本达标，但具体还有哪些方面需要进行完善，哪些项目没有达标，存在哪些问题需要整改。要及时填写安全检查评分表（安全检查评分表应记录每项扣分的原因）、事故隐患通知书、违章处罚通知书或停工通知等。受检单位（即使本单位自检也需要安全评价）根据安全评价结果研究对策，进行整改和加强管理。

（6）整改是安全检查工作的重要组成部分，是检查结果的归宿。整改工作包括隐患登记、整改、复查、销案。

检查中发现的隐患应该进行登记，不仅是作为整改的备查依据，而且是提供安全动态分析的重要信息渠道。若各单位或多数单位（工地、车间）安全检查都发现同类型隐患，说明是"通病"。若某单位安全检查中经常出现相同隐患，说明没有整改或整改不彻底形成"顽固症"。根据隐患记录信息流，可以作出指导安全管理的决策。

安全检查中查出的隐患除进行登记外，还应发出隐患整改通知单，引起整改单位重视。对凡是有继发性事故危险的隐患，检查人员应责令停工，被查单位必须立即整改。对于违章指挥、违章作业行为，检查人员可以当场指出，进行纠正。被检查单位领导对查出的隐患，应立即研究整改方案，进行"三定"（即定人、定期限、定措施），立项进行整改，负责整改的单位、人员在整改完成后要及时向安全部门等有关部门反馈信息，安全部门等有关部门要立即派人进行复查，经复查整改合格，进行销案。

七、安全生产目标管理与安全考核奖惩制度

1. 安全生产目标管理

安全生产目标管理是指项目根据企业的整体目标，在分析外部环境和内部条件的基础上，确定安全生产所要达到的目标，并采取一系列措施去努力实现这些目标的活动过程。

安全生产目标通常以千人负伤率、万吨产品死亡率、尘毒作业点合格率、噪声作业点合格率与设备完好率以及预期达到的目标值来表示，推行安全生产目标管理不仅能进一步优化企业安全生产责任制、强化安全生产管理，还能体现"安全生产，人人有责"的原则，使安全生产工作实现全员管理，有利于提高企业全体员工的安全素质。《建筑施工安全检查标准》对安全目标管理提出了具体的检查要求。安全生产目标管理主要体现在以下几个方面：

(1)安全生产目标管理的任务是确定奋斗目标，明确责任，落实措施，实行严格的考核和奖惩，以激励企业员工积极参与全员、全方位、全过程的安全生产管理，严格按照安全生产的奋斗目标和安全生产责任制的要求，落实安全措施，消除人的不安全行为和物的不安全状态。

(2)项目要制订安全生产目标管理计划，经项目分管领导审查同意，由主管部门与实行安全生产目标管理的单位签订责任书，将安全生产目标管理纳入各单位的生产经营或资产经营目标管理计划，主要领导人应对安全生产目标管理计划的指定与实施负第一责任。

(3)安全生产目标管理的基本内容包括目标体系的确立、目标的实施及目标成果的检查与考核，主要任务包括以下几个方面：

1)确定切实可行的目标值(如千人负伤率、万吨产品死亡率、尘毒作业点合格率、噪声作业点合格率及设备完好率等)。采用科学的目标预测法，根据需要，采取系统分析的方法，确定合适的目标值，并研究达到目标应采取的措施和手段。

2)根据安全目标的要求，制订实施办法，做到有具体的保证措施，力求量化以便于实施和考核，包括组织技术措施，明确完成程序和时间，承担具体责任的负责人，并签订承诺书。

3)规定具体的考核标准和奖惩办法，要认真贯彻执行《安全生产目标管理考核标准》。考核标准不仅应规定目标值，而且还要把目标值分解为若干具体要求来考核。

4)安全生产目标管理必须与企业安全生产责任制挂钩。层层分解，逐级负责，充分调动各级组织和全体员工的积极性，保证安全生产管理目标的实现。

5)安全生产目标管理必须与企业年度考核挂钩。作为整个企业目标管理的一个重要组成部分，实行经营管理者任期目标责任制、租赁制和各种经营承包责任制的单位负责人，应把实现安全生产目标管理与他们的经济收入和荣誉挂起钩来，严格考核，兑现奖罚。

2. 安全考核与奖惩制度

安全生产考核与奖惩是指企业的上级主管部门，包括政府主管安全生产的职能部门、企业内部的各级行政领导等按照国家安全生产的方针政策、法律法规和企业的规章制度的有关规定，对企业内部各级实施安全生产目标控制管理时，所下达的安全生产各项指标完成的情况，对企业法人代表及各责任人执行安全生产考核与奖惩的制度。

安全考核与奖惩制度是建筑行业的一项基本制度，实践表明，只要全员的安全生产意识尚未达到较佳的状态，职工自觉遵守安全法规和制度的良好作风未能完全形成之前，实行严格的考核与奖惩制度是我们常抓不懈的工作。安全工作不但要责任到人，还要与员工的切身利益联系起来。

安全考核与奖惩制度要体现以下几个方面：

(1)项目部必须将生产安全工作放在首位，列入日常安全检查、考核、评比内容。

(2)对在生产安全工作中成绩突出的个人给予表彰和奖励，坚持遵章必奖、违章必惩、权责挂钩、奖惩到人的原则。

（3）对未依法履行生产安全职责和违反企业安全生产制度的行为，按照有关规定追究有关责任人的责任。

（4）企业各部门必须认真执行安全考核与奖惩制度，增强生产安全和消防安全的约束机制，以确保安全生产。

（5）杜绝安全考核工作中弄虚作假、敷衍塞责的行为。

（6）按照奖惩对等的原则，对所完成的工作良好程度给出考核评价结果并按一定标准给予奖惩。

（7）对奖惩情况及时进行张榜公示。

八、安全事故处理制度

1. 安全事故等级划分

《生产安全事故报告和调查处理条例》规定：根据生产安全事故（以下简称事故）造成的人员伤亡或者直接经济损失，事故一般分为以下等级：

（1）特别重大事故，是指造成30人以上死亡，或者100人以上重伤（包括急性工业中毒，下同），或者1亿元以上直接经济损失的事故。

（2）重大事故，是指造成10人以上30人以下死亡，或者50人以上100人以下重伤，或者5 000万元以上1亿元以下直接经济损失的事故。

（3）较大事故，是指造成3人以上10人以下死亡，或者10人以上50人以下重伤，或者1 000万元以上5 000万元以下直接经济损失的事故。

（4）一般事故，是指造成3人以下死亡，或者10人以下重伤，或者1 000万元以下直接经济损失的事故。

2. 事故报告

《生产安全事故报告和调查处理条例》规定：

（1）事故发生后，事故现场有关人员应当立即向本单位负责人报告；单位负责人接到报告后，应当于1小时内向事故发生地县级以上人民政府安全生产监督管理部门和负有安全生产监督管理职责的有关部门报告。

情况紧急时，事故现场有关人员可以直接向事故发生地县级以上人民政府安全生产监督管理部门和负有安全生产监督管理职责的有关部门报告。

（2）安全生产监督管理部门和负有安全生产监督管理职责的有关部门接到事故报告后，应当依照下列规定上报事故情况，并通知公安机关、劳动保障行政部门、工会和人民检察院：

1）特别重大事故、重大事故逐级上报至国务院安全生产监督管理部门和负有安全生产监督管理职责的有关部门；

2）较大事故逐级上报至省、自治区、直辖市人民政府安全生产监督管理部门和负有安全生产监督管理职责的有关部门；

3)一般事故上报至设区的市级人民政府安全生产监督管理部门和负有安全生产监督管理职责的有关部门。

安全生产监督管理部门和负有安全生产监督管理职责的有关部门依照规定上报事故情况，应当同时报告本级人民政府。国务院安全生产监督管理部门和负有安全生产监督管理职责的有关部门，以及省级人民政府接到发生特别重大事故、重大事故的报告后，应当立即报告国务院。必要时，安全生产监督管理部门和负有安全生产监督管理职责的有关部门可以越级上报事故情况。

(3)安全生产监督管理部门和负有安全生产监督管理职责的有关部门逐级上报事故情况，每级上报的时间不得超过2小时。

(4)事故报告后出现新情况的，应当及时补报。自事故发生之日起30日内，事故造成的伤亡人数发生变化的，应当及时补报。道路交通事故、火灾事故自发生之日起7日内，事故造成的伤亡人数发生变化的，应当及时补报。

(5)事故发生单位负责人接到事故报告后，应当立即启动事故相应的应急预案，或者采取有效措施组织抢救，防止事故扩大，以减少人员伤亡和财产损失。

(6)事故发生地有关地方人民政府、安全生产监督管理部门和负有安全生产监督管理职责的有关部门接到事故报告后，其负责人应当立即赶赴事故现场，组织事故救援。

(7)事故发生后，有关单位和人员应当妥善保护事故现场以及相关证据，任何单位和个人不得破坏事故现场、毁灭相关证据。

由于抢救人员、防止事故扩大以及疏通交通等原因，需要移动事故现场物件的，应当作出标志，绘制现场简图并作出书面记录，妥善保存现场的重要痕迹及物证。

(8)事故发生地公安机关根据事故的情况，对涉嫌犯罪的应当依法立案侦查，采取强制措施和侦查措施。犯罪嫌疑人逃匿的，公安机关应当迅速追捕归案。

(9)安全生产监督管理部门和负有安全生产监督管理职责的有关部门应当建立值班制度，并向社会公布值班电话，受理事故报告和举报。

(10)报告事故应当包括下列内容：

1)事故发生单位概况；

2)事故发生的时间、地点以及事故现场情况；

3)事故的简要经过；

4)事故已经造成或者可能造成的伤亡人数(包括下落不明的人数)和初步估计的直接经济损失；

5)已经采取的措施；

6)其他应当报告的情况。

3. 事故调查

《生产安全事故报告和调查处理条例》规定：

(1)特别重大事故由国务院或者国务院授权有关部门组织事故调查组进行调查。重大事故、较大事故、一般事故分别由事故发生地省级人民政府、设区的市级人民政府、县级人民政府负责调查。省级人民政府、设区的市级人民政府、县级人民政府可以直接组织事故调查组进行调查，也可以授权或者委托有关部门组织事故调查组进行调查。未造成人员伤亡的一般事故，县级人民政府也可以委托事故发生单位组织事故调查组进行调查。

（2）上级人民政府认为必要时，可以由下级人民政府负责调查事故。自事故发生之日起30日内（道路交通事故、火灾事故自发生之日起7日内），因事故伤亡人数变化导致事故等级发生变化，依照本条例规定应当由上级人民政府负责调查的，上级人民政府可以另行组织事故调查组进行调查。

（3）特别重大事故以下等级事故，事故发生地与事故发生单位不在同一个县级以上行政区域的，由事故发生地人民政府负责调查，事故发生单位所在地人民政府应当派人参加。

（4）事故调查组的组成应当遵循精简、效能的原则。根据事故的具体情况，事故调查组由相关人民政府、安全生产监督管理部门、负有安全生产监督管理职责的有关部门、监察机关、公安机关以及工会派人组成，并应当邀请人民检察院派人参加。事故调查组可以聘请有关专家参与调查。

（5）事故调查组成员应当具有事故调查所需要的知识和专长，并与所调查的事故没有直接利害关系。

（6）事故调查组组长由负责事故调查的人民政府指定。事故调查组组长主持事故调查组的工作。

（7）事故调查组履行下列职责：

1）查明事故发生的经过、原因、人员伤亡情况及直接经济损失；

2）认定事故的性质和事故责任；

3）提出对事故责任者的处理建议；

4）总结事故教训，提出防范和整改措施；

5）提交事故调查报告。

（8）事故调查组有权向有关单位和个人了解与事故有关的情况，并要求其提供相关文件、资料，有关单位和个人不得拒绝。事故发生单位的负责人和有关人员在事故调查期间不得擅离职守，并应当随时接受事故调查组的询问，如实说明有关情况。事故调查中发现涉嫌犯罪的，事故调查组应当及时将有关材料或者其复印件移交司法机关处理。

（9）事故调查中需要进行技术鉴定的，事故调查组应当委托具有国家规定资质的单位进行技术鉴定。必要时，事故调查组可以直接组织专家进行技术鉴定。技术鉴定所需时间不计入事故调查期限。

（10）事故调查组成员在事故调查工作中应当诚信公正、恪尽职守，遵守事故调查组的纪律，保守事故调查的秘密。未经事故调查组组长允许，事故调查组成员不得擅自发布有关事故的信息。

（11）事故调查组应当自事故发生之日起60日内提交事故调查报告。在特殊情况下，经负责事故调查的人民政府批准，提交事故调查报告的期限可以适当延长，但延长的期限不超过 60 日。

(12)事故调查报告应当包括下列内容：

1)事故发生单位概况；

2)事故发生经过和事故救援情况；

3)事故造成的人员伤亡和直接经济损失；

4)事故发生的原因和事故性质；

5)事故责任的认定以及对事故责任者的处理建议；

6)事故防范和整改措施。

事故调查报告应当附有相关证据材料。事故调查组成员应当在事故调查报告上签名。

(13)事故调查报告报送负责事故调查的人民政府后，事故调查工作即告结束。事故调查的有关资料应当归档保存。

4. 事故处理

《生产安全事故报告和调查处理条例》规定：

(1)重大事故、较大事故、一般事故，负责事故调查的人民政府应当自收到事故调查报告之日起 15 日内作出批复；特别重大事故，30 日内作出批复，特殊情况下，批复时间可以适当延长，但延长的时间最长不超过 30 日。

有关机关应当按照人民政府的批复，依照法律、行政法规规定的权限和程序，对事故发生单位和有关人员进行处罚，对负有事故责任的国家工作人员进行处分。事故发生单位应当按照负责事故调查的人民政府的批复，对本单位负有事故责任的人员进行处理。负有事故责任的人员涉嫌犯罪的，依法追究其刑事责任。

(2)事故发生单位应当认真吸取事故教训，落实防范和整改措施，防止事故再次发生。防范和整改措施的落实情况应当接受工会和职工的监督。安全生产监督管理部门和负有安全生产监督管理职责的有关部门应当对事故发生单位落实防范和整改措施的情况进行监督和检查。

(3)事故处理的情况由负责事故调查的人民政府或者其授权的有关部门、机构向社会公布，依法应当保密的除外。

(4)事故发生单位主要负责人有下列行为之一的，处上一年年收入 40%～80% 的罚款；属于国家工作人员的，依法给予处分；构成犯罪的，依法追究刑事责任：

1)不立即组织事故抢救的；

2)迟报或者漏报事故的；

3)在事故调查处理期间擅离职守的。

5. 法律责任

《生产安全事故报告和调查处理条例》规定：

(1)事故发生单位及其有关人员有下列行为之一的，对事故发生单位处 100 万元以上

500万元以下的罚款；对主要负责人、直接负责的主管人员和其他直接责任人员处上一年年收入60%～100%的罚款；属于国家工作人员的，并依法给予处分；构成违反治安管理行为的，由公安机关依法给予治安管理处罚；构成犯罪的，依法追究刑事责任：

1)谎报或者瞒报事故的；

2)伪造或者故意破坏事故现场的；

3)转移、隐匿资金、财产，或者销毁有关证据、资料的；

4)拒绝接受调查或者拒绝提供有关情况和资料的；

5)在事故调查中作伪证或者指使他人作伪证的；

6)事故发生后逃匿的。

(2)事故发生单位对事故发生负有责任的，依照下列规定处以罚款：

1)发生一般事故的，处10万元以上20万元以下的罚款；

2)发生较大事故的，处20万元以上50万元以下的罚款；

3)发生重大事故的，处50万元以上200万元以下的罚款；

4)发生特别重大事故的，处200万元以上500万元以下的罚款。

(3)事故发生单位主要负责人未依法履行安全生产管理职责，导致事故发生的，依照下列规定处以罚款；属于国家工作人员的，并依法给予处分；构成犯罪的，依法追究刑事责任：

1)发生一般事故的，处上一年年收入30%的罚款；

2)发生较大事故的，处上一年年收入40%的罚款；

3)发生重大事故的，处上一年年收入60%的罚款；

4)发生特别重大事故的，处上一年年收入80%的罚款。

(4)有关地方人民政府、安全生产监督管理部门和负有安全生产监督管理职责的有关部门有下列行为之一的，对直接负责的主管人员和其他直接责任人员依法给予处分；构成犯罪的，依法追究刑事责任：

1)不立即组织事故抢救的；

2)迟报、漏报、谎报或者瞒报事故的；．

3)阻碍、干涉事故调查工作的；

4)在事故调查中作伪证或者指使他人作伪证的。

(5)事故发生单位对事故发生负有责任的，由有关部门依法暂扣或者吊销其有关证照；对事故发生单位负有事故责任的有关人员，依法暂停或者撤销其与安全生产有关的执业资格、岗位证书；事故发生单位主要负责人受到刑事处罚或者撤职处分的，自刑罚执行完毕或者受处分之日起，5年内不得担任任何生产经营单位的主要负责人。

为发生事故的单位提供虚假证明的中介机构，由有关部门依法暂扣或者吊销其有关证照及其相关人员的执业资格；构成犯罪的，依法追究刑事责任。

(6)参与事故调查的人员在事故调查中有下列行为之一的，依法给予处分；构成犯罪的，依法追究刑事责任：

1）对事故调查工作不负责任，致使事故调查工作有重大疏漏的；

2）包庇、袒护负有事故责任的人员或者借机打击报复的。

（7）违反本条例规定，有关地方人民政府或者有关部门故意拖延或者拒绝落实经批复的对事故责任人的处理意见的，由监察机关对有关责任人员依法给予处分。

（8）《生产安全事故报告和调查处理条例》规定的罚款的行政处罚，由安全生产监督管理部门决定。

法律、行政法规对行政处罚的种类、幅度和决定机关另有规定的，依照其规定处理。

九、安全标志规范悬挂制度

安全标志由安全色、几何图形和图形符号构成，以此表达特定的安全信息。安全标志分为禁止标志、警告标志、指令标志、提示标志四类。

《建筑施工安全检查标准》对施工现场安全标志设置提出具体要求：

（1）由于建筑生产活动大多为露天、高处作业，不安全因素较多，有些工作危险性较大，是事故多发的行业，为引起人们对不安全因素的注意，预防事故发生，建筑施工企业在施工组织设计或施工组织的安全方案中或其他相关的规划、方案中必须绘制安全标志平面图。

（2）项目部必须按批准的安全标志平面图设置安全标志，坚决杜绝不按规定规范设置或不设置安全标志的行为。常见的安全标志如图 1-1 所示。

图 1-1　常见的安全标志

十、其他制度

建筑施工企业、项目部建立以上制度的同时，还应建立文明施工管理制度、施工起重机械使用登记制度、安全生产事故应急救援制度、意外伤害保险制度、消防安全管理制度、施工供电、用电管理制度；施工区交通管理制度；安全例会制度；防尘、防毒、防爆安全管理制度等。

第四节　安全教育培训管理

一、安全教育相关规定

(1)各省、自治区、直辖市建设厅(建委)，根据企业职工情况，分别规定安全教育时间和要求。

(2)建筑施工企业对新进场工人和调换工种的职工，必须按规定进行安全教育和技术培训，经考核合格，获得证书方准上岗。

(3)采用新技术、新工艺、新设备施工和调换工作岗位时，要对操作人员进行新技术操作和新岗位的安全教育，未经教育不得上岗操作。

(4)要定期培训企业各级领导干部和安全干部，其中，施工队长、工长(施工员)、班组长是安全教育的重点。劳动部规定厂长、经理需培训、考核，取得《安全管理资格证书》，凭证对本企业实施安全卫生管理。

(5)电工、焊工、架子工、司炉工、爆破工、机操工及起重工、打桩机和各种机动车辆司机等特殊工人除进行一般安全教育外，还要经过本工种的安全技术教育，经考核合格发证后，方准独立操作；每年还要进行一次复审。对从事有尘毒危害作业的工人，要进行尘毒危害和防治知识教育。

二、新工人三级安全教育

新进公司职工(包括新调入人员、实习生、代培人员等)及新入厂人员必须进行三级安全教育，并经考试合格后方可上岗。

(1)一级(公司级)安全教育：时间应不少于15 h，其教育内容如下：

1)职业安全卫生有关知识；

2)国家有关安全生产法令、法规和规定；

3)本公司和同类企业的典型事故及教训；

4)本公司的性质、生产特点及安全生产规章制度；

5)安全生产基本知识、消防知识及个体防护常识。

(2)二级(项目级)安全教育：时间应不少于 15 h，其教育内容如下：

1)本单位概况，施工生产或工作特点，主要设施、设备的危险源以及相应的安全措施和注意事项；

2)本单位安全生产实施细则及安全技术操作规程；

3)安全设施、工具、个人防护用品、急救器材、消防器材的性能和使用方法等；

4)以往的事故教训。

(3)三级(班组级)安全教育：时间应少于 20 h，由班长或班组安全员负责教育，可采取理论了解和实际操作相结合的方式进行，新工人经班组安全教育考核合格后，方可指定师傅带领进行工作或学习。其教育内容如下：

1)本岗位(工种)安全操作规程；

2)发现紧急情况时的急救措施及报告方法；

3)本岗位(工种)的施工生产程序及工作特点和安全注意事项；

4)本岗位(工种)设备、工具的性能和安全装置、安全监测、监控仪器的作用，防护用品的使用和保管方法。

三级安全教育、考试、考核情况，要逐级填写在三级安全教育卡片上，建立安全教育档案。三级安全教育完毕，经公司安全管理部门审核后，方可准许发放劳动保护用品和本工种所享受的劳保待遇。未经三级安全教育或考试不合格的，不得分配工作，否则由此而发生的事故由分配及接受其工作的单位领导负责。

三、特种作业人员安全培训

(1)直接从事对操作者本人，尤其对他人和周围设施的安全有重大危害因素的作业者通称为特种作业人员，如起重工、焊工、架子工、司机等。

(2)特种作业人员必须具备的基本条件如下：

1)年满十八周岁。

2)初中以上文化程度。

3)工作认真负责，遵章守纪。

4)身体健康，无妨碍从事本工种作业的疾病和生理缺陷。

5)按上岗要求的技术业务理论考核和实际操作技能考核成绩合格。

(3)考核与发证：

1)经考核成绩合格者，发给"特种作业人员操作证"；不合格者，允许补考一次。补考仍不合格者，应重新培训。

2)考核与发证工作，由特种作业人员所在单位负责组织申报，地、市级劳动行政部门负责实施。

3)离开特种作业岗位一年以上的特种作业人员，需重新进行安全技术考核，合格者方可从事原作业。

4)考核内容严格按照《特种作业人员安全技术培训考核大纲》进行。考核包括安全技术理论考核与实际操作技能考核，以实际操作技能考核为主。

(4)复审及其他：

1)劳动行政部门及特种作业人员所在单位，均需建立特种作业人员的管理档案。

2)取得"特种作业人员操作证"者，每两年进行一次复审。未按期复审或复审不合格者，其操作证自行失效。复审由特种作业人员所在单位提出申请，由发证部门负责审验。

3)项目部将已培训合格的特种作业人员登记造册，并报公司。特种作业和机械操作人员的安全培训，由分公司企管部负责。参加专业性安全技术教育和培训，经考核合格取得市级以上劳动部门颁发的"特种作业操作证"后方可独立上岗作业。

四、外包单位及外来人员安全教育

(1)外包人员入场作业前必须接受入场安全教育，并经考核合格后方可入场使用。安全教育内容主要包括本单位施工生产特点、入场须知，所从事工作的性质、注意事项和事故教训等。

(2)对外包单位的安全教育，由使用单位安全部门负责，受教育时间不得少于 8 h，并在工作中指定专人负责管理和检查。

(3)对外借人员的安全教育，由用工单位负责，经考核后，方能允许进入现场。

(4)对进入施工现场参观人员的安全教育，由项目负责人负责。其教育内容为有关项目的安全规定及安全注意事项，并安排专人陪同。

五、经常性安全生产宣传教育

经常性安全生产宣传教育形式可采用安全活动日、班前班后会、各种安全会议、安全技术交底、广播、黑板报、标语、简报、电视、播放录像等，结合公司生产、施工任务，开展经常性安全生产教育。

1. 经常性安全生产宣传内容

(1)宣传安全生产经验，树立安全生产的信心，克服"事故难免论"。

(2)宣传"安全生产，人人有责"，动员全体职工人人重视、人人动手，安全生产和文明施工。

(3)宣传党和政府十分重视劳动保护工作，体现党和政府对劳动者的无限关怀，激发职工的工作积极性。

(4)宣传安全生产在政治和经济上的重大意义，使每个职工能时刻重视安全生产工作，牢固树立"安全第一"的思想。

(5)教育职工克服麻痹思想，克服安全生产工作"重视主题流程、忽视收尾工程""重视高大危险工程，忽视一般工程"的错误倾向。

(6)宣传"生产必须安全，安全为了生产"的关系，使职工懂得若不重视安全生产，则会给企业、劳动者本人以及社会、家庭带来损失与不幸。

(7)教育职工尊重科学，按客观规律办事，不违章指挥、不违章作业，使职工认识到安全生产规章制度是长期实践经验的总结，有的甚至付出了血的代价，要自觉地学习规程，执行规程。

2.经常性安全教育知识内容

(1)安全标准、制度等知识；

(2)经常性安全教育的主要内容；

(3)防触电和触电后的急救知识；

(4)防尘、防毒、防电光伤眼等基本知识；

(5)安全法则知识教育，增强安全法制观念，严格按章办事，领导不违章指挥，工人不违章作业；

(6)脚手架、吊篮安全使用知识，如不准随意拆除架子或吊篮的任何杆件和部件；

(7)放置起重伤害事故基本知识，如严格安全纪律，不准随意乱开动起重机械，不准随意乘坐起重装置升降，不准乘坐井架、龙门架、吊笼等。

3.经常性安全生产宣传教育的形式

经常性安全生产宣传教育的形式多种多样，应贯彻及时性、严肃性、真实性，做到简明、醒目，避免恐怖形象。既要有批评，又要有表扬，还要指出什么是错误的，同时，也应该指出怎样才是正确的。具体形式有：

(1)举办事故分析会；

(2)举办安全保护广播；

(3)举办安全保护展览；

(4)举办劳动保护讲座；

(5)举办安全生产训练班；

(6)举办安全保护报告会；

(7)建立安全保护教育室；

(8)举办安全保护文艺演出；

(9)放映安全保护幻灯或电影；

(10)书写安全标志和标语口号；

(11)办安全保护黑板报、宣传栏；

(12)印发安全保护简报、通报等；

(13)张挂安全保护挂图或宣传画；

(14)组织家属做职工安全生产思想工作；

(15)施工现场入口处的安全纪律标牌。

六、季节性及节假日特殊安全教育

由项目部结合季节特征、节假日前后，人员容易疏忽而放松安全生产的规律，抓住主要环节进行安全教育。凡是自然条件变化，大风、大雪、暴雨、冰冻或雷雨季节，应抓住气候变化特点进行安全教育。

节假日特殊安全教育

(1)集体宿舍内严禁使用电加热器、明火与电炉。

(2)节假日期间，如果动用明火，要严格按照动火升级审批制度进行审批。

(3)工地加班加点，要思想集中，遵守安全纪律，严格做好交接班工作，严禁酒后作业。

(4)节假日期间，不使用的机械设备及电气设备，应切断电源、拔掉保险丝、电箱上锁；移送电具、危险物品应妥善保管。

(5)节后开工前，应认真对周围环境、机具设备机动车辆、现场设施进行检查，确认正确后方可施工，并做好记录。

(6)对节假日期间必须使用的机械设备、机动车辆、现场设施、防火器材等，应组织专业人员，进行一次技术状况的检查，确认良好才能使用。

七、其他形式的安全教育

(1)新工艺、新技术、新设备、新品种投产使用前，各主管部门要写出新的安全操作规程，对岗位和有关人员进行安全教育，经考试合格后，方可从事新人岗位工作。

(2)对严重违章违纪职工，由所在单位安全部门进行单独再教育，经考察认定后，再回岗工作。

(3)对脱离操作岗位(如产假、病假、学习、外借等)六个月以上重返岗位操作者，应进行岗位复工教育。

(4)参加特殊区域、高危险场所作业(如附着脚架、塔式起重机、升降机、高支撑模板等)的人员，在作业前必须进行有针对性的安全教育。

(5)职工在公司内调动工作岗位变动工种(岗位)时，接收单位应对其实行二、三级安全教育，经考试合格后，方可从事新人岗位工作。

八、施工现场安全活动

日常安全会议：

(1)公司安全例会每季度一次，由公司质安部主持，公司安全主管经理、有关科室负责，项目经理、分公司经理及其职能部门(岗位)安全负责人参加，总结一季度的安全生产情况，分析存在的问题，对下一季度的安全工作重点作出布置。

(2)公司每年年末召开一次安全工作会议，总结一年来安全生产上取得的成绩和存在的不足，对本年度的安全生产先进集体和个人进行表彰，并布置下一年度的安全工作任务。

(3)各项目部每月召开安全例会，由其安全部门(岗位)主持，安全分管领导、有关部门(岗位)负责人及外包单位负责人参加。传达上级安全生产文件、信息；对上月安全工作进行总结，提出存在的问题；对当月安全工作重点进行布置，提出相应的预防措施。推广施工中的典型经验和先进事迹，以施工中发生的事故教育班组干部和施工人员，从中吸取教育。由安全部门做好会议记录。

(4)班前安全讲话和每周安全活动日的活动要做到有领导、有计划、有内容、有记录，防止走过场。

(5)工人必须参加每周的安全活动日活动，各级领导及科室有关人员须定期参加基层班组的安全日活动，及时了解安全生产中存在的问题。

九、每周的安全日活动内容

(1)检查安全规章制度的执行情况和消除事故隐患。

(2)结合本单位安全生产情况，积极提出安全合理化建议。

(3)学习安全生产文件、通报，安全规程及安全技术知识。

(4)开展反事故演习和岗位练兵，组织各类安全技术表演。

(5)面对本单位安全生产中存在的问题，展开安全技术座谈和攻关。

(6)讲座分析典型事故，总结经验、吸取教训，找出事故原因，制订预防措施。

(7)总结上周安全生产情况，布置本周安全生产要求，表扬安全生产中的好人、好事。

(8)参加公司和本单位组织的各项安全活动。

十、班前安全活动

班前安全活动是班组安全管理的一个重要环节，是提高班组安全意识、做到遵章守纪、实现安全生产的途径。建筑工程安全生产管理过程中必须做好此项活动。

(1)每个班组每天上班前 15 min，由班长认真组织全班人员在班前讲台(图 1-2)进行安全活动，总结前一天安全施工情况，结合当天任务，进行分部分项的安全交底，并做好交底记录。

(2)对班前使用的机械设备、施工机具、安全防护用品、设施、周围环境等要认真进行检查，确认安全完好，才能使用和进行作业。

(3)对新工艺、新技术、新设备或特殊部位的施工，应组织作业人员对安全技术操作规程及相关资料的学习。

(4)班组长每月 25 日前要将上个月安全活动记录交给安全员，安全员检查登记并提出改进意见之后交资料员保管。

十一、安全教育与安全活动记录

1. 安全教育记录

项目经理部对新入厂、转厂及变换工种的施工人员必须进行安全教育，经考试合格后方可上岗作业；同时，应对施工人员每年至少进行两次安全生产培训，并对被教育人员、教育内容、教育时间等基本情况进行记录，见表 1-1。

图 1-2　班前讲评台

表 1-1　作业人员安全教育记录表

作业人员安全教育记录表			编号	
工程名称			主讲人	
教育主题			培训对象	
培训时间		培训地点		培训人数
培训部门		培训学时		记录整理人
培训内容： 				
接受培训人员签名 				

2. 班前讲话记录

各作业班组长于每班工作开始前，必须对本班组全体作业人员进行班前安全活动交底，其内容应包括本班组安全生产须知和个人应承担的责任，以及本班组作业中的危险点和相应的安全措施等。

思考与练习

1. 目前，我国建筑安全生产的法律体系是什么？

2. 查阅有关资料回答问题：涉及施工安全管理及安全技术的建筑法律、法规、规章及标准有哪些？其主要内容是什么？

第二章　安全检查与安全事故处理

◉ **知识目标**

1. 了解安全检查的重要意义；
2. 熟悉安全检查的内容与方式。

◉ **能力目标**

掌握建设工程安全事故的处理。

第一节　安全检查

一、安全检查的重要意义和目的

在企业经营管理中，安全工作至关重要，它是企业生存发展的根本所在。安全检查是发现隐患、消除隐患、提出整改、预控隐患的措施和途径，是发动广大员工积极参与并共同做安全工作的一种有效形式。

安全检查形式多样，有月查、周检、季度查、年度检。俗话说："当局者迷，旁观者清"。通过安全检查，可以及时发现一些潜在的问题，有利于把工作做得更好、更扎实。通过下发通报检查结果，责令限期完成整改。有效地制止了隐患，把隐患消灭在萌芽状态，便于企业按部就班持续发展。通过安全检查使企业基层管理者从心理上产生紧迫感，看到工作中确实存在不足与疏漏，时刻保持居安思危、防患于未然的心态，避免"群羊效应"的麻痹思想，导致隐患有空可钻，杜绝"只顾饮泉，不顾狼群"的隐患之路。

安全发展是企业永恒的主题，如果一个企业不能保障安全，安全工作马马虎虎，事故不断、漏洞百出，员工生命健康不能得以保障，何谈效益与发展？不是濒临破产就是卷铺盖走人，搞得风声鹤唳，员工人心惶惶，工作秩序一片狼藉，可想而知这样的企业根本没有继续生存与发展的可能。

做好安全工作，加强安全检查，其目的是让企业按市场发展的正常轨道发展壮大，不断营造一个和谐、安全、高效、持续发展的共荣圈；让员工有蓬勃的向上力，有一种对企业的归属感、认同感。真正成为企业的推动者，成为具有活力的生产力，按科学规范的管理制度与企业同步发展。

安全检查涉及人、机、环、管等方面，本着"谁主管、谁负责"的法则。哪个环节出现问题就及时进行整改，目的是让工作做得更好，更有效的保障企业安全发展。安全检查意义甚远：其一，为员工的生存利益着想；其二，为企业的长治久安着想。

在企业管理中，安全检查占有很重要的地位，它是发现和消除事故隐患、落实安全措施、预防事故发生的重要手段，也是发动群众共同搞好安全工作的一种有效形式。

安全检查就是要对工厂生产过程中影响正常生产的各种物与人的因素，如机械、设备、流程等，进行深入细致地调查和研究，发现不安全因素及时消除，安全检查的目的在于发现和消除事故隐患，也就是把可能发生的各种事故消灭在萌芽状态，做到防患于未然。

为了保障社会主义现代化建设高速度发展和人民生命财产的安全，新中国成立以来，中央有关部委和各级政府颁布了一系列安全与劳动保护规章、条例、法令和安全技术规范等，这些正是开展安全检查的依据和准则。在开展安全检查的过程中，一般的做法都是把有关的条例和规范同企业的实际情况加以对照，总结成绩，找出差距，不断改进。由此可见，安全检查的过程，其本身就是一个结合实际宣传贯彻有关条例、规章和规范的过程。通过安全检查，使安全监察机关与广大职工群众都能自觉遵循安全与劳动保护工作规章、条例和安全技术规范，进一步发挥安全监督作用。

实践经验表明，安全检查能同时收到以下三点效果：

(1)安全检查宣传贯彻了党的安全生产方针和劳动保护政策法令，提高了各级领导和广大职工群众对安全生产的认识，端正了态度，有利于安全管理和劳动保护工作的开展；

(2)安全检查能及时发现和清除事故隐患，及时了解化工生产中的职业危害，有利于制订治理规划，消除危害，保护职工的安全和健康；

(3)在安全检查中能及时发现先进典型，及时总结经验。

安全检查是一项群众性的调查研究工作，通过安全检查能更好地摸清工厂企业安全生产情况，及时发现先进典型，总结和推广他们的先进经验，带动全局。

二、安全检查的要求

(1)安全检查要求有计划、有重点。检查计划或提纲，要从实际出发制定。检查的目的要求主要是了解情况，及时发现总结交流安全生产的好经验；查出隐患、堵塞漏洞，把事故消灭在萌芽状态；互相检查，互相学习，取长补短，交流经验；及时纠正违章，经常给大家敲警钟，促进安全生产。

检查要有重点。检查要把安全生产的薄弱环节和关键部位、关键问题作为检查的重点，不要胡子眉毛一把抓。因为这些问题，一般都是影响职工安全的重大问题，同时，也是生产发展的重大障碍。检查突出重点，抓住薄弱环节和关键部位才有实效。

(2)检查要和总结推广经验结合，要和评比、奖惩结合。安全生产检查要注意总结推广安全、先进的典型经验，同时，也要总结发生事故的教训，要从总结经验中提高，从事故中汲取教训，以便从中找出规律，采取措施确保安全生产。检查必须和评比、奖惩挂钩，这样才能把安全生产同企业利益结合起来，才能收到效果。

(3)检查要和整改相结合。检查是手段，整改隐患是目的。因此，安全生产的检查要认真贯彻"边检查、边整改"的原则。对查出的问题要做到条条有着落，件件有交代。应该在检查时和检查后，本着发现即改的精神，发动群众及时整改。整改应实行"三定(定措施、定时间、定责任人)、四不推(班组能解决的不推到车间、车间能解决的不推到厂、厂能解决的不推到上级)"的原则。对于一些长期危害职工安全的重大隐患，必须保证整改措施到位，应及时加强复查。为了监督各单位搞好事故隐患整改措施到位，及时加强复查。为了监督各单位搞好事故隐患整改工作，常用《事故隐患整改通知书》制约被查单位限期整改。对于企业主管部门或安全主管部门下达的隐患整改通知、整改意见，企业必须严肃对待、认真研究并执行，并将执行情况及时上报有关部门。

检查中发现不安全因素应对各种情况分别处理。对领导违章指挥、工人违章操作等，应当场劝阻，情况危急时可制止其作业，并通知现场负责人处理对生产工艺、安全组织、设备、场地、操作方法原料、工具等存在的不安全因素，危及职工安全时，可通知责任单位限期改进；对严重违反国家安全管理规定，随时有可能造成严重人身伤亡的隐患，应立即查封并通知责任单位处理。

第二节　安全检查的内容、分类与方式

安全检查是一项综合性的安全生产管理措施，是建立良好的安全生产环境、做好安全生产工作的重要手段之一，也是企业防止事故、减少职业病的有效方法。

检查包括企业安全生产管理人员进行日常检查，企业领导进行巡视检查，操作人员对本岗位的设备、设施和工具进行经济性检查。各类人员经常深入作业现场进行安全检查，有利于及时掌握情况、发现问题，从而解决问题。

一、安全检查的内容

安全检查要深入基层、紧紧依靠职工，坚持领导与群众相结合的原则，组织好检查工作。

(1)建立检查的组织领导，配备适当的检查力量，挑选具有较高技术业务水平的专业人员参加。

(2)做好检查表的各项准备工作，包括思想、业务知识和法规政策以及物资、奖金准备。

(3)明确检查的目的和要求，既要严格要求，又要防止一刀切，要从实际出发，分清主、次矛盾，力求实效。

(4)把自查与互查有机地结合起来，基层以自查为主，企业内相应部门之间互相检查，

取长补短，相互学习和借鉴。

（5）坚持查改结合，检查不是目的，只是一种手段，整改才是最终目的，一时难以整改的，要采取切实有效的防范措施。

（6）制定和建立检查档案，结合安全检查表的实施，逐步建立健全检查档案，收集基本数据，掌握基本安全状况，实现事故隐患及危险点的动态管理，为及时消除隐患提供数据，同时，也为以后的安全检查奠定基础。

二、安全检查的分类

安全检查可分为日常性检查、专业性检查、季节性检查、节假日前后的检查和不定期检查等。

（1）日常性检查，即经常的、普遍的检查。企业一般每年进行 2～4 次；车间、科室每月至少进行一次；班组每周、每班次都应进行检查。专职安技人员的日常检查应该有计划，针对重点部位周期性地进行。

1）生产岗的班组长和工人应严格履行交接班检查和班中巡回检查；

2）非生产岗位的班组长和工人应根据本岗位特点，在工作前和工作中进行检查；

3）各级领导和各级安全生产管理人员应在各自业务范围内，经常深入现场进行安全检查，发现不安全问题及时督促有关部门解决。

（2）专业性检查是针对特种作业、特种设备、特殊场所进行的检查，如电焊、气焊、起重设备、运输车辆、锅炉压力容器、易燃易爆场所等。

（3）季节性检查是根据季节特点，为保障安全生产的特殊要求所进行的检查，如春季风大，要着重防火、防爆；夏季高温，多雨多雷电，要着重防暑、降温、防汛、防雷击、防触电；冬季着重防寒、防冻等。

（4）节假日前后的检查包括节假日前进行安全生产（如职工考虑过节，易精力分散）综合检查，节假日后要进行遵章守纪的检查等。

（5）不定期检查是指在装置、机器、设备开工和停工前，新装置、设备竣工及试运转时进行的安全检查。

三、安全检查的方式

安全生产检查是企业行之已久的一项安全措施，是贯彻"安全第一，预防为主"方针的实际行动，是了解和掌握安全生产形势，发现设备、生产场所隐患和管理制度上存在的问题，以便及时采取防范、整改措施，防患于未然的群众性安全工作。

1. 检查的一般要求

（1）成立安全检查小组，有明确目的、有组织领导、有检查计划、有具体要求。

（2）深入现场与听取汇报相结合，通过查看、询问、综合分析，得出明确结论。

（3）参加检查的人应是内行，检查要深入、细致、讲求实效，防止走过场。

（4）有检查明细表，逐项认真填写。

（5）贯彻群众路线，要充分发动群众，广泛听取群众意见，边检查、边整改、边提高。

（6）奖罚分明，对于好的要表扬、奖励，对于差的要批评、惩罚。要以教育为主，树立好的典型，达到共同提高的目的。

（7）总结提高。每次检查完毕，要写出总结，找出差距，制订整改计划等。

2. 安全检查表

安全检查表的类型包括：

（1）设计用安全检查表，主要供设计、工艺人员从事设计工作进行系统安全分析时使用。其具体内容应依系统安全分析的对象而定。如用于新建工程设计的安全检查表，其主要内容应包括项目选址和总图设计，工艺流程的安全性，机械设备的安全性，物料储存与运输的安全性，安全设施与装置、消防设施与器材的管理，防尘防毒措施的实施等。这类安全检查表也可以作为本质安全审查的依据。

（2）厂级安全检查表，供全厂性安全检查时使用。其主要内容包括各重点危险部位，主要安全装置与设施的灵敏性、可靠性，危险物品的储存、使用及操作管理等。

（3）车间安全检查表，供车间进行定期安全检查或预防性检查时使用。其主要内容包括工艺安全、产品原料及产成品的合理存放、通风照明、噪声振动、安全装置、消防设施、安全标志及操作安全等。

（4）班组及岗位安全检查表，主要用于日常检查和安全教育。其内容应根据岗位的工艺与设备的防灾控制要点确定，要求内容具体、易行、具有针对性。

（5）专业安全检查表，主要用于专业性的安全检查和分析。如特种设备的安全检查，危险场所、危险作业的危险性分析等。其内容应突出专业特点，如对特种设备检查的安全检查表，其主要内容应包括设备结构的安全特性、设备安装的安全要求、安全运行的参数限额、安全附件报警装置的齐全可靠、安全操作的主要要求及特种作业人员的安全技术考核等。

3. 安全检查表的制定

安全检查表的制定过程包括：

（1）对危险、有害因素进行调查分析，确定检查项目和内容。由本单位工程技术人员、生产管理人员、工人和安技人员共同总结生产操作的经验，分析工艺过程和设备特点，从中查明可能导致事故和职业危害的各种潜在危险因素和条件。要特别重视总结工人的实际经验，因为它们可以作为科学分析的基础和补充，具有非常重要的作用。例如，可以组织工人开展事故预测活动，就可能发生的事故、触发事件、事故原因、事故后果、影响范围、预防对策措施等进行深入的讨论和总结。这样做不但可为制定安全检查表奠定基础，也可使工人群众从中受到深刻的安全教育，增长预防事故的知识和本领。

（2）确定检查标准和要求。确定的依据是国家的各项安全生产法规和标准，以及企业自身制定的安全生产规章制度、技术要求参数、安全操作规程等。

（3）确定检查时间。要根据检查的范围和对象的具体情况确定检查间隔的时间，如月、日、班、时等。

(4)作出检查表。检查表的每项内容、标准、要求都应力求简洁明了，以便于判断识别和填写检查结果，如可以用是否、有无等提问式的语句，对设备的检查表可直接写明其工作参数的允许范围等。

制定安全检查表要在安技部门的指导下，充分依靠职工来进行。初步制定出来的检查表，要经过群众的讨论，反复试行，再加以修订，最后，由安技部门审定后方可正式实行。

第三节　安全评价

安全评价是以实现工程、系统安全为目的，应用安全系统工程原理和方法，对工程、系统中存在的危险、有害因素进行识别与分析，判断工程、系统发生事故和急性职业危害的可能性及其严重程度，提出安全对策建议，从而为工程、系统制定防范措施和管理决策提供科学依据。

安全评价既需要安全评价理论的支撑，又需要理论与实际经验的结合，二者缺一不可（目前，国内安全评价和国外的略有不同，国内尚未建立风险的基准标准，量化的 QRA 计算目前尚无法进行，因此，更多的是为政府和管理者提供安全防范措施）。

安全评价可在同一工程、同一系统中用来比较风险的大小；但不能用来证明当必要的安全设备未投入使用时该工程、系统的状态是安全的，这样的证明既是方法的滥用，也会得出不符合逻辑的结果。

安全评价也称危险评价，或称安全性评价、危险性评价。西方资本主义国家也叫作风险评价。"评价"（Assessment）一词也有译为"评估"的。安全评价的定义是：综合运用安全系统工程的方法对系统的安全性进行度量和预测，它通过对系统存在的危险性进行定性和定量分析，确认系统发生危险的可能性及其严重程度，提出必要的措施，以寻求最低的事故率、最小的事故损失和最优的安全投资效益。安全评价是安全管理工作以"预防为主"的具体体现，也是安全管理现代化的一项重要内容。

国外最早开展所谓的风险评价，是为保险业确定保险费费率服务的。评价的指标是风险率，也称为危险度。在评价人身安全时，国际上常用死亡率（Fatal Accident Frequency Rate，缩写为 FAFR），即每接触工作 1 亿小时发生的死亡人数，作为风险率指标。最早在工业上研究安全评价的是美国道化学公司（Dow's Chemical Co.），1964 年发表"应用化学品分类"，在不断改进提高的过程中首创"指数法"，使用"火灾、爆炸指数"作为衡量化学工厂火灾和爆炸危险的安全评价标准，到 1991 年已经修订到第七版。"指数法"在 20 世纪 70 年代以后受到国际上的广泛重视，日本劳动者在 1976 年提出了化学工厂六阶段（安全）评价法，英国帝国化学公司蒙德工厂研究开发部提出蒙德（Monde）安全评价法，使指数法日趋科学、合理和符合实际。

1972 年美国原子能委员会委托麻省理工学院 N. C. 拉斯姆逊教授为首的专家组对商用核电站进行安全评价。1974 年发表了"WASH—1400"评价报告书，采用事件树分析方法和事故树分析方法，对"核反应堆堆芯熔化"事故的概率、危险后果进行了定量评价。

目前，国外还成立了一些安全评价机构，根据我们已知的情况有：南非全国职业安全协会（National Occupation Safety Association，缩写为 NOSA），他们以其"NOSA 五星系统"对工厂的职业安全和健康以及环境保护进行评价；加拿大有一个安全工程国际公司，也从事职业安全方面的安全评价。他们采用的方法都是在"安全检查表"的基础上进行赋值的方法，即"评分法"。美国还有一家"爱·第·立特公司"（A. D. Little）是国际性研究、咨询、管理公司。这家公司采用不同的风险分析方法，如事故树分析方法、可操作性研究（Operability Study，简称 O. S）以及专家经验等对系统的安全性、潜在危险及可能造成的损失进行评价。

国内安全评价工作在一些行业中也有所开展。根据目前掌握的情况，机械行业在 1988 年制定了"机械工厂安全性评价标准"，主要针对人身安全方面的危险因素进行评价。1990 年中国石油化工总公司制定了"石油化工企业安全评价实施办法"，将企业划分成 8 个系统，即综合安全管理系统、生产运行系统、公用工程系统、生产辅助系统、储存运输系统、厂区布置及作业环境系统、消防系统和工业卫生系统，评价的内容扩大到生产系统的设备安全。上述评价方法采用的都是"评分法"。另外，化工部制订了"化工厂危险程序分级"，采用的是"指数法"，并在此基础上进行了完善和改进。冶金部也制定过"冶金工厂危险程度分级"标准。电力行业方面，华中电业管理局于 1992 年制订了"安全评价检查表及实施办法"，开展了以人身安全为主要内容的安全评价。

安全评价在国内外学术界都被列入"安全系统工程"这门"软科学"的范畴，并作为它的一个重要组成部分，安全系统工程如果从 1962 年美国将系统工程原理及方法引用到研究导弹系统的可靠性和安全性，第一次提出含有"安全系统工程"这一名称的《空军弹道导弹安全系统工程系统大纲说明书》算起，不过 30 多年的时间，它是一门发展中的软科学，所以，安全评价等许多方面都在继续研究和完善之中。

第四节　建设工程职业健康安全事故的分类和处理

一、建设工程职业健康安全事故的分类

职业健康安全事故分为两大类型，即职业伤害事故与职业病。

1. 职业伤害事故

职业伤害事故是指因生产过程及工作原因或与其相关的其他原因造成的伤亡事故。

（1）按照事故发生的原因分类。按照我国《企业职工伤亡事故分类》（GB 6441）标准规定，职业伤害事故分为以下 20 类：

1)物体打击：指落物、滚石、锤击、碎裂、崩块、砸伤等造成的人身伤害，不包括因爆炸而引起的物体打击。

2)车辆伤害：指被车辆挤、压、撞和车辆倾覆等造成的人身伤害。

3)机械伤害：指被机械设备或工具绞、碾、碰、割、戳等造成的人身伤害，不包括车辆、起重设备引起的伤害。

4)起重伤害：指从事各种起重作业时发生的机械伤害事故，不包括上、下驾驶室时发生的坠落伤害，起重设备引起的触电及检修时制动失灵造成的伤害。

5)触电：由于电流经过人体导致的生理伤害，包括雷击伤害。

6)淹溺：由于水或液体大量从口、鼻进入肺内，导致呼吸道阻塞，发生急性缺氧而窒息死亡。

7)灼烫：指火焰引起的烧伤、高温物体引起的烫伤、强酸或强碱引起的灼伤、放射线引起的皮肤损伤，不包括电烧伤及火灾事故引起的烧伤。

8)火灾：在火灾时造成的人体烧伤、窒息、中毒等。

9)高处坠落：由于危险势能差引起的伤害，包括从架子、屋架上坠落以及平地坠入坑内等。

10)坍塌：指建筑物、堆置物倒塌以及土石塌方等引起的事故伤害。

11)冒顶片帮：指矿井作业面、巷道侧壁由于支护不当、压力过大造成的坍塌(片帮)以及顶板垮落(冒顶)事故。

12)透水：指从矿山、地下开采或其他坑道作业时，有压地下水意外大量涌出而造成的伤亡事故。

13)放炮：指由于放炮作业引起的伤亡事故。

14)火药爆炸：指在火药的生产、运输、储藏过程中发生的爆炸事故。

15)瓦斯爆炸：指可燃气体、瓦斯、煤粉与空气混合，接触火源时引起的化学性爆炸事故。

16)锅炉爆炸：指锅炉由于内部压力超出炉壁的承受能力而引起的物理性爆炸事故。

17)容器爆炸：指压力容器内部压力超出容器壁所能承受的压力引起的物理爆炸，容器内部可燃气体泄漏与周围空气混合遇火源而发生的化学爆炸。

18)其他爆炸：包括化学爆炸、炉膛、钢水包爆炸等。

19)中毒和窒息：指煤气、油气、沥青、化学、一氧化碳中毒等。

20)其他伤害：包括扭伤、跌伤、冻伤、野兽咬伤等。

(2)按事故后果严重程度分类：

1)轻伤事故：造成职工肢体或某些器官功能性或器质性轻度损伤，表现为劳动能力轻度或暂时丧失的伤害，一般每个受伤人员休息1个工作日以上，105个工作日以下。

2)重伤事故：一般指受伤人员肢体残缺或视觉、听觉等器官受到严重损伤，能引起人体长期存在功能障碍或劳动能力有重大损失的伤害，或者造成每个受伤人休息105工作日以上的失能伤害。

3）死亡事故：一次事故中死亡职工 1～2 人的事故。

4）重大伤亡事故：一次事故中死亡 3 人以上（含 3 人）的事故。

5）特大伤亡事故：一次死亡 10 人以上（含 10 人）的事故。

6）急性中毒事故：指生产性毒物一次或短期内通过人的呼吸道、皮肤或消化道大量进入体内，使人体在短时间内发生病变，导致职工立即中断工作，并须进行急救或死亡的事故；急性中毒的特点是发病快，一般不超过 1 个工作日，有的毒物因毒性有一定的潜伏期，可在下班后数小时后发病。

2. 职业病

经诊断因从事接触有毒有害物质或不良环境的工作而造成急慢性疾病，属职业病。

2013 年国家卫生和计划生育委员会、人力资源和社会保障部、国家安全生产监督管理总局、中华全国总工会联合组织对职业病的分类和目录进行了调整。《职业病分类和目录》列出的法定职业病为 10 大类。该目录中所列的 10 大类职业病如下：

（1）职业性尘肺病及其他呼吸系统疾病。

1）尘肺病：矽肺、煤工尘肺、石墨尘肺、炭黑尘肺、石棉肺、滑石尘肺、水泥尘肺、云母尘肺、陶工尘肺、铝尘肺、电焊工尘肺、铸工尘肺、根据《尘肺病诊断标准》和《尘肺病理诊断标准》可以诊断的其他尘肺病。

2）其他呼吸系统疾病：过敏性肺炎、棉尘病、哮喘、金属及其化合物粉尘肺沉着病（锡、铁、锑、钡及其化合物等）、刺激性化学物所致慢性阻塞性肺疾病、硬金属肺病。

（2）职业性皮肤病：接触性皮炎、光接触性皮炎、电光性皮炎、黑变病、痤疮、溃疡、化学性皮肤灼伤、白斑、根据《职业性皮肤病的诊断总则》可以诊断的其他职业性皮肤病。

（3）职业性眼病：化学性眼部灼伤、电光性眼炎、白内障（含辐射性白内障、三硝基甲苯白内障）。

（4）职业性耳鼻喉口腔疾病：噪声聋、铬鼻病、牙酸蚀病、爆震聋。

（5）职业性化学中毒：铅及其化合物中毒（不包括四乙基铅）、汞及其化合物中毒、锰及其化合物中毒、镉及其化合物中毒、铍病、铊及其化合物中毒、钡及其化合物中毒、钒及其化合物中毒、磷及其化合物中毒、砷及其化合物中毒、铀及其化合物中毒、砷化氢中毒、氯气中毒、二氧化硫中毒、光气中毒、氨中毒、偏二甲基肼中毒、氮氧化合物中毒、一氧化碳中毒、二硫化碳中毒、硫化氢中毒、磷化氢中毒、磷化锌中毒、磷化铝中毒、氟及其无机化合物中毒、氰及腈类化合物中毒、四乙基铅中毒、有机锡中毒、羰基镍中毒、苯中毒、甲苯中毒、二甲苯中毒、正己烷中毒、汽油中毒、一甲胺中毒、有机氟聚合物单体及其热裂解物中毒、二氯乙烷中毒、四氯化碳中毒、氯乙烯中毒、三氯乙烯中毒、氯丙烯中毒、氯丁二烯中毒、苯的氨基及硝基化合物（不包括三硝基甲苯）中毒、三硝基甲苯中毒甲醇中毒酚中毒、五氯酚（钠）中毒、甲醛中毒、硫酸二甲酯中毒、丙烯酰胺中毒、二甲基甲酰胺中毒、有机磷中毒、氨基甲酸酯类中毒、杀虫脒中毒、溴甲烷中毒、拟除虫菊酯类中毒、铟及其化合物中毒、溴丙烷中毒、碘甲烷中毒、氯乙酸中毒、环氧乙烷中毒、上述条目未提及的与职业有害因素接触之间存在直接因果联系的其他化学中毒。

(6)物理因素所致职业病：中暑、减压病、高原病、航空病、手臂振动病、激光所致眼(角膜、晶状体、视网膜)损伤、冻伤。

(7)职业性放射性疾病：外照射急性放射病、外照射亚急性放射病、外照射慢性放射病、内照射放射病、放射性皮肤疾病、放射性肿瘤(含矿工高氡暴露所致肺癌)、放射性骨损伤、放射性甲状腺疾病、放射性性腺疾病、放射复合伤、根据《职业性放射性疾病诊断标准(总则)》可以诊断的其他放射性损伤。

(8)职业性传染病：炭疽、森林脑炎、布鲁氏菌病、艾滋病(限于医疗卫生人员及人民警察)、莱姆病。

(9)职业性肿瘤：石棉所致肺癌、间皮瘤，联苯胺所致膀胱癌，苯所致白血病，氯甲醚、双氯甲醚所致肺癌，砷及其化合物所致肺癌、皮肤癌，氯乙烯所致肝血管肉瘤，焦炉逸散物所致肺癌，六价铬化合物所致肺癌，毛沸石所致肺癌、胸膜间皮瘤，煤焦油、煤焦油沥青、石油沥青所致皮肤癌，β-萘胺所致膀胱癌。

(10)其他职业病：金属烟热，滑囊炎(限于井下工人)，股静脉血栓综合征、股动脉闭塞症或淋巴管闭塞症(限于刮研作业人员)等。

二、建设工程职业健康安全事故的处理

1. 安全事故处理的原则(四不放过的原则)

(1)事故原因不清楚不放过。

(2)事故责任者和员工没有受到教育不放过。

(3)事故责任者没有处理不放过。

(4)没有制定防范措施不放过。

2. 安全事故处理的程序

(1)报告安全事故。

(2)处理安全事故，抢救伤员、排除险情、防止事故蔓延扩大，做好标识、保护好现场等。

(3)安全事故调查。

(4)对事故责任者进行处理。

(5)编写调查报告并上报。

3. 安全事故统计规定

企业职工伤亡事故统计实行以地区考核为主的制度。各级隶属关系的企业和企业主管单位要按当地安全生产行政主管部门规定的时间报送报表。

安全生产行政主管部门对各部门的企业职工伤亡事故情况实行分级考核。企业报送主管部门的数字要与报送当地安全生产行政主管部门的数字一致，各级主管部门应如实向同级安全生产行政主管部门报送。

省级安全生产行政主管部门和国务院各有关部门及计划单列的企业集团的职工伤亡事故统计月报表、年报表应按时报到国家安全生产行政主管部门。

4. 伤亡事故处理的规定

事故调查组提出的事故处理意见和防范措施建议，由发生事故的企业及其主管部门负责处理。

因忽视安全生产、违章指挥、违章作业、玩忽职守或者发现事故隐患、危害情况而不采取有效措施以致造成伤亡事故的，由企业主管部门或者企业按照国家有关规定，对企业负责人和直接责任人员给予行政处分，构成犯罪的，由司法机关依法追究刑事责任。

在伤亡事故发生后隐瞒不报、谎报、故意迟延不报、故意破坏事故现场，或者以不正当理由拒绝接受调查以及拒绝提供有关情况和资料的，由有关部门按照国家有关规定，对有关单位负责人和直接责任人员给予行政处分，构成犯罪的，由司法机关依法追究刑事责任。

伤亡事故处理工作应当在90日内结案，特殊情况不得超180日。伤亡事故处理结案后，应当公开宣布处理结果。

5. 工伤认定

(1)职工有下列情形之一的，应当认定为工伤。

1)在工作时间和工作场所内，因工作原因受到事故伤害的。

2)工作时间前后在工作场所内，从事与工作有关的预备性或者收尾性工作受到事故伤害的。

3)在工作时间和工作场所内，因履行工作职责而受到暴力等意外伤害的。

4)患职业病的。

5)因工外出期间，由于工作原因受到伤害或者发生事故下落不明的。

6)在上下班途中，受到机动车事故伤害的。

7)法律、行政法规规定应当认定为工伤的其他情形。

(2)职工有下列情形之一的，视同工伤。

1)在工作时间和工作岗位，突发疾病死亡或者在48小时之内经抢救无效死亡的。

2)在抢险救灾等维护国家利益、公共利益的活动中受到伤害的。

3)职工原在军队服役，因战、因公负伤致残，已取得革命伤残军人证，到用人单位后旧伤复发的。

(3)职工有下列情形之一的，不得认定为工伤或者视同工伤。

1)因犯罪或者违反治安管理条例伤亡的。

2)醉酒导致伤亡的。

3)自残或者自杀的。

6. 职业病的处理

(1)职业病报告。

1)地方各级卫生行政部门指定相应的职业病防治机构或卫生防疫机构负责职业病统计

和报告工作。职业病报告实行以地方为主，逐级上报的办法。

2）一切企事业单位发生的职业病，都应按规定要求向当地卫生监督机构报告，由卫生监督机构统一汇总上报。

（2）职业病处理。

1）职工被确诊患有职业病后，其所在单位应根据职业病诊断机构的意见，安排其医疗或疗养。

2）在医治或疗养后被确认不宜继续从事原有害作业或工作的，应自确认之日起的两个月内将其调离原工作岗位，另行安排工作；对于因工作需要暂不能调离的生产、工作的技术骨干，调离期限最长不得超过半年。

3）患有职业病的职工变动工作单位时，其职业病待遇应由原单位负责或两个单位协调处理，双方商妥后方可办理调转手续。并将其健康档案、职业病诊断证明及职业病处理情况等材料全部移交新单位。调出、调入单位都应将情况报告所在地的劳动卫生职业病防治机构备案。

4）职工到新单位后，新发生的职业病不论与现工作有无关系，其职业病待遇应由新单位负责。劳动合同制工人，临时工终止或解除劳动合同后，在待业期间新发现的职业病与上一个劳动合同期工作有关时，其职业病待遇由原终止或解除劳动合同的单位负责。如原单位已与其他单位合并，由合并后的单位负责；如原单位已撤销，应由原单位的上级主管机关负责。

📖 **思考与练习**

1. 简述安全生产检查的意义。

2. 项目经理部安全检查的内容有哪些？

3. 建筑施工安全检查集中在哪些方面？

4. 建设工程职业健康安全事故如何处理？

📖 **职业活动训练**

活动：安全检查与安全评价

1. 分组要求：全班分6～8个组，每组5～7人。

2. 资料要求：选择一个技术工程项目的6～8个不同阶段(时段)的安全检查评分表，每组一套。

3. 学习要求：学生在教师指导下阅读一个安全检查标准及安全检查评分表，每组根据检查评分结果作出安全评价。

4. 成果：以小组为单位填写安全检查评分汇总表。

第三章　土(石)方工程安全技术

◉ 知识目标

1. 了解土方工程开挖的准备工作;

2. 熟悉土方工程开挖的安全技术措施,坑(槽)壁支护形式及安全技术措施,基坑降水的方法;

3. 了解脚手架的种类、材质与规格,了解模板的分类;

4. 熟悉脚手架的构造、搭设与拆除的安全技术措施,各类模板施工的安全技术,邻边及洞口作业的防护,以及高处作业、交叉作业的安全防护。

◉ 能力目标

1. 能阅读和审查土石方工程专项施工方案,编制安全施工交底资料,组织安全技术交底活动,并能记录和收集与安全技术交底活动有关的安全管理档案资料;

2. 能根据《建筑施工安全检查标准》(JGJ 59—2011)的基坑支护安全检查评分表组织基坑支护的安全检查和评分;

3. 能阅读和参与编写、审查脚手架施工的专项施工方案,并提出自己的意见和建议;

4. 能编制脚手架施工安全交底资料、组织安全技术交底活动,并能记录和收集与安全技术交底活动有关的安全管理档案资料;

5. 能组织脚手架安全验收,根据《建筑施工安全检查标准》(JGJ 59—2011)的脚手架工程安全检查评分表组织脚手架工程的安全检查和评分;

6. 能阅读和参与编写、审查模板工程施工专项施工方案,并提出自己的意见和建议;

7. 能编制模板施工安全交底资料、组织安全技术交底活动,并能记录和收集与安全技术交底活动有关的安全管理档案资料;

8. 能组织模板工程安全验收,根据《建筑施工安全检查标准》(JGJ 59—2011)的模板工程安全检查评分表组织模板的安全检查和评分;

9. 能正确佩戴和使用安全帽、安全带,正确安装安全网,做好"四口""五临边"的防护;

10. 能根据《建筑施工安全检查标准》(JGJ 59—2011)的高处作业和"三宝""四口"防护安全检查评分表组织高处作业和"三宝""四口"防护的安全检查和评分。

第一节　土方开挖安全技术

基坑土方开挖前，必须制定合理的施工方案，熟悉地形、地貌，了解和分析基坑周边环境因素，根据地质勘探资料了解土层结构，根据基坑(槽)深度，制定相应的安全技术措施，确保施工安全。按照土方工程的不同深度、地下水位情况、不同土质、不同的作业形式，制定不同的施工方案，采取不同的安全措施。

一、土方开挖一般安全要求与技术

施工前，应对施工区域内影响施工的各种障碍物，如建筑物，道路、各种管线、旧基础、坟墓、树木等进行拆除、清理或迁移，确保安全施工。必要时，应进行工程施工地质勘探，根据土质条件、地下水位、开挖深度、周边环境及基础施工方案等制定基坑(槽)设置安全边坡或固壁施工支护方案。基坑(槽)施工支护方案必须经上级审批。基坑(槽)设置安全边坡或固壁施工支护的做法必须符合施工方案的要求。

(1)当地质情况良好、土质均匀、地下水位低于基坑(槽)底面标高时，挖方深度在 5 m以内可不加支撑，这时的边坡最大坡度应按表 3-1 的规定确定。

表 3-1　深度在 5 m 以内(包括 5 m)的基坑(槽)边的最大坡度(不加支撑)

土的类别	边坡坡度(高：宽)		
	坡顶无荷载	坡顶有静载	坡顶有动载
中密的砂土	1：1.00	1：1.25	1：1.50
中密的碎石土	1：0.75	1：1.00	1：1.25
硬塑的粉土	1：0.67	1：0.75	1：1.00
中密的碎石土(充填物为黏土)	1：0.50	1：0.67	1：0.75
硬塑的粉质黏土、黏土	1：0.33	1：0.50	1：0.67
老黄土	1：0.10	1：0.25	1：0.33
软土(轻型井点降水后)	1：1.00	—	—

> 注：1. 静载指堆土或材料等，动载指机械挖土或汽车运输作业等。静载或动载距挖方边缘的距离应在 1 m 以外，堆土或材料堆积高度不应超过 1.5 m。
> 2. 若有成熟的经验或科学的理论计算并经试验明者，可不受本表限制。

(2)当土质均匀且无地下水或地下水位低于基坑(槽)底面且土质均匀时，土壁不加支撑的垂直挖深不宜超过表 3-2 的规定。

表 3-2　不加支撑基坑(槽)土壁垂直挖深规定

土的类别	深度/m
密实、中密的砂土和碎石类土(充填物为砂土)	1.00
硬塑、可塑的粉土及粉质黏土	1.25
硬塑、可塑的黏土和碎石类土(充填物为黏性土)	1.50
坚硬的黏土	2.00

(3)当天然冻结的速度和深度能确保挖土的安全操作时，深度 4 m 以内的基坑(槽)开挖可以采用天然冻结法垂直开挖而不加设支撑，干燥的砂土应严禁采用冻结法施工。

(4)黏性土不加支撑的基坑(槽)最大垂直挖深可根据坑壁的重量、内摩擦角、坑顶部的均布荷载及安全系数等进行计算。

(5)基坑深度超过 5 m 时，必须进行专项支护设计；专项支护设计必须经上级审批并签署审批意见。

(6)人工开挖时，两个人的操作间距应保持 2~3 m，并应自上而下逐层挖掘，严禁采用掏洞的挖掘方法。

(7)深基坑内光线不足时，无论白天还是夜间施工，均应设置足够的电气照明，电气照明应符合《施工现场临时用电安全技术规范》(JGJ 46—2005)的有关规定。

(8)挖土时，要随时注意土壁的变异情况，如发现有裂纹或部分塌落现象，要及时进行支护或改缓放坡，并注意支撑的稳固和边坡的变化。

(9)应先挖好上、下坑沟的阶梯设木梯，不应踩土壁及其支撑。

(10)用挖土机施工时，挖土机的作业范围内不得进行其他作业，且应至少保留 0.3 m 厚的土不挖，最后由人工修挖至设计标高。

(11)在靠近建筑物旁挖掘基槽或深坑，其深度超过原有建筑物基础深度时，应分段进行，每段不得超过 2 m。

(12)载重汽车与坑、沟边沿距离不得小于 3 m；马车与坑、沟边沿距离不得小于 2 m，塔式起重机等振动较大的机械与坑、沟边沿距离不得小于 6 m。

(13)挖掘土方时，发现不能辨认的物品，应立即停止工作并上报有关部门，禁止擅自处理。

二、特殊土方开挖安全要求与技术

1. 斜坡土挖方

(1)土坡坡度要根据工程地质和土坡高度，结合当地同类土体的稳定坡度值确定。

(2)土方开挖宜从上到下分层分段依次进行，并随时做成一定的坡势以利泄水，且不应在影响边坡稳定的范围内积水。

(3)在边坡上方弃土时，应保证挖方边坡的稳定；弃土堆应连续设置，其顶面应向外倾斜，以防山坡水流入挖方场地；坡度陡于 1/5 或在软土区，禁止在挖方上侧弃土；在挖方下侧弃土时，要将弃土堆表面整平，并向外倾斜，弃土表面要低于挖方场地的设计标高，或在弃土堆与挖方场地之间设置排水沟，防止地表水流入挖方场地。

2. 滑坡地段挖方

(1)施工前，先了解工程地质勘察资料、地形、地貌及滑坡迹象等情况。

(2)滑坡地段挖方不宜雨期施工，同时，不应破坏挖方上坡的自然植被，并要事先做好地面和地下排水设施。

(3)按照先整治后开挖的原则，开挖时，遵循由上到下的开挖顺序，严禁先切除坡脚。

(4)爆破施工时，严防因爆破震动产生滑坡。

(5)抗滑挡土墙要尽量在旱季施工，基坑(槽)开挖应分段进行并加设支撑，开挖一段就要做好这段的挡土墙。

(6)开挖过程中发现滑坡迹象(如裂缝、滑动等)时，应暂停施工，必要时所有人员须转移、机械须搬至安全地点。

3. 软土地区基坑挖方

(1)施工前，必须做好地面排水和降低地下水位的工作，地下水位降低至基底以下0.5～1.0 m后，方可开挖，降水工作应持续到回填完毕，采用明沟排水时可不受此限制。

(2)施工机械行驶道路应填筑适当厚度的碎(砾)石。

(3)相邻基坑(槽)管沟开挖时，应遵循先深后浅或同时进行的施工顺序，并应及时做好基础。

(4)挖土宜分层进行，并应注意基坑土体的稳定，加强土体变形监测，防止挖土过快或边坡过陡使基坑中卸载过速、土体失稳等引起桩身上浮、倾斜、位移、断裂等事故。

(5)基坑(槽)开挖后，应尽量减少对基土的扰动；如基础不能及时施工时，可在基底标高以上留0.1～0.3 m土层不挖，待做基础时挖除。

(6)挖出的土不得堆放在边坡上方或建筑物(构筑物)附近，应立即转运至规定的距离以外。

4. 膨胀土地区挖方

(1)开挖区要做好排水工作，防止地表水、施工用水和生活废水浸入施工现场或冲刷边坡。

(2)开挖后的基土不应受烈日暴晒或水浸泡。

(3)土方开挖、垫层铺设、基础施工及土方回填等要连续进行。

(4)采用砂地基时，要先将砂浇水至饱和后再铺填夯实，不能采用在基坑(槽)或管沟内浇水使砂沉落的方法施工。

三、基坑(槽)及管沟工程防坠落安全要求与技术

(1)深度超过2 m的基坑施工，其邻边应设置人及物体滚落基坑的安全防护措施；必要

时应设置警示标志，配备监护人员。

（2）基坑周边应搭设防护栏杆，栏杆的规格、杆件连接、搭设方式等必须符合《建筑施工高处作业安全技术规范》(JGJ 80—1991)的规定。

（3）人员上下基坑、基坑作业应根据施工设计设置专用通道，不得攀登固壁支撑。人员上、下基坑作业应配备梯子，作为上、下的安全通道；在坑内作业，可根据坑的大小设置专用通道。

（4）夜间施工时，施工现场应根据需要安设照明设施，危险地段应设置红灯警示。

（5）在基坑内，无论是坑底作业，还是攀登、悬空作业，均应有安全的立足点和防护措施。

（6）基坑较深、需要上下垂直同时作业的，应根据垂直作业层搭设作业架，各层用钢、木、竹板隔开，或采用其他有效的隔离防护措施，防止上层作业人员、土块或其他工具坠落伤害下层作业人员。

四、基坑降水安全技术与要求

在地下水位较高的地区进行基础施工时，降低地下水位是一项非常重要的技术。当基坑无支护结构防护时，通过降低地下水位，以保证基坑边坡稳定，防止地下水涌入坑内，阻止流砂现象发生。此时，降水会将基坑内、外的局部水位同时降低，对基坑外周围建筑物、道路、管线会造成不利影响，设计时应充分考虑。当基坑有支护围护时，一般仅在坑内降水来降低地下水位。有支护结构围护的基坑，由于围护体的降水效果较好，且隔水帷幕伸入透水性差的土层一定深度，这种情况下降水类似盆中抽水。当封闭式基坑内的降水到一定的时间，待降水深度范围内的土体几乎无水可降时，降水的目的已达到。降水过程中应注意以下几点：

（1）土方开挖前，要保证一定时间的预抽水；

（2）降水深度必须考虑隔水帷幕的深度，防止产生管涌现象；

（3）降水过程中，必须与坑外观测井的监测密切配合，用观测数据来指导降水施工，避免隔水帷幕渗漏影响周围环境；

（4）注意施工用电安全。

第二节　基坑支护安全技术

基坑开挖是基础工程和地下工程施工的一个关键环节，尤其软土地区的旧城改造项目和集中于市区的高层、超高层建筑项目等。在工程建设中，为了节约用地，业主总是要求充分利用地下建筑空间，尽可能地扩大使用面积，从而使得基坑边紧靠周边建筑；同时，周围环境要求深基坑施工要确保其稳定、安全，这就使得深基坑施工的难度加大，使基坑支护的设计与施工技术显得尤为重要。国家有关部门提出，深基坑支护要进行结构设计，深度大于 5 m 的基坑安全度要通过专家论证。

一、基础工程施工中的教训

随着城市建设中高层建筑的发展，一方面深基础增多、增深，另一方面人们对深基础施工尚未引起足够的重视，具体表现在施工单位没有及时对深基础施工安全进行必要的研究，部分业主也意识不到深基础施工安全不利因素的存在，不愿意在技术措施上投入必要的费用。因此，有的深基础施工中，对坑壁支护结构设计与施工未达到应有的要求，使许多基础工程施工中发生事故，不但影响了工期，也增加了工程造价，还有的对周围环境造成了很大的影响。这些事故有以下几种类型：

（1）重力式挡墙结构失稳。某工程基础埋深为 8 m，施工时未对围护结构进行规范设计，也没有进行专家论证，凭经验做了重力式水泥土搅拌桩挡土结构。土方开挖后，由于周边土质的差异，使北侧水泥土搅拌桩挡墙整体向坑内倾倒，工程桩被挤压位移，坑外土体裂缝、滑坡，致使临时房屋严重开裂，不得不全部拆移，造成经济损失 200 多万元，影响工期延长 30 多天。

（2）围护体整体失稳。某工程由某公司总承包，而支护设计及施工由建设方另行委托进行，由于设计不合理，且钢管支撑被折断，周边挡土桩严重裂陷，影响了工期。

（3）挡土墙结构强度不足，产生严重裂缝，工程出现险情。

（4）挡土结构严重位移，造成坑外地表严重下陷，影响周围建筑物、道路及管线安全。某地下构筑物施工时，由于土方开挖没有按照设计工序要求先撑后挖，而是一次开挖深度超过设计要求，致使地下连续向坑内位移 800 cm 以上，坑外土体严重沉陷，造成周围房屋严重开裂。

（5）由于隔水帷幕选用不当、围护结构施工质量差，造成围护体系漏水，出现严重流砂现象，使周围建筑物、道路产生裂缝，管线断裂。某工程隔水帷幕设计时，对地质情况没有认真分析，加之主桩体施工质量差，土方开挖至要求标高后，桩土出现横向裂缝并开始漏水，所幸的是，在施工时每根高压旋喷桩内竖向插入了若干根 Φ16 钢筋，桩体免于倾倒。此围护结构为单排高压旋喷桩，桩径为 800 mm 桩与桩套接 200 mm，由于套接处的夹渣和不密实处以及桩体的横向裂缝处出现漏水并伴有泥砂，隔水帷幕随时有失效的可能，因此，不得不重新加固和采取隔水措施，造成经济损失 100 多万元，工期延长 20 多天。

二、软土地区深基础的主要支护形式

1. 板桩挡土结构

板桩挡土结构具有施工方便、施工工期短、见效快等优点，但其刚度小，不具备止水功能，多用于基坑开挖深度较浅或周边环境较好的情况。按使用材料不同，板桩可分为以下几种：

（1）钢筋混凝土板桩。常用的钢筋混凝土板桩的截面有矩形、T形两种。

（2）钢板桩。简易的钢板桩支护挡墙是用槽钢正反扣搭接组成，用于开挖深度3~4 m的基坑，顶部设一道支撑或拉锚；用热轧U形截面钢板桩配合钢支撑时，可用于开挖深度5~10 m的基坑。

2. 重力式挡墙结构

重力式挡墙结构主要是用各种方法（水泥土搅拌桩、高压旋喷桩、粉喷桩等）加固基坑周边土形成一定厚度和深度的重力式挡墙以达到挡土目的。目前，常用的是水泥土搅拌桩以套打和复搅形成格构形式的挡墙，它既能挡土，又能隔水，且施工方便，无噪声、无振动，对周围环境影响相对较小，同时，又能创造较好的土方开挖作业空间。此种支护形式一般用于地表水较浅、基坑开挖深度7 m左右的工程；若周围环境较好，对围护体变形或位移要求不敏感的地方，经采取一些特殊措施后，也可用于9 m左右开挖深度的基坑做围护。

3. 柱立式挡土结构

柱立式挡土结构是钢筋混凝土钻孔灌注桩与隔水帷幕相结合内设支撑所形成的支护结构体系。此种支护结构多用于周围环境差、地质条件不好、基坑开挖深度7~13 m的工程。钻孔灌注桩直径为700~1 100 mm，支撑可选用钢筋混凝土，也可选用钢支撑（钢管或H型钢）。隔水帷幕一般采用双排ϕ700水泥土搅拌桩。

4. 地下连续支护结构

地下连续墙多用于基坑开挖深度大于13 m，且周围环境较差、场地狭窄，无法在挡土结构外再做隔水帷幕的工程。

5. 基坑土钉支护

土钉支护就是用加固和锚固基坑壁原体土体的细长杆件（土钉）作为受力杆件，再在原位土体面上绑扎钢筋网片，并与被加固的原位土体喷射混凝土面层组成的支护体系。

（1）土钉支护的应用范围与适用条件。

1）土钉支护的应用范围：基坑或竖井的支挡、基坑工程抢险、斜坡面的稳定、与预应力锚杆相结合做斜面的防护等。

2）土钉支护的适用条件：土钉支护一般适用于地下水位以上或进行人工降水后的可塑、硬塑或坚硬的黏性土，胶结或弱胶结的粉土、砂土和角砾、填土。大量工程实践表明，土钉支护也可用于杂填土、软塑和流塑土的支护，并可与混凝土灌注桩、钢板桩及隔水帷幕等配合使用。

（2）土钉支护的作用机理。土钉通过滑裂面加固基坑周边土体时，土钉与土共同工作，形成了提高原状土强度和刚度的复合土体，如同重力式挡墙。在土体受力条件改变的情况下，土体必然发生相应的变形，通过土钉加固体与土的摩擦力，土钉被动受拉给土体以约束加固而稳定，从而达到支护的目的。

三、基坑支护的一般要求

(1)支护结构的选型应考虑结构的空间效应和基坑的特点，选择有利的支护结构形式或采用几种形式相结合。

(2)当采用悬壁式结构支护时，基坑深度不宜大于 6 m，可选用单支点的支护结构。地下水位较低的地区能保证降水施工时，可采用土钉支护。

(3)寒冷地区基坑设计应考虑土体冻胀的影响。

(4)支撑安装必须按设计位置进行，严禁施工过程中随意变更，并应切实将围檩与挡土桩墙结合紧密。挡土板或板桩与坑壁之间的回填土应分层回填、夯实。

(5)支撑的安装和拆除顺序必须与设计工况相符合，与土方开挖和主体工程的施工顺序相配合。分层开挖时，应先支撑、后开挖；同层开挖时，应边开挖、边支撑。支撑拆除前，应采取换撑措施，防止边坡卸载过快。

(6)钢筋混凝土支撑的强度必须达到设计要求(或达 75%)后，方可开挖支撑面以下的土方；钢结构支撑必须严格进行材料的检验并保证节点的施工质量，严禁在负荷状态下进行焊接。

(7)应合理布置锚杆的间距与倾角，锚杆上、下间距不宜小于 2.0 m，水平间距不宜小于 1.5 m；锚杆倾角宜为 $15°\sim25°$，且不应大于 $45°$。最上一道锚杆覆土厚度不得小于 4 m。

(8)锚杆的实际抗拔性除经计算外，还应按规定方法进行现场试验后确定。实际生产中，可采取提高锚杆抗力的二次压力灌浆工艺。

(9)采用逆做法施工时，其外围结构必须有自动防水功能。基坑上部机械挖土的深度，应按地下墙悬臂结构的应力值确定；基坑下部封闭施工时，应采取通风措施；采用电梯间作为垂直运输的井道时，洞口楼板的加固方法应由工程设计确定。

(10)逆做法施工时，应合理地解决支撑上部结构的单柱、单桩与工程结构的梁、柱交叉节点构造，并在方案中预先设计；采用坑内排水时，必须保证封井质量。

第三节　基坑支护施工监测

基坑支护施工的监测内容包括：

(1)挡土结构顶部的水平位移和沉降；

(2)挡土结构墙体的变形；

(3)支撑立柱的沉降；

(4)周围建(构)筑物的沉降；

(5)周围道路的沉降；

(6)周围地下管线的变形；

(7)坑外地下水位的变化。

基坑支护施工的监测要求是：

(1)基坑开挖前，应作出系统的开挖监控方案。监控方案应包括监控目的、监控项目、监控报警值、监控方法及精度要求、检测周期、工序管理、记录制度及信息反馈系统等。

(2)监控点的布置应满足监控要求。基坑边线外1～2倍开挖深度范围内需要保护的物体应作为保护对象。

(3)基坑开挖前，应测得监测项目的始值，且不应少于两次。基坑监测项目的监控警值应根据监测对象的有关规范及支护结构设计要求确定。

(4)各项监测的时间可根据工程施工进度确定。当变形超过允许值，且变化速率较大时，应增加观测次数；当有事故征兆时，应连续监测。

(5)基坑开挖监测过程中，应根据设计要求提供阶段性监测结果报告。工程结束时，应提交完整的监测报告，报告内容包括工程概况、监测项目、各监测点的平面和立面布置图、采用的仪器设备和监测方法、监测数据的处理方法和监测结果过程曲线、监测结果评价等。

思考与练习

1. 土方开挖时，为确保安全施工，挖土作业应遵守哪些规定？

2. 土方开挖时，为防止坠落事故，应采取哪些安全措施？

3. 基坑降水时，应注意哪些方面的问题？

4. 为什么要进行支护监测？监测的内容和要求是什么？

职业活动训练

活动一：阅读土方工程施工专项施工方案

1. 分组要求：全班分6～8个组，每组5～7人。

2. 资料要求：无支护和有支护土方开挖施工方案各2～3套。

3. 学习要求：通过分组阅读土方开挖施工方案，了解土方开挖施工方案应包括的内容，各组结对进行相互交流学习。

活动二：根据《建筑施工安全检查标准》(JGJ 59—2011)的基坑支护安全检查评分表进行检查和评分

1. 分组要求：全班分4～6个组，每组7～9人。

2. 资料要求：选一例深基坑工程施工的详细影像及图文验收资料。

3. 学习要求：学生在教师指导下观看和阅读影像及图文验收资料，根据《建筑施工安全检查标准》(JGJ 59—2011)的基坑支护安全检查评分表和验收资料进行检查和评分。

4. 成果：以小组为单位填写安全检查评分汇总表。

第四章　模板工程施工安全技术

◉**知识目标**

1. 了解模板工程施工安全技术要求；
2. 掌握施工现场各类模板安装和拆除的安全技术要求。

◉**能力目标**

具备编制模板工程施工设计和安全技术措施的能力。

模板工程是指新浇混凝土成型的模板以及支承模板的一整套构造体系，在混凝土施工中是一种临时结构。近年来，模板工程凭借其施工工艺简单、施工速度快、劳动强度低、房屋的整体性好、抗震能力强等优点，被广泛应用于大跨度、大体积的钢筋混凝土的高层、超高层结构施工中，取得了良好的经济效益。与此同时，在建筑施工的伤亡事故中，模板坍塌事故比例增大，现浇混凝土模板支撑没有经过设计计算，支撑系统强度不足、稳定性差，模板上堆物不均匀或超出设计荷载，混凝土浇筑过程中局部荷载过大等都是造成模板坍塌事故的原因，因此，必须加强对模板工程的安全管理。

第一节　模板工程安全技术要求

一、模板工程施工安全基本要求

为保证模板工程施工的安全性，应达到以下基本要求：

（1）模板工程作业高度在 2 m 和 2 m 以上时，应根据高空作业安全技术规范的要求进行操作和防护，有安全、可靠的操作架子；在 4 m 以上或二层及二层以上周围应设安全网和防护栏杆。

（2）支设高度在 3 m 以上的柱模板，四周应设斜撑，并应设立操作平台，低于 3 m 的可用马凳操作。

（3）支设悬挑形式的模板时，应有稳定的立足点；支设临空构筑物模板时，应搭设支架。模板上有预留洞时，应在安装后将洞盖没。

（4）按规定的作业程序进行支模，模板未固定前不得进行下一道工序。严禁在连接件和支撑件上、下攀登，不得在上、下同一垂直面安装、拆卸模板。

（5）操作人员上下通行，必须通过马道、乘人施工电梯或上人扶梯等，不许攀登模板或脚手架上、下，不许在墙顶、独立梁及其他狭窄而无防护栏的模板面上行走。

（6）模板支撑不能固定在脚手架或门窗上，避免发生倒塌或模板位移。

（7）在模板上施工时，堆物不宜过多，不宜集中在一处。

（8）高处作业架子上、平台上一般不宜堆放模板料。必须短时间堆放时，一定要码放平稳，不能堆得过高，必须控制在架子或平台允许的荷载范围内。

（9）邻街及交通要道地区施工应设警示牌，避免伤及行人。

（10）冬期施工，操作地点和人行通道的冰雪应事先清除掉，避免人员滑倒摔伤。

（11）五级及以上大风天气，不宜进行大块模板拼装和吊装作业。

（12）雨期施工，高耸结构的模板作业，要安装避雷设施，其接地电阻不得大于 4 Ω，沿海地区要考虑抗风和加固措施。

（13）注意防火，木料及易燃保温材料要远离火源堆放，采用电热养护的模板要有可靠的绝缘、漏电和接地保护装置，按电气安全操作规范要求进行操作。

二、模板工程施工安全技术准备工作

模板施工前，现场负责人要认真审查施工组织设计中关于模板的设计资料，重点审查下列项目：

（1）模板结构设计计算书的荷载取值是否符合工程实际，计算方法是否正确，审核手续是否齐全；

（2）模板设计图包括结构构件大样及支撑体系、连接件等的设计是否安全合理，图纸是否齐全；

（3）模板设计中安全措施是否周全。

当模板构件进场后，要认真检查构件和材料是否符合设计要求；现场施工负责人在模板施工前要认真向有关人员作安全技术交底，特别是新的模板工艺，必须通过试验，并培训操作人员。

第二节　模板安装安全技术

一、普通模板安装安全技术

1. 基础及地下工程模板

基础及地下工程模板安装应符合下列规定：

(1)地面以下支模应先检查土壁的稳定情况，当有裂纹及塌方危险迹象时，应采取安全防范措施后，方可下人作业。当深度超过 2 m 时，操作人员应设梯上、下。

(2)距基槽(坑)上口边缘 1 m 内不得堆放模板。向基槽(坑)内运料应使用起重机、溜槽或绳索，运下的模板严禁立放于基槽(坑)土壁上。

(3)斜支撑与侧模的夹角不应小于 45°，支于土壁的斜支撑应在支点加设垫板，底部的对角楔木应与斜支撑连牢。

(4)高大长脖基础若采用分层支模时，其下层模板应经就位校正并支撑稳固后，方可进行上一层模板的安装。

(5)在有斜支撑的位置，应于两侧模之间采用水平撑连成整体。

2. 混凝土柱模板工程

混凝土柱模板应符合下列规定：

(1)现场拼装柱模时，应适时地按设临时支撑进行固定，斜撑与地面的倾角宜为 60°，严禁将大片模板系于柱子钢筋上。

(2)将四片柱模就位组拼，经对角线校正无误后，应立即自下而上安装柱箍。

(3)若为整体预组合柱模，吊装时，应采用卡环和柱模连接，不得用钢筋钩代替。

(4)柱模校正(用四根斜支撑或用连接在柱模顶四角带花篮螺钉的揽风绳，底端与楼板钢筋拉环固定进行校正)后，应采用斜撑或水平撑进行四周支撑，以确保整体稳定。当高度超过 4 m 时，应群体或成列同时支模，并应将支撑连成一体，形成整体框架体系。当需单根支模时，柱宽大于 500 mm 应每边在同一标高上设不得少于两根斜撑或水平撑。斜撑与地面的夹角宜为 45°～60°，下端尚应有防滑移的措施。

(5)角柱模板的支撑，除满足上述要求外，还应在里侧设置能承受拉力、压力的斜撑。

3. 混凝土墙模板工程

一般有大型起重设备的工地，墙模板常采用预拼装成大模板，整片安装、整片拆除，可以节省劳动力，加快施工速度。这种拼装成大块模板的墙模板，一般没有支腿，在停放时一定要有稳固的插放架。安装时应满足以下要求：

(1)当用散拼定型模板支模时，应自下而上进行，必须在下一层模板全部紧固后，方可进行上一层安装。当下层不能独立安设支撑件时，应采取临时固定措施。

(2)当采用预拼装的大块墙模板进行支模安装时，严禁同时起吊两块模板，并应边就位、边校正、边连接，固定后方可摘钩。

(3)安装电梯井内墙模前，必须于板底下 200 mm 处牢固地满铺一层脚手板。

(4)模板未安装对拉螺栓前，板面应向后倾一定角度。安装过程应随时拆换支撑或增加支撑。

(5)当钢楞长度需接长时，接头处应增加相同数量和不小于原规格的钢楞，其搭接长度不得小于墙模板宽或高的 15%～20%。

(6)拼接时的 U 形卡应正反交替安装，间距不得大于 300 mm。两块模板对接接缝处的

U 形卡应满装。

（7）对拉螺栓与墙模板应垂直，松紧应一致，墙厚尺寸应正确。

（8）墙模板内外支撑必须坚固、可靠，应确保模板的整体稳定。当墙模板外面无法设置支撑时，应在里面设置能承受拉和压的支撑。多排并列且间距不大的墙模板，当其支撑互成一体时，应有防止灌注混凝土时引起邻近模板变形的措施。

4. 独立梁与整体混凝土楼盖模板

独立梁整体楼盖支模，应搭设牢固的操作平台，并设护身栏，严禁操作人员站在独立梁底模或柱模支架上操作及上、下通行。要避免上、下同时作业，楼层层高较高成立柱超过 4 m 时，不宜用工具式钢支柱，宜采用钢管脚手架立柱或门式脚手架。采用多层支架支模时，各层支架本身必须成为整体空间稳定结构，支架的层间垫板应平整，各层支架的立柱应垂直，上、下层立柱应在同一条垂直线上。

现浇多层房屋和构筑物，应采取分层分段支模方法。在已拆模的楼盖上，支模要验算楼盖的承载力能否承受上部支模的荷载。如果承载力不够，则必须附加临时支柱支顶加固，或者事先保留该楼盖模板支柱。安装梁侧模时，应边安装边与底模连接，当侧模高度多于两块时，应采取临时固定措施。首层房心土上支模，地面应夯实平整，立柱下面要垫通长垫板。冬期不能在冻土或潮湿地面上立柱，否则土受冻膨胀可能将楼盖顶裂或化冻时立柱下沉引起结构变形。

5. 楼板或平台板模板

楼板或平台板模板应符合下列规定：

（1）当预组合模板采用桁架支模时，桁架与支点的连接应固定牢靠，桁架支撑应采用平直通长的型钢或木方。

（2）当预组合模板块较大时，应加钢楞后方可吊运。当组合模板为错缝拼配时，板下横楞应均匀布置，并应在模板端穿插销。

（3）单块模板就位安装，必须待支架搭设稳固、板下横楞与支架连接牢固后进行。

6. 圈梁与阳台模板

支圈梁模板要有操作平台，不允许在墙上操作。

阳台支模的立柱可采用两种方法，一种是由下而上逐层在同一条垂直线上支立柱，拆除时由上而下拆除；另一种是阳台留洞，让立柱直通到顶层。总之，阳台是悬挑结构，附加的支模支柱传来的集中荷载是难以承受的，荷载过大可能会塌下来。首层阳台支模立柱支承在散水回填土上，一定要夯实并垫垫板，否则雨期下沉，冬期冻胀都可能造成事故。支阳台模板的操作地点要设护身栏和安全网。

7. 烟囱、水塔及其他高大构筑物模板

烟囱、水塔及其他高大构筑物模板，要进行专门设计，制定专项安全技术措施，经过主管安全技术部门审批，并详细地向操作人员进行交底后才能安装。

二、液压滑动模板工程安全技术

1. 一般规定

滑模工程开工前，施工单位必须根据工程结构和施工特点以及施工环境、气候等条件编制滑模施工安全技术措施，并报上级安全和技术主管部门审批后实施。滑模工程施工负责人必须对管辖范围内的安全技术全面负责，组织编制滑模工程的安全技术措施，进行安全技术交底及处理施工中的安全技术问题。

滑模施工中必须配备有安全技术知识、熟悉《滑动模板工程技术规范》(GB 50113—2005)和《液压滑动模板施工安全技术规程》(JGJ 65—2013)的专职安全检查员。安全检查员负责滑模施工现场的安全检查工作，对违章作业有权制止。发现重大不安全问题时，有权指令先行停工，并立即报告领导研究处理。参加滑模工程施工的人员，必须进行技术培训和安全教育，使其了解滑模工程的特点，熟悉有关规范和规程以及本岗位的安全技术操作规程，并通过考核合格后方能上岗工作。

滑模施工中应经常与当地气象台、气象站取得联系，遇到雷雨、六级和六级以上大风时，必须停止施工。停工前做好停滑措施，操作平台上人员撤离前，应对设备、工具、零散材料、可移动的铺板等进行整理、固定并做好防护，全部人员撤离后立即切断通向操作平台的供电电源。

滑模操作平台上的施工人员应定期体检，凡患有不适应高处作业疾病的，不得上操作平台工作。

2. 施工现场

滑模施工现场必须场地平整、道路通畅，具备通电、通水的条件，现场布置应按施工组织设计总平面图进行。在施工建（构）筑物周围必须画出施工危险警戒区。警戒线至施工建（构）筑物的距离不应小于施工对象高度的 1/10，且不小于 10 m。当不能满足要求时，应采取有效的安全防护措施。警戒线应设围栏和明显的警戒标志，出入口设专人警卫。施工现场的供电、办公及生活设施等临时建筑和大宗材料堆放，应布置在危险警戒区之外。危险警戒区内的建筑物出入口、地面通道及机械操作场所，应搭设高度不低于 2.5 m 的安全防护棚。滑模工程进行立体交叉作业时，上、下工作面之间应搭设隔离防护棚。

各种牵拉钢丝绳、滑轮装置、管道、电缆及设备等均应采取防护措施。楼板和平台上的洞口、漏斗口及内、外墙上的危险洞口处，应及时设盖板、围栏或满挂安全网封闭。升降机通道口、地面落罐处及施工人员上、下处应设围栏。现场垂直运输机械卷扬机，应布置在危险警戒区之外，并尽量设在能与塔架上、下通视的地方。采用多台塔式起重机同时作业，应防止相互碰撞。地面施工人员在警戒区内防护棚外进行短时间工作时，应与操作平台上的作业人员取得联系，并指定专人负责警戒。

3. 滑模操作平台

滑模操作平台应具有完整的设计计算书、施工图和技术说明，并必须经过审核报主管部门批准。制作操作平台的材料应有合格证，并符合设计要求，材料的代用必须经主管设计人员同意。滑模操作平台的制作，必须按设计图纸加工。

滑模操作平台各部件的焊接质量必须经检验合格、符合设计要求。操作平台及脚手架上的铺板必须严密平整、防滑、固定牢靠、并不得随意挪动。孔洞(如上、下层操作平台的通道孔、梁模滑空部位等)应设盖板封严。操作平台(包括内、外吊脚手)边缘应设钢制防护栏，其高度不小于 1 200 mm，横挡间距不大于 350 mm，底部设高度大于 180 mm 的挡脚板。防护栏外侧应满挂安全网封闭，并应与防护栏绑扎牢固。内、外吊脚手架操作面一侧的栏杆与操作面的距离不大于 100 mm。操作平台的内、外吊脚手应兜底满挂安全网。当滑模操作平台上设有随升井架时，入料道口应设防护栏杆，其他侧面应设铁丝网封闭，封闭高度不应低于 1 200 mm。连接变截面结构的外挑操作平台应按施工组织设计要求及时变更，拆除外挑多余部分。

4. 垂直运输设备

滑模施工中所使用的垂直运输设备，应根据滑模施工特点、建筑物的形状、地形及周围环境等条件，在保证施工安全的前提下进行选择。垂直运输设备的设置、安装、检验及操作应遵守国家现行有关的专业安全技术规程、设备出厂说明书中安全技术的各项要求，没有上述文件时，应编制设备安装及操作的安全技术规定。垂直运输设备还应有完善、可靠的安全保护装置(如起重量及提升高度的限制、制动、防滑、信号等装置及紧急安全开关等)。安装完毕后，应按出厂说明书要求进行无负荷、静负荷、动负荷试验及安全保护装置的可靠性试验，并应建立定期检修设备和保养设备的责任制。

操作设备的司机，必须通过专业培训，考核合格后持证上岗，禁止无证人员操作垂直运输设备。司机与起重物之间视线不清、夜间照明不足，而又无可靠的信号和自动停车、限位等安全装置，禁止操作设备。设备的传动机构、制动机构、安全保护装置有故障、问题不清、动作不灵、电气设备无接地或接地不良、电气线路有漏电或超负荷或超定员，以及无明确统一信号和操作规程，均禁止操作设备。

5. 动力及照明用电

滑模施工的动力及照明用电应设有备用电源。如没有备用电源时，应考虑停电时的安全和人员上、下措施。

现场的场地和操作平台上应分别设置配电装置。附着在操作平台上的垂直运输设备应有上、下两套紧急断电装置。总开关和集中控制的开关必须有明显的标志。

滑模施工现场供电线路的架设应符合下列规定：

(1)当线路与道路交叉时，其架设高度不低于 6 m；

(2)当线路与铁道交叉时，其架设高度不低于 7 m，如电缆从铁道钢轨下通过时，应加保护套管；

(3)当线路与架空管道交叉时，若线路在上面，线路与管道的垂直距离不小于 3 m，若线路在下面，线路与管道的垂直距离不小于 1.5 m；

（4）当线路与通信线路交叉时，两者的垂直距离不小于 1.25 m；

（5）线路距地面的高度不应低于 3.0 m，并不得使用裸体导线。

从地面向滑模操作平台供电的电缆，应以上端固定在操作平台上的拉索为依托，电缆和拉索的长度应大于操作平台最大滑升高度 10 m，电缆在拉索上相互固定点的间距不应大于 2.0 m，其下端应理顺并加防护措施。施工中有较长时间停工时，必须切断操作平台上的电源。

现场的夜间照明，照明灯头距地面的高度不应低于 2.5 m；在易燃、易爆的场所，应使用防爆灯具；操作平台上的便携式照明灯具应采用电压不高于 36 V 的低压电源。当操作平台上有高于 36 V 的固定照明灯具时，必须在其线路上设置触电保安器，灯泡应配有防雨灯伞或保护罩。操作平台上采用 380 V 电压供电的设备，应装有触电保安器。经常移动的用电设备和机具的电源线，应使用橡胶软线。

操作平台上的总配电装置应安装在便于操作、调整和维修的地方。开关及插座应安装在配电箱内，并做好防雨措施。必须用铁壳或胶木壳开关，铁壳开关外壳应有良好接地，不得使用单级和裸露开关。敷设于操作平台上的各种固定的电气线路，应安装在隐蔽处，对无法隐蔽的电线，应保护措施。用电设备接地线或接零线应与操作平台的接地干线有良好的电气通路。

6. 通信与信号

滑模施工组织设计中应对操作平台与工地办公室、垂直及水平运输的控制室、供电、供水、供料等部位的通信联络作出相应的技术设计，所采用的通信联络方式应简单、直接，装置应灵敏可靠。通信联络装置安装好后，应于试滑前经检验试用，合格后方可正式使用。

当采用罐笼或升降台等作垂直运输机械时，其停留处、地面落罐处及卷扬机室等，必须设置通信联络装置及声、光指示信号。各处信号应统一规定，并挂牌标明。在施工过程中，通信联络设备及信号应设专人管理和使用。

当滑模操作平台最高部位的高度超过 50 m 时，应根据航空部门的要求设置航空指示信号。在机场附近进行滑模施工时，航空信号及设置高度应征得当地航空部门的同意。

7. 防雷、防火

滑模施工的防雷装置应符合《建筑物防雷设计规范》（GB 50057—2010）的要求。操作平台的最高点如果不在邻近防雷接闪器的保护范围内，必须安装临时接闪器，并使整个滑模操作平台在其保护范围内。现场的井架、脚手架、升降机械、钢索、塔式起重机钢轨、管道等大型金属物体，应与防雷装置的引下线相连。接闪器的接地电阻应与所施工的建筑物（构筑物）防雷设计类别相同。防雷装置应设专用的引下线，也可利用所施工工程正式引下线。当采用结构钢筋作引下线，必须与钢筋焊接成电气通路，钢筋底部应与接地体连接。雷雨时，所有露天空处作业人员应下至地面，人体不得接触装置。因故停工、复工前以及雷雨季节到来之前，应对防雷装置全面检查，合格后方准施工。施工期间要经常检查防雷装置，发现问题及时维修，并向有关负责人报告。

操作平台上应设置足够数量的灭火器及其他消防设施，且不应存放易燃物品。在操作平台上进行明火作业或电气焊时，必须采取防火措施。冬期施工时，滑模操作平台上不得采用明火取暖，施工期间应有专人负责消防工作。

三、大模板工程安全技术

墙体大模板施工发生不少的伤亡事故，究其原因，主要是大模板安装不稳，或者固定不牢固，操作人员又缺乏自我防护意识造成的。因此，大模板放置的地点必须平整夯实，且不能积水。每两块大模板面应该两两相对地按稳定角度堆放，当稳定角不能满足要求时，或者堆放时间较长时，应另加拉结固定牢固，严防倒塌伤人。楼层上临时放置的大模板要在模板面方向附加临时支撑拉结，避免吊车吊钩在空中旋转时挂住大模板将其带倒，为此吊钩通过大模板堆放上空时也要升高到超过大模板顶标高。大模板吊装不能用吊钩钩住大模板吊装，必须用卡环将大模板吊环与吊绳绳扣直接卡牢。吊装时要稳起稳落，并在模板就位稳定后方可松绳卡环。大模板上的吊环断面及焊缝截面要经过设计计算确定，制作完要认真检查验收。大模板设计要考虑其重量不能超过吊车的起重能力，加工完成后要实测其重量。外悬挂的大模板，组装时要认真检查悬挂是否牢固。运输大模板要绑牢固定在车上。参加大模板施工的操作人员，要进行培训交底，加强自我防护的意识、懂得自我防护的方法。

四、爬升模板工程安全技术

进入施工现场的爬升模板系统中的大模板、爬升支架、爬升设备、脚手架及附件等，应按施工组织设计及有关图纸验收，合格后方可使用。爬升模板安装时，应统一指挥，设置警戒区与通信设施，做好原始记录。并应遵守下列规定：

(1)检查工程结构上预埋螺栓孔的直径和位置应符合图纸要求。

(2)爬升模板的安装顺序应为底座、立柱、爬升设备、大模板、模板外侧吊脚手。

施工过程中爬升大模板及支架前，应检查爬升设备的位置、牢固程度、吊钩及连接杆件等，确认无误后，拆除相邻大模板及脚手架之间的连接杆件，使各个爬升模板单元彻底分开。爬升时，应先收紧千斤钢丝绳，吊住大模板或支架，然后拆卸穿墙螺栓，并检查再无任何连接，卡环和安全钩无问题，调整好大模板或支架的重心，保持垂直，开始爬升。爬升时，作业人员应站在固定件上，不得站在爬升件上爬升，爬升过程中应防止晃动与扭转。每个单元的爬升不宜中途交接班，不得隔夜再继续爬升。每单元爬升完毕应及时固定。大模板爬升时，新浇混凝土的强度不应低于 1.2 N/mm^2。支架爬升时的附墙架穿墙螺栓受力处的新浇混凝土强度应达到 10 N/mm^2 以上。

爬升设备每次使用前均应检查，液压设备应由专人操作。作业人员应背工具袋，以便存放工具和拆下的零件，防止物件跌落，且严禁高空向下抛物。每次爬升组合安装好的爬升模板、金属件应涂刷防锈漆，板面应涂刷脱模剂。爬模的外附脚手架或悬挂脚手架应满铺脚手板，脚手架外侧应设防护栏杆和安全网。爬架底部也应满铺脚手板和设置安全网。每步脚手架之间应设置爬梯，作业人员应由爬梯上、下，进入爬架应在爬架内上、下，严禁攀爬模板、脚手架和爬架外侧。脚手架上不应堆放材料，脚手架上的垃圾应及时清除。如需临时堆放少量材料或机具，必须及时取走，且不得超过设计荷载的规定。所有螺栓孔均应安装螺栓，螺栓应采用 50～60 N·m 的扭矩紧固。

五、飞模(台模)工程安全技术

飞模是一种新型的模板，它是用来浇筑整间或大面积混凝土楼盖的大型工具式模板。其面积较大，并且还常常附带一个悬挑的外边梁模板及操作平台，对这类模板的设计要充分考虑施工的各个阶段模板抗倾覆稳定性、结构的强度及刚度。例如，考虑抗倾覆稳定时，要将组装、吊装、就位、找平调整固定，绑钢筋，浇筑混凝土等全过程中最不利情况，可能发生的最不利荷载全考虑进去，包括板面可能脱落减轻平衡重等不利因素都估计到，从而采取有针对性的措施。

飞模的制作组装必须全部按设计图进行，运到施工现场后，应按设计要求检查合格后方可使用安装。安装前，应进行一次试压和试吊，检验确认各部件无隐患。飞模在上人操作(组装过程或找平调整)前，必须把防倾覆的安全链挂牢；在施工过程中，飞模的板面应与楞条骨架固定牢固；悬挑平台上散落的混凝土应及时清理，堆放的梁模板及其他模板材料荷重不能超过设计规定的荷载。

飞模就位后，应立即在外侧设置防护栏，其高度不得小于 1.2 m，外侧应另加设安全网，同时，应设置楼层护栏。并应准确、牢固地搭设好出模操作平台。起吊时，应在吊离地面 0.5 m 后停下，待飞模完全平衡后再起吊。吊装应使用安全卡环，不得使用吊钩。

当飞模在不同楼层转运时，上、下层的信号人员应分工明确、统一指挥、统一信号，并应采用步话机联络。

当飞模转运采用地滚轮推出时，前滚轮应高出后滚轮 10～20 mm，并应将飞模重心标画于旁侧，严禁外侧吊点在未挂钩前将飞模向外倾斜。

飞模停放及组装场地应平整夯实，防止地基下沉造成台模倾覆与变形。飞模应尽量在现场组装，不宜组装好再运到现场。如果现场没有组装场地必须组装好运输时，一定要绑牢。组装好的飞模在每次周转使用时，应设专人检查整修，发现有螺钉松动或固定不牢靠时应及时修理。

飞模周转使用起吊过程中，模板面上不能有浮搁的材料零配件及工具，严禁乘人。有的飞模向外推出，采用悬挑工具式平台，这种平台必须经过专门设计计算，并先在下面做荷载试验再正式投入使用。比较安全、简便的方法是采用电动可调吊索进行飞模吊装。飞模脱模，向外推出时，后面挂安全保险绳，防止飞模突然内外滑出或倾覆。

第三节 模板拆除安全技术

一、模板拆除一般要求

模板的拆除措施应经技术主管部门或负责人批准，拆除模板的时间应按现行国家标准《混凝土结构设计规范(2015 年版)》(GB 50010—2010)的有关规定执行。

(1)拆模时对混凝土强度的要求。现浇混凝土结构模板及其支架拆除时的混凝土强度，应符合设计规定；当设计无规定时，应符合下列要求：

1)不承重的侧模板，包括梁、柱、墙的侧模板，只要混凝土强度能保证其表面及棱角不因拆除模板而受损坏，即可拆除。一般墙体大模板在常温条件下，混凝土强度达到 1 N/mm^2 即可拆除。

2)承重模板，包括梁、板等水平结构构件的底模，应根据与结构同条件养护的试块强度达到表 4-1 的规定，方可拆除。

表 4-1 现浇结构拆模时所需混凝土强度

序号	结构类型	结构跨度/m	按达到设计混凝土强度标准值的百分率/%
1	板	≤2	50
		>2, ≤8	75
2	梁、拱、壳	≤8	75
		>8	100
3	悬臂构件	—	100

3)后张预应力混凝土结构或构件模板的拆除，侧模应在预应力张拉前拆除，其混凝土强度达到侧模拆除条件即可。进行预应力张拉必须待混凝土强度达到设计规定值方可张拉，底模必须在预应力张拉完毕方能拆除。

4)在拆模过程中，如发现实际结构混凝土强度并未达到要求，有影响结构安全的质量问题，应暂停拆模。经妥当处理，实际强度达到要求后，方可继续拆除。

5)已拆除模板及其支架的混凝土结构，应在混凝土强度达到设计的混凝土强度标准值后，才允许承受全部设计的使用荷载。当承受施工荷载的效应比使用荷载更为不利时，必须经过核算，加设临时支撑。

6)拆除芯模或预留孔的内模，应在混凝土强度能保证不发生塌陷和裂缝时，方可拆除。

(2)拆模之前必须有拆模申请，并根据同条件养护试块强度记录达到规定时，技术负责人方可批准拆模。

（3）冬期施工模板的拆除应遵守冬期施工的有关规定，其中主要是要考虑混凝土模板拆除后的保温养护，如果不能进行保温养护，必须暴露在大气中，要考虑混凝土受冻的临界强度。

（4）大体积混凝土的拆模时间除应满足混凝土强度要求外，还应使混凝土内、外温差降低到25°以下时，方可拆模；否则应采取有效措施防止产生温度裂缝。

（5）各类模板拆除的顺序和方法，应根据模板设计的规定进行。若模板设计无规定时，可按先支的后拆、后支的先拆顺序进行；或先拆非承重的模板、后拆承重的模板及支架的顺序进行拆除。拆下的模板不得抛扔，应按指定地点堆放。

（6）高处拆除模板时，应遵守有关高处作业的规定。严禁使用大锤和撬棍，操作层上临时拆下的模板堆放不能超过3层。

（7）拆除的模板向下运送传递，一定要上、下呼应，不能采取猛撬的方法拆除，以致大片塌落。用起重机吊运拆除的模板时，模板应堆码整齐并捆牢，方可吊装。

（8）遇到六级或六级以上大风时，应暂停室外的高处作业。雨、雪、霜后应先清扫施工现场，方可进行工作。

（9）拆除有洞口模板时，应采取防止操作人员坠落的措施。洞口模板拆除后，应按现行行业标准《建筑施工高处作业安全技术规范》（JGJ 80—2016）的有关规定及时进行防护。

二、支架立柱拆除安全技术

当拆除钢楞、木楞、钢桁架时，应在其下面临时搭设防护支架，使所拆楞梁及桁架先落于临时防护支架上。当立柱的水平拉杆超出2层时，应首先拆除2层以上的拉杆。当拆除最后一道水平拉杆时，应和拆除立柱同时进行。当拆除4～8 m跨度的梁下立柱时，应先从跨中开始，对称地分别向两端拆除。拆除时，严禁采用连梁底板向旁侧一片拉倒的拆除方法。

对于多层楼板模板的立柱，当上层及以上楼板正在浇筑混凝土时，下层楼板立柱的拆除，应根据下层楼板结构混凝土强度的实际情况，经过计算确定。

拆除平台、楼板下的立柱时，作业人员应站在安全处拉拆。对已拆下的钢楞、木楞、桁架、立柱及其他零配件应及时运到指定地点。对有芯钢管立柱运出前，应先将芯管抽出或用销卡固定。

三、各类模板拆除安全技术

1. 普通模板拆除

（1）基础拆模。基坑内拆模，要注意基坑边坡的稳定，特别是拆除模板支撑时，可能使边坡土发生震动而坍方。拆除的模板应及时运到离基坑较远的地方进行清理。

拆除条形基础、杯形基础、独立基础或设备基础的模板时，应遵守下列规定：

1）拆除前应先检查基槽（坑）土壁的安全状况，发现有松软、龟裂等不安全因素时，应在采取安全防范措施后，方可进行作业。

2)模板和支撑杆件等应随拆随运，不得在离槽(坑)上口边缘1m以内堆放。

3)拆除模板时，施工人员必须站在安全地方。应先拆内外木楞、再拆木面板；钢模板应先拆钩头螺栓和内外钢楞，后拆U形卡和L形插销，拆下的钢模板应妥善传递或用绳钩放置地面，不得抛掷。拆下的小型零配件应装入工具袋内或小型箱笼内，不得随处乱扔。

(2)现浇柱模板拆除。柱模拆除应分别采用分散拆除和分片拆除两种方法。

1)分散拆除的顺序应为：拆除拉杆或斜撑、自上而下拆除柱箍或横楞、拆除竖楞，自上而下拆除配件及模板、运走分类堆放、清理、拔钉、钢模维修、刷防锈油或脱模剂、入库备用。

2)分片拆除的顺序应为：拆除全部支撑系统、自上而下拆除柱箍及横楞、拆掉柱角U形卡、分二片或四片拆除模板、原地清理、刷防锈油或脱模剂、分片运至新支模地点备用。柱子拆下的模板及配件不得向地面抛掷。

多层楼板模板支柱的拆除，下面究竟应保留几层楼板的支柱，应根据施工速度、混凝土强度增长的情况、结构设计荷载与支模施工荷载的差距通过计算确定。

(3)拆除墙模应遵守下列规定：

1)墙模分散拆除顺序应为：拆除斜撑或斜拉杆、自上而下拆除外楞及对拉螺栓、分层自上而下拆除木楞或钢楞及零配件和模板、运走分类堆放、拔钉清理或清理检修后刷防锈油或脱模剂、入库备用。

2)预组拼大块墙模拆除顺序应为：拆除全部支撑系统、拆卸大块墙模接缝处的连接型钢及零配件、拧去固定埋设件的螺栓及大部分对拉螺栓、挂上吊装绳扣并略拉紧吊绳后，拧下剩余对拉螺栓，用方木均匀敲击大块墙模立楞及钢模板，使其脱离墙体，用撬棍轻轻外撬大块墙模板使全部脱离，指挥起吊、运走、清理、刷防锈油或脱模剂备用。

3)拆除每一大块墙模的最后两个对拉螺栓后，作业人员应撤离大模板下侧，以后的操作均应在上部进行。个别大块模板拆除后产生局部变形者应及时整修好。

4)大块模板起吊时，速度要慢。应保持垂直，严禁模板碰撞墙体。

(4)拆除梁、板模板应遵守下列规定：

1)梁、板模板应先拆梁侧模，再拆板底模，最后拆除梁底模，并应分段分片进行，严禁成片撬落或成片拉拆。

2)拆除时，作业人员应站在安全的地方进行操作，严禁站在已拆或松动的模板上进行拆除作业。

3)拆除模板时，严禁用铁棍或铁锤乱砸，已拆下的模板应妥善传递或用绳钩放至地面。

4)严禁作业人员站在悬臂结构边缘敲拆下面的底模。

5)待分片、分段的模板全部拆除后，方允许将模板、支架、零配件等按指定地点运出堆放，并进行拔钉、清理、整修、刷防锈油或脱模剂，入库备用。

2.滑动模板的拆除

滑模装置拆除必须编制详细的施工方案，明确拆除的内容、方法、程序、使用的机械设备、安全措施及指挥人员的职责等，并报上级主管部门审批后方可实施。由专业拆除队、专业技术人员负责统一指挥。参加拆除的作业人员，必须经过技术培训，考核合格后方能上岗。不能中途随意更换作业人员。

滑模装置拆除前，应检查各支承点埋设件牢固情况，以及作业人员上、下走道是否安全、可靠。当拆除工作利用施工的结构作为支撑点时，结构混凝土强度的要求应经结构验算确定，且不低于 15 N/mm²。

拆除作业必须在白天进行，宜采用分段整体拆除，在地面解体。拆除的部件及操作平台上的一切物品，均不得从高空抛下。

当遇到雷雨、雾、雪或风力达到五级或五级以上的天气时，不得进行滑模拆除作业。

3. 大模板拆除

大模板拆除顺序与模板组装顺序相反，大模板拆除后停放的位置，无论是短期停放还是较长期停放，一定要支撑牢固并采取防止倾倒的措施。

拆除大模板过程要注意不碰坏墙体混凝土，这关系到施工结构的质量和安全性。

4. 飞模的拆除

(1)梁、板混凝土强度等级不得小于设计强度的 75% 时，方准脱模。

(2)飞模的拆除顺序、行走路线和运到下一个支模地点的位置，均应按照台模设计的有关规定进行。

(3)拆飞模必须有专人统一指挥，升降飞模要同步进行。飞模尾部要绑安全绳，安全绳另一端绕套在施工结构坚固的物体上，徐徐放松。

(4)当不采用专用的悬挑起飞平台时，结构边沿的地滚轮一定要比里边高出 1～2 cm，以免飞模自动滑出。并将飞模的重心位置用红油漆标在飞模侧面明显位置，飞模挂钩前，严格控制其重心不能到达外边沿第一个滚轮，以免飞模外倾。

(5)拆除时，应先用千斤顶顶住下部水平连接管，再拆去木楔或砖墩(或拔出钢套管连接螺栓，提起钢套管)。推入可任意转向的四轮台车，松开千斤顶使飞模落于台车上，随后推运至主楼板外侧搭设的平台上，用塔式起重机吊至上层重复使用。若不需重复使用时，应按普通模板的方法拆除。

(6)信号工与挂钩人员必须经过专门培训，上、下两个信号工责任要分清，一人在下层负责指挥飞模的推出、打掩、挂安全绳、挂钩起吊工作；另一人在上层负责电动倒链的吊绳调整，以保证飞模在推出过程中一直处于平衡状态，而且吊绳逐步调整到使飞模保持与水平面基本平行，并负责指挥飞模的就位与摘钩。信号工及挂钩人员要系好安全带，不得穿塑料底及其他硬底鞋，以防滑倒出现事故。挂钩人员挂好钩立即离开飞模，信号工必须待操作人员全部撤离出飞模方可指挥起吊。

飞模吊装挂钩，必须采用卡环将飞模的吊环与吊绳绳扣卡牢的方法，以保证不脱钩。

(7)飞模飞出后，楼层外边缘立即绑好护身栏。飞模每使用一次，必须逐个检查螺栓，发现有松动现象，立即拧紧。

第四节　模板工程安全管理

一、一般规定

(1)从事模板作业的人员,应经常组织安全技术培训。从事高处作业人员,应定期体检,不符合要求的不得从事高处作业。安装和拆除模板时,操作人员应佩戴安全帽、系安全带、穿防滑鞋。安全帽和安全带应定期检查,不合格者严禁使用。

(2)模板及配件进场应有出厂合格证或当年的检验报告,安装前应对所用部件(立柱、楞梁、吊环、扣件等)进行认真检查,不符合要求者不得使用。

(3)模板工程应编制施工设计和安全技术措施,并应严格按施工设计与安全技术措施规定施工。满堂模板、建筑层高8 m及以上和梁跨大于或等于15 m的模板,在安装、拆除作业前,工程技术人员应以书面形式向作业班组进行施工操作的安全技术交底,作业班组应对照书面交底进行上下班的自检和互检。施工过程中应经常对下列项目进行检查:

1)立柱底部基土回填夯实的状况。

2)垫木应满足设计要求。

3)底座位置应正确,顶托螺杆伸出长度应符合规定。

4)立杆的规格尺寸和垂直度应符合要求,不得出现偏心荷载。

5)扫地杆、水平拉杆、剪刀撑等设置应符合规定,固定应牢靠。

6)安全网和各种安全设施应符合要求。

(4)在高处安装和拆除模板时,周围应设安全网或搭脚手架,并应加设防护栏杆。在临街面及交通要道地区,还应设警示牌,派专人看管。作业时,模板和配件不得随意堆放,模板应放平、放稳,严防滑落。脚手架或操作平台上临时堆放的模板不宜超过3层,连接件应放在箱盒或工具袋中,不得散放在脚手板上。脚手架或操作平台上的施工总荷载不得超过其设计值。

(5)对负荷面积大和高4 m以上的支架立柱采用扣件式钢管、门式和碗扣式钢管脚手架时,除应有合格证外,对所用扣件应用扭矩扳手进行抽检,达到合格后方可承力使用。

(6)施工用的临时照明和行灯的电压不得超过36 V;若为满堂模板、钢支架及特别潮湿的环境时,不得超过12 V。照明行灯及机电设备的移动线路应采用绝缘橡胶套电缆线。有关避雷、防触电和架空输电线路的安全距离应遵守现行国家标准《施工现场临时用电安全技术规范》(JGJ 46)的有关规定。施工用的临时照明和动力线应用绝缘线和绝缘电缆线,且不得直接固定在钢模板上。夜间施工时,应有足够的照明,并应制定夜间施工的安全措施。施工用临时照明和机电设备线严禁非电工乱拉乱接。同时,还应经常检查线路的完好情况,严防绝缘破损漏电伤人。

(7)安装高度在 2 m 及以上时,应遵守国家现行标准《建筑施工高处作业安全技术规范》(JGJ 80—2016)的有关规定。

二、具体要求

(1)模板安装时,上、下应有人接应,随装随运,严禁抛掷。且不得将模板支搭在门窗框上,也不得将脚手板支搭在模板上,并严禁将模板与上料井架及有车辆运行的脚手架或操作平台支成一体。

(2)支模过程中如遇中途停歇,应将已就位模板或支架连接稳固,不得浮搁或悬空。拆模中途停歇时,应将已松扣或已拆松的模板、支架等拆下运走,防止构件坠落或作业人员扶空坠落伤人。严禁人员攀登模板、斜撑杆、拉条或绳索等,也不得在高处的墙顶、独立梁或在其模板上行走。模板施工中应设专人负责安全检查,发现问题应报告有关人员处理。当遇险情时,应立即停工和采取应急措施;待修复或排除险情后,方可继续施工。

(3)寒冷地区冬期施工用钢模板时,不宜采用电热法加热混凝土,否则应采取防触电措施。在大风地区或大风季节施工时,模板应有抗风的临时加固措施。当钢模板高度超过 15 m 时,应安设避雷设施,避雷设施的接地电阻不得大于 4 Ω。若遇恶劣天气,如大雨、大雾、沙尘、大雪及六级以上大风时,应停止露天高处作业。五级及五级以上风力时,应停止高空吊运作业。雨雪停止后,应及时清除模板和地面上的冰雪及积水。使用后的木模板应拔除铁钉,分类进库,堆放整齐。若为露天堆放,顶面应遮防雨篷布。

(4)使用后的钢模、钢构件应遵守下列规定:

1)使用后的钢模、桁架、钢楞和立柱应将粘结物清理洁净,清理时严禁采用铁锤敲击的方法。清理后的钢模、桁架、钢楞、立柱,应逐块、逐榀、逐根进行检查,发现翘曲、变形、扭曲、开焊等必须修理完善。清理整修好的钢模、桁架、钢楞、立柱应刷防锈漆,对立即待用钢模板的表面应刷脱模剂,对暂时不用的钢模表面可涂防锈油一度。

2)钢模板由拆模现场运至仓库或维修场地时,装车不宜超出车栏杆,少量高出部分必须拴牢,零配件应分类装箱,不得散装运输。经过维修、刷油、整理合格的钢模板及配件,如需运往其他施工现场或入库,必须分类装入集装箱内,杆应成捆、配件应成箱,清点数量,入库或接收单位验收。装车时,应轻搬轻放,不得相互碰撞;卸车时,严禁成捆从车上推下和拆散抛掷。钢模板及配件应放入室内或敞棚内,若无条件需露天堆放时,则应装入集装箱内,底部垫高 100 mm,顶面应遮盖防水篷布或塑料布,但集装箱堆放高度不宜超过 2 层。

📖 **思考与练习**

1. 防止模板工程坍塌的安全技术措施有哪些?

2. 模板施工前,现场负责人对施工组织设计中模板的设计资料应审查哪些项目?模板进场后，要进行哪些检查？施工前应做哪些安全技术准备工作？

3. 保证模板工程施工安全的基本要求是什么？

4. 墙体大模板、圈梁与阳台模板、飞模施工（包括安装与拆除）的安全技术要求是什么？

5. 液压滑动模板在施工过程中应注意什么？

6. 拆模安全技术的一般要求是什么？

职业活动训练

活动一：阅读模板工程专项施工方案

1. 分组要求：全班分 6~8 个组，每组 5~7 人。

2. 资料要求：模板工程施工方案 6~8 套。

3. 要求：学生在教师指导下阅读模板工程施工方案，了解模板工程施工方案所包含的内容。

4. 成果：以小组为单位写出学习总结或提出自己的见解。

活动二：模板的验收

1. 分组要求：全班分 6~8 个组，每组 5~7 人。

2. 资料要求：选一模板工程施工的详细的影像及图文验收资料。

3. 要求：学生在教师指导下阅读和观看相关验收资料及模板检查项目、检查内容及检查方法等。

4. 成果：检查验收表。

活动三：模板工程安全检查评分

1. 分组要求：全班分 6~8 个组，每组 5~7 人。

2. 资料要求：模拟一模板工程施工（有条件的可在实训基地或实训中心进行）。

3. 要求：根据《建筑施工安全检查标准》（JGJ 59—2011）的模板支护安全检查评分表进行检查和评分。

4. 成果：检查验收表。

第五章　脚手架工程安全技术

◉ **知识目标**

1. 了解脚手架的种类、材质与规格；
2. 熟悉脚手架的构造、搭设与拆除的安全技术措施。

◉ **能力目标**

1. 能阅读和参与编写、审查脚手架施工专项施工方案，并提出自己的意见和建议；
2. 能编制脚手架施工安全交底资料，组织安全技术交底活动，并能记录和收集与安全技术交底活动有关的安全管理档案资料；
3. 能组织脚手架安全验收，根据《建筑施工安全检查标准》(JGJ 59—2011)的脚手架工程安全检查评分表组织脚手架工程的安全检查和评分。

脚手架是建筑施工中必不可少的辅助设施，是建筑施工中安全事故多发的部位，也是施工安全控制的重点。因此，脚手架搭设之前，应根据工程的特点和施工工艺确定脚手架专项搭设方案，经企业技术负责人审批并报监理工程师批准。脚手架施工方案应包括基础处理、搭设要求、杆件间距、连墙杆设置位置及连接方法，并绘制施工详图及大样图，还应包括脚手架的搭设时间以及拆除的时间和顺序等。

第一节　脚手架的种类

脚手架的种类很多，不同类型的脚手架有不同的特点，其搭设方式也不同。常见的脚手架分类方法有以下几种。

1. **按用途划分**

(1)操作(作业)脚手架。操作脚手架又分为结构作业脚手架(俗称砌筑脚手架)和装修作业脚手架，可分别简称为结构脚手架和装修脚手架。其架面施工荷载标准值分别规定为 3 kN/m² 和 2 kN/m²。

(2)防护脚手架。架面施工(搭设)荷载标准值可按 1 kN/m² 计。

(3)承重、支撑用脚手架。架面荷载按实际使用值计。

2. 按构架方式划分

(1)杆件组合式脚手架。俗称多立杆式脚手架,简称杆组式脚手架。

(2)框架组合式脚手架。简称框组式脚手架,有简单的平面框架(如门架、梯架、口字架、日字架和目字架等)与连接、撑拉杆件组合而成的脚手架,如门式钢管脚手架、梯式钢管脚手架和其他各种框式构件组装的鹰架等。

(3)各构件组合式脚手架。即由桁架梁和各构柱组合而成的脚手架,如桥式脚手架[分为提升(降)式和沿齿条爬升(降)式两种]。

(4)台架。台架是具有一定高度和操作平面的平台架,多为定型产品,其本身具有稳定的空间结构,可单独使用、立拼增高或水平连接扩大,常带有移动装置。

3. 按设置形式划分

(1)单排脚手架。只有一排立杆的脚手架,其横向水平杆的另一端搁置在墙体结构上。

(2)双排脚手架。具有两排立杆的脚手架。

(3)多排脚手架。三排以上立杆的脚手架。

(4)满堂脚手架。即按施工作业范围设置、两个方向各有三排以上立杆的脚手架。

(5)满高脚手架。按墙体或施工作业最大高度由地面起满高度设置的脚手架。

(6)交圈(周边)脚手架。沿建筑物或作业范围周边设置并相互交圈连接的脚手架。

(7)特型脚手架。具有特殊平面和空间造型的脚手架,如用于烟囱、水塔、冷却塔以及其他平面为圆形、环形、外方内圆形、多边形和上扩、上缩等特殊形式的建筑施工脚手架。

4. 按支固方式划分

(1)落地式脚手架。搭设(支座)在地面、楼面、屋面或其他平台结构之上的脚手架。

(2)悬挑脚手架。简称挑脚手架,即采用悬挑方式支固的脚手架。

(3)附墙悬挂脚手架。简称脚手架,即在上部或(和)中部挂设于墙体挑挂件上的定型脚手架。

(4)悬吊脚手架。简称吊脚手架,也称吊篮,是悬吊于悬挑梁或工程结构之下的脚手架。

(5)附着升降脚手架。简称爬架,是附着于工程结构、依靠自身提升设备实现升降的悬空脚手架,其中,实现整体提升者,也称为整体提升脚手架。

(6)水平移动脚手架。即带行走装置的脚手架(段)或操作平台架。

5. 按平杆、立杆的连接方式划分

(1)承插式脚手架。即在平杆与立杆之间采用承插连接的脚手架。常见的承插连接方式有插片和楔槽、插片和楔盘、插片和碗扣、套管与插头以及 U 形托挂等。

(2)扣接式脚手架。即使用扣件箍紧连接的脚手架。

(3)销栓式脚手架。即采用对穿螺栓或销杆连接的脚手架,此种形式已很少使用。

另外,按脚手架的材料划分为竹脚手架、木脚手架、钢管或金属脚手架;按使用对象或场合划分为高层建筑脚手架、烟囱脚手架、水塔脚手架、凉水塔脚手架以及外脚手架、里脚手架等。

第二节　脚手架工程安全技术与要求

一、脚手架材料及一般要求

1. 脚手架杆件

(1)木脚手架的立杆、纵向水平杆、斜撑、剪刀撑、连墙件等应选用剥皮杉、落叶松木杆、横向水平杆应选用杉木、落叶松、柞木、水曲柳等，不得使用折裂、扭裂、虫蛀、纵向严重裂缝及腐朽的木杆。立杆有效部分的小头直径不得小于 70 mm，纵向水平杆有效部分的小头直径不得小于 80 mm。

(2)竹竿应选用生长期三年以上的毛竹或楠竹，不得使用弯曲、青嫩、枯脆、腐烂、裂缝连通两节以上及虫蛀的竹竿。立杆、顶撑、斜杆有效部分的小头直径不得小于 75 mm，横向水平杆有效部分的小头直径不得小于 90 mm，搁栅、栏杆有效部分小头直径不得小于 60 mm。对于小头直径在 60 mm 以上不足 90 mm 的竹竿可采用双杆。

(3)钢管材质应符合 Q235－A 级标准，不得使用有明显变形、裂纹及严重锈蚀的材料。钢管规格宜采用 $\phi235$－A 级标准，不得使用有明显变形、裂纹及严重锈蚀的材料。钢管规格宜采用 $\phi48\times3.5$，也可采用 $\phi51\times3.0$ 的钢管。钢管脚手架的杆件连接必须使用合格的玛钢扣件，不得使用铅丝和其他材料绑扎。

(4)同一脚手架中，不得混用两种质量标准的材料，也不得将两种规格钢管用于同一脚手架中。

2. 脚手架绑扎材料

(1)镀锌钢丝或回火钢丝严禁有锈蚀和损伤，且严禁重复使用。

(2)竹篾严禁发霉、虫蛀、断腰、有大节疤和折痕，使用其他绑扎材料时，应符合其质量规定。

(3)扣件应与钢管管径相配合，并符合现行国家标准的规定。

3. 脚手板

(1)木脚手板厚度不得小于 50 mm，板宽宜为 200～300 mm，两端用镀锌钢丝扎紧。材质不得低于国家二等材标准的杉木和松木，且不得使用腐朽、劈裂的木板。

(2)竹串片脚手板应使用宽度不小于 50 mm 的竹片，拼接螺栓间距不得大于 600 mm，螺栓孔径与螺栓应紧密配合。

(3)各种形式金属脚手板，单块质量不宜超过 0.3 kN，性能应符合设计使用要求，表面应有防滑构造。

4. 脚手架搭设高度

钢管脚手架中，扣件式单排架的搭设高度不宜超过 24 m，扣件式双排架的搭设高度不宜超过 50 m，门式架的搭设高度不宜超过 60 m。木脚手架中，单排架的搭设高度不宜超过 20 m，双排架的搭设高度不宜超过 30 m。竹脚手架不得搭设单排架，双排架的搭设高度不宜超过 35 m。

二、脚手架工程构造要求

1. 设计尺寸

常用密目式安全立网全封闭单、双排脚手架结构的设计尺寸，可按表 5-1、表 5-2 采用。

单排脚手架搭设高度不应超过 24 m，双排脚手架搭设高度不宜超过 50 m。高度超过 50 m 的双排脚手架，应采用分段搭设措施。

表 5-1 常用敞开式双排脚手架的设计尺寸   m

| 连墙件设置 | 立杆横距 l_b | 步距 h | 下列荷载时的立杆纵距 l_a | | | | 脚手架允许搭设高度 H |
			$2+0.35$ (kN/m²)	$2+2+2\times$ 0.35(kN/m²)	$3+0.35$ (kN/m²)	$3+2+2\times$ 0.35(kN/m²)	
二步三跨	1.05	1.50	2.0	1.5	1.5	1.5	50
		1.80	1.8	1.5	1.5	1.5	32
	1.30	1.50	1.8	1.5	1.5	1.5	50
		1.80	1.8	1.2	1.5	1.2	30
	1.55	1.50	1.8	1.5	1.5	1.5	38
		1.80	1.8	1.2	1.5	1.2	22
三步三跨	1.05	1.50	2.0	1.5	1.5	1.5	43
		1.80	1.8	1.2	1.5	1.2	24
	1.30	1.50	1.8	1.2	1.5	1.2	30
		1.80	1.8	1.2	1.5	1.2	17

注：1. 表中所示 $2+2+2\times0.35$(kN/m²)，包括下列荷载：$2+2$(kN/m²)为二层装修作业层施工荷载标准值；2×0.35(kN/m²)为二层作业层脚手板自重荷载标准值。

　　2. 作业层横向水平杆间距，应按不大于 $l_a/2$ 设置。

　　3. 地面粗糙度为 B 类，基本风压 $\omega=0.4$ kN/m²。

表 5-2　常用密目式安全立网全封闭式单排脚手架的设计尺寸　　　　　　　　　m

| 连墙件设置 | 立杆横距 l_b | 步距 h | 下列荷载时的立杆纵距 l_a | | 脚手架允许搭设高度 H |
			$2+0.35$ (kN/m^2)	$3+0.35(kN/m^2)$	
二步三跨	1.20	1.50	2.0	1.8	24
		1.80	1.5	1.2	24
	1.40	1.50	1.8	1.5	24
		1.80	1.5	1.2	24
三步三跨	1.20	1.50	2.0	1.8	24
		1.80	1.2	1.2	24
	1.40	1.50	1.8	1.5	24
		1.80	1.2	1.2	24

2. 纵向水平杆、横向水平杆、脚手板

(1)纵向水平杆的构造应符合下列规定：

1)纵向水平杆应设置在立杆内侧，单根杆长度不应小于 3 跨；纵向水平杆接长应采用对接扣件连接或搭接；两根相邻纵向水平杆的接头不应设置在同步或同跨内；不同步或不同跨两个相邻接头在水平方向错开的距离不应小于 500 mm；各接头中心至最近主节点的距离不应大于纵距的 1/3(图 5-1)；搭接长度不应小于 1 m，应等间距设置 3 个旋转扣件固定，端部扣件盖板边缘至搭接纵向水平杆杆端的距离不应小 100 mm。

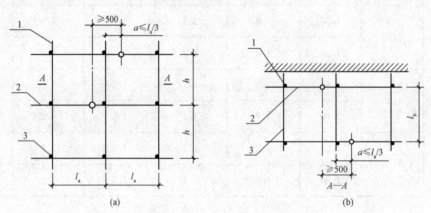

图 5-1　纵向水平杆对接接头布置

(a)接头不在同步内(立面)；(b)接头不在同跨内(平面)

1—立杆；2—纵向水平杆；3—横向水平杆

2)当使用冲压钢脚手板、木脚手板、竹串片脚手板时，纵向水平杆应作为横向水平杆的支座，用直角扣件固定在立杆上；当使用竹笆脚手板时，纵向水平杆应采用直角扣件固定在横向水平杆上，并应等间距设置，间距不应大于 400 mm(图 5-2)。

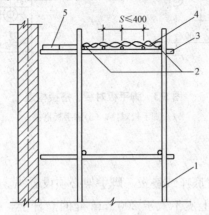

图 5-2 铺竹笆脚手板时纵向水平杆的构造
1—立杆；2—纵向水平杆；3—横向水平杆；
4—竹笆脚手板；5—其他脚手板

(2)横向水平杆的构造应符合下列规定：

1)作业层上非主节点处的横向不平杆，宜根据支承脚手板的需要等设置间距，最大间距不应大于纵距的 1/2。

2)当使用冲压钢脚手板、木脚手板、竹串片脚手板时，双排脚手架的横向水平杆两端均应采用直角扣件固定在纵向水平杆上；单排脚手架的横向水平杆的一端应用直角扣件固定在纵向水平杆上，另一端应插入墙内，插入长度不应小于 180 mm。

3)当使用竹笆脚手板时，双排脚手架的横向水平杆两端，应用直角扣件固定在立杆上；单排脚手架的横向水平杆的一端，应用直角扣件固定在立杆上，另一端应插入墙内，插入长度也不应小于 180 mm。

4)主节点处必须设置一根横向水平杆，用直角扣件扣接且严禁拆除。

(3)脚手板的设置应符合下列规定：

1)作业层脚手板应铺满、铺稳、铺实。

2)冲压钢脚手板、木脚手板、竹串片脚手板等，应设置在三根横向水平杆上。当脚手板长度小于 2 m 时，可采用两根横向水平杆支撑，但应将脚手板两端与其可靠固定，严防倾翻。脚手板的铺设应采用对接平铺或搭接铺设。脚手板对接平铺时，接头处必须设两根横向水平杆，脚手板外伸长应取 130～150 mm，两块脚手板外伸长度之和不应大于 300 mm[图 5-3(a)]；脚手板搭接铺设时，接头必须支在横向水平杆上，搭接长度不应小于 200 mm，其伸出横向水平杆的长度不应小于 100 mm[图 5-3(b)]。

3)竹笆脚手板应按其主竹筋垂直于纵向水平杆方向铺设，且采用对接平铺，四个角应用直径不小于 1.2 mm 的镀锌钢丝固定在纵向水平杆上。

4)作业层端部脚手板探头长度应取 150 mm，其板的两端均应固定在支撑杆件上。

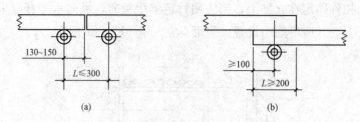

图 5-3　脚手板对接、搭接构造

(a)脚手板对接；(b)脚手板搭接

3. 立杆

(1)每根立杆底部应设置底座或垫板。脚手架必须设置纵、横向扫地杆。纵向扫地杆应采用直角扣件固定在距底座上皮不大于 200 mm 处的立杆上，横向扫地杆应采用直角扣件固定在紧靠纵向扫地杆下方的立杆上。

(2)脚手架立杆基础不在同一高度上时，必须将高处的纵向扫地杆向低处延长两跨与立杆固定，高低差不应大于 1 m。靠边坡上方的立杆轴线到边坡的距离不应小于 500 mm（图 5-4）。

图 5-4　纵、横向扫地杆构造

1—横向扫地杆；2—纵向扫地杆

(3)单排、双排脚手架底层步距均不应大于 2 m，单排、双排与满堂脚手架立杆接长除顶层顶步外，其余各层各步接头必须采用对接扣件连接。当立杆采用对接接长时，立杆的对接扣件应交错布置，两根相邻立杆的接头不应设置在同步内，同步内隔一根立杆的两个相隔接头在高度方向错开的距离不宜小于 500 mm；各接头中心至主节点的距离不宜大于步距的 1/3；当立杆采用搭接接长时，搭接长度不应小于 1 m，并应采用不少于 2 个旋转和扣件固定。端部扣件盖板的边缘至杆端距离不应小于 100 mm。脚手架立杆顶端栏杆宜高出女儿墙上端 1 m，宜高出檐口上端 1.5 m。

4. 连墙件

(1)连墙件设置的位置、数量应按专项施工方案确定。脚手架连墙件数量的设置除应满足《建筑施工扣件式钢管脚手架安全技术规范》(JGJ 130—2011)的计算要求外，还应符合表 5-3的规定。

表 5-3 连墙件布置最大间距

搭设方法	高度/m	竖向间距 h	水平间距 l_a	每根连墙件覆盖面积/m²
双排落地	≤50	3h	3l_a	≤40
双排悬挑	>50	2h	3l_a	≤27
单揸	≤24	3h	3l_a	≤40

注：h——步距；l_a——纵距。

(2)连墙件的布置应靠近主节点设置，偏离主节点的距离不应大于 300 m，应从底层第一步纵向水平杆处开始设置。当该处设置有困难时，可采用其他可靠措施固定，应优先采用菱形布置，或采用方形、矩形布置。

(3)开口型脚手架的两端必须设置连墙件，连墙件的垂直间距不应大于建筑物的层高，且不应大于 4 m。

(4)连墙件中的连墙杆应呈水平设置，当不能水平设置时，应向脚手架一端下斜连接。连墙件必须采用可承受拉力和压力的构造。对高度 24 m 以上的双排脚手架，应采用刚性连墙件与建筑物连接。

(5)当脚手架下部暂不能设连墙件时，应采取防倾覆措施。当搭设抛撑时，抛撑应采用通长杆件，并用旋转扣件固定在脚手架上，与地面的倾角应为 45°～60°；连接点中心至主节点的距离不应大于 300 mm。抛撑应在连墙件搭设后方可拆除。架高超过 40 m 且有风涡流作用时，应采取抗上升翻流作用的连墙措施。

5. 剪刀撑与横向斜撑

(1)双排脚手架应设剪刀撑与横向斜撑，单排脚手架应设剪刀撑。每道剪刀撑跨越立杆的根数宜按表 5-4 的规定确定。每道剪刀撑的宽度不应小于 4 跨，且不应小于 6 m，斜杆与地面的倾角宜为 45°～60°。

表 5-4 剪刀撑跨越立杆的最多根数

剪刀撑斜杆与地面的倾角 α	45°	50°	60°
剪刀撑跨越立杆的最多根数 n	7	6	5

(2)剪刀撑斜杆的接长应采用搭接或对接，搭接应符合上述 3.(3)条的规定。剪刀撑斜杆应用旋转扣件固定在与之相交的横向水平杆的伸出端或立杆上，旋转扣件中心线至主节点的距离不宜大于 150 mm。

(3)高度在 24 m 及以上的双排脚手架应在外侧立面连续设置剪刀撑；高度在 24 m 以下的单、双排脚手架，均必须在外侧立面两端、转角及中间间隔不超过 15 m 的立面上，各设置一道剪刀撑，并应由底至顶连续设置(图 5-5)。

图 5-5 剪刀撑布置

（4）双排脚手架横向斜撑应在同一节间，由底至顶层呈之字形连续布置。高度在 24 m 以下的封闭型双排脚手架可不设横向斜撑；高度在 24 m 以上的封闭型脚手架，除拐角应设置横向斜撑外，中间应每隔 6 跨设置一道。开口型双排脚手架的两端均必须设置横向斜撑。

6. 斜道

（1）人行并兼作材料运输的斜道高度不大于 6 m 的脚手架，宜采用一字形斜道，高度大于 6 m 的脚手架，宜采用之字形斜道。

（2）斜道应附着外脚手架或建筑物设置，运料斜道宽度不宜小于 1.5 m，坡度不应大于 1∶6；人行斜道宽度不宜小于 1 m，坡度不应大于 1∶3。拐弯处应设置平台，其宽度不应小于斜道宽度，斜道两侧及平台外围均应设置栏杆及挡脚板。栏杆高度应为 1.2 m，挡脚板高度不应小于 180 mm，运料斜道两端、平台外围和端部均应按上述 4.（1）～（3）条的规定设置连墙件；每两步应加设水平斜杆；应按上述 5.（1）～（4）条的规定设置剪刀撑和横向斜撑。

（3）斜道脚手板横铺时，应在横向水平杆下增设纵向支托杆，纵向支托杆间距不应大于 500 mm，脚手板顺铺时，接头宜采用搭接；下面的板头应压住上面的板头，板头的凸棱外宜采用三角木填顺，人行斜道和运料斜道的脚手板上应每隔 250～300 mm 设置一根防滑木条，木条厚度应为 20～30 mm。

7. 满堂脚手架

（1）常用敞开式满堂脚手架结构的设计尺寸，可按表 5-5 的规定采用。

表 5-5 常用敞开式满堂脚手架结构的设计尺寸

序号	步距/m	立杆间距/m	支架高宽比不大于	下列施工荷载时最大允许高度/m	
				2(kN/m²)	3(kN/m²)
1		1.2×1.2	2	17	9
2	1.7～1.8	1.0×1.0	2	30	24
3		0.9×0.9	2	36	36

序号	步距/m	立杆间距/m	支架高宽比不大于	下列施工荷载时最大允许高度/m	
				2(kN/m²)	3(kN/m²)
4	1.5	1.3×1.3	2	18	9
5		1.2×1.2	2	23	16
6		1.0×1.0	2	36	31
7		0.9×0.9	2	36	36
8	1.2	1.3×1.3	2	20	13
9		1.2×1.2	2	24	19
10		1.0×1.0	2	36	32
11		0.9×0.9	2	36	36
12	0.9	1.0×1.0	2	36	33
13		0.9×0.9	2	36	36

注：1. 最少跨数应符合《建筑施工扣件式钢管脚手架安全技术规范》(JGJ 130—2011)附录 C 表 C.1 的规定；

2. 脚手板自重标准值取 0.35 kN/m²；

3. 场面粗糙度为 B 类，基本风压 $\omega=0.35$ kN/m²；

4. 立杆间距不小于 1.2×1.2 m，施工荷载标准值不小于 3 kN/m²。立杆上应增设防滑扣件，防滑扣件应安装牢固，且顶紧立杆与水平杆连接的扣件。

(2)满堂脚手架搭设高度不宜超过 36 m；满堂脚手架施工层不超过 1 层。立杆接长接头必须采用对接扣件连接，长度不宜小于 3 跨。

(3)满堂脚手架应在架体外侧四周及内部纵、横向每 6～8 m 由底至顶设置连续竖向剪刀撑。当架体搭设高度在 8 m 以下时，应在架顶部设置连续水平剪刀撑；当架体搭设高度在 8 m 及以上时，应在架体底部及竖向间隔不超过 8 m 分别设置连续水平剪刀撑。水平剪刀撑宜在竖向剪刀撑斜相交平面设置。剪刀撑宽度应为 6～8 m。剪刀撑应用旋转扣件固定在与之相交的水平杆或立杆上，旋转扣件中心线至主节点的距离不宜大于 150 mm。

(4)满堂脚手架的高宽比不宜大于 3。当高宽比大于 2 时，应在架体的外侧四周和内部水平间隔 6～9 m、竖向间隔 4～6 m 设置连墙件与建筑结构拉结，当无法设置连墙件时，应采取设置钢丝绳张拉固定等措施。

(5)当满堂脚手架局部承受集中荷载时，应按实际荷载计算并应局部加固，满堂脚手架应设爬梯，爬梯踏步间距不得大于 300 mm。操作层支撑脚手板的水平杆间距不应大于 1/2 跨距。

8. 型钢悬挑脚手架

(1)一次悬挑脚手架高度不宜超过 20 m，型钢悬挑梁宜采用双轴对称截面的型钢。悬挑钢梁型号及锚固件应按设计确定，钢梁截面高度不应小于 160 mm。悬挑梁尾端应在两处及以上固定于钢筋混凝土梁板结构上。锚固型钢悬挑梁的 U 形钢筋拉环或锚固螺栓直径不宜小于 16 mm(图 5-6)。

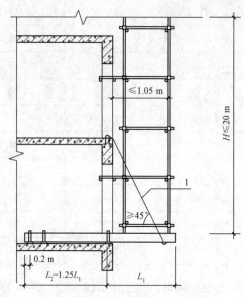

图 5-6　型钢悬挑脚手架构造

1—钢丝绳

(2)用于锚固的 U 形钢筋拉环或螺栓应采用冷弯成型。U 形钢筋拉环、锚固螺栓与型钢间隙应用钢楔或硬木楔楔紧。每个型钢悬挑梁外端宜设置钢丝绳或钢拉杆与上一层建筑结构斜拉结。钢丝绳、钢拉杆不参与悬挑钢梁受力计算；钢丝绳与建筑结构拉结的吊环应使用 HPB300 级钢筋，其直径不宜小于 20 mm，吊环预埋锚固长度应符合现行国家标准《混凝土结构设计规范(2015 年版)》(GB 50010—2010)中钢筋锚固的规定。

(3)悬挑梁悬挑长度按设计确定。固定段长度不应小于悬挑段长度的 1.25 倍。型钢悬挑梁固定端应采用 2 个(对)及以上 U 形钢筋拉环或锚固螺栓与建筑结构梁板固定，U 形钢筋拉环或锚固螺栓应预埋至混凝土梁、板底层钢筋位置，并应与混凝土梁、板底层钢筋焊接或绑扎牢固，其锚固长度应符合现行国家标准《混凝土结构设计规范(2015 年版)》(GB 50010—2010)中钢筋锚固的规定(图 5-7、图 5-8、图 5-9)。

(4)当型钢悬挑梁与建筑结构采用螺栓钢压板连接固定时，钢压板尺寸不应小于100 mm×10 mm(宽×厚)；当采用螺栓角钢压板连接时，角钢规格不应小于 63 mm×63 mm×6 mm。

型钢悬挑梁悬挑端应设置能使脚手架立杆与钢梁可靠固定的定位点，定位点离悬挑梁端部不应小于 100 mm。锚固位置设置在楼板上时，楼板的厚度不宜小于 120 mm。如果楼板的厚度小于 120 mm 应采取加固措施。悬挑梁间距应按悬挑架架体立杆纵距设置，每一纵距设置一根。

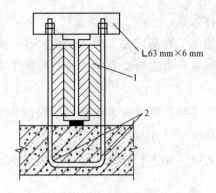

图 5-7 悬挑钢梁 U 形螺栓固定构造

1—木楔侧向楔紧；2—两根 1.5 m 长，直径为 18 mm 的 HPB300 钢筋

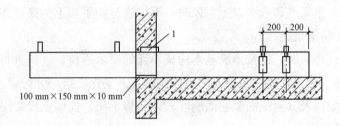

图 5-8 悬挑钢梁穿墙构造

1—木楔楔紧

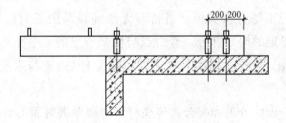

图 5-9 悬挑钢梁楼面构造

三、脚手架工程安全生产一般要求

(1)脚手架搭设前，必须根据工程的特点及有关规范、规定的要求，制定施工方案和搭设的安全技术措施。

(2)脚手架搭设和拆除人员必须符合国家安全生产监督管理总局颁发的《特种作业人员安全技术培训考核管理规定(2015 修正)》，经考核合格，并领取特种作业人员操作证。

(3)操作人员应持证上岗，操作时必须佩戴安全帽、安全带，穿防滑鞋。

(4)脚手架搭设的交底与验收要求：

1)脚手架搭设前，工地施工员或安全员应根据施工方案及外脚手架检查评分表检查项目及其扣分标准，并结合《建筑安装工人安全技术操作规程》的相关要求，写成书面交底资料，向持证上岗的架子工进行交底。

2）通常，脚手架是在主体上工程基础完工时才搭设完毕，即分段搭设、分段使用。脚手架分段搭设完毕，必须经施工负责人组织有关人员，按施工方案及有关规范的要求进行检查验收。

3）经验收合格，办理验收手续，填写脚手架底层搭设验收表、脚手架中段验收表、脚手架顶层验收表，经有关人员签字后方准使用。

4）经验收不合格的脚手架应立即进行整改。检查结果及整改情况应按实测数据进行记录，并由检测人员签字。

（5）脚手架与高压线路的水平距离和垂直距离必须按照《施工现场对外电线路的安全距离及防护的要求》有关条文的要求执行。

（6）大雾及雨、雪天气和六级以上大风时，不得进行脚手架上的高处作业。雨雪天后作业，必须采取安全防滑措施。

（7）脚手架搭设作业时，应按形成基本构架单元的要求逐排、逐跨进行搭设，矩形周边脚手架宜从其中的一个角开始向两个方向延伸搭设，并确保已搭部分稳定。

（8）门式脚手架以及其他纵向竖立面刚度较差的脚手架，连墙点设置层加设纵向水平长横杆与连接件连接。

（9）搭设作业时，应按以下要求做好自我保护，保证现场作业人员的安全。

1）架上作业人员应穿防滑鞋和佩挂安全带。为保证作业安全，作业层脚手架应铺设脚手板，且铺设要平稳，不得有探头板。当暂时无法铺设落脚板时，用于落脚或抓握、把（夹）持的杆件均应为稳定的构架部分，着力点与构架节点的水平距离应不大于 0.8 m，垂直距离应不大于 1.5 m。位于立杆接头之上的自由立杆（尚未与水平杆连接）不得用作把持杆。

2）架上作业人员应做好分工和配合，传递杆件时要掌握好重心、平稳传递，不要用力过猛，以免引起人身或杆件失衡；每完成一道工序，都要相互询问并确认后才能进行下一道工序。

3）作业人员应佩戴工具袋，工具用后须装于袋中，不要放在架子上，以免掉落伤人。

4）架上材料要随上随用，以免放置不当时掉落。

5）每次收工前，所有上架材料应全部搭设好，不要存留在架子上，而且一定要形成稳定的构架，不能形成稳定构架的部分应采取临时撑拉措施予以加固。

6）在搭设作业中，地面上的配合人员应避开可能落物的区域。

（10）架上作业时的安全注意事项：

1）作业前，应检查作业环境是否可靠，安全防护设施是否齐全、有效，确认无误后方可作业。

2）作业时，应随时清理落在架面上的材料，保持架面上规整、清洁，不要乱放材料、工具，以免影响作业的安全和发生掉物伤人事故。

3)在进行撬、拉、推等操作时，要采取正确的姿势，站稳脚跟，或一手把持在稳固的结构或支持物上，以免用力过猛身体失去平衡或把东西甩出。在脚手架上拆除模板时，应采取必要的支托措施，以防拆下的模板材料掉落架外。

4)当架面高度不够需要垫高时，一定要采用稳定可靠的垫高方法，且垫高不要超过 50 cm，超过 50 cm 时，应按搭设规定升高铺板层。升高作业面时，应相应加高防护设施。

5)在架面上运送材料经过正在作业的人员时，要及时发出"请注意""请让一让"的信号；材料要轻搁稳放，不准采用倾倒、猛磕或其他匆忙的卸料方式。

6)严禁在架面上打闹戏耍、倒退行走及跨坐在外防护横杆上休息；不要在架面上抢行、跑跳，相互避让时应注意身体不要失衡。

7)在脚手架上进行电气焊作业时，要铺铁皮接着火星或移去易燃物，以防火星点着易燃物，并应有防火措施。一旦着火，要及时予以扑灭。

(11)其他安全注意事项：

1)运送杆配件时，应尽量利用垂直运输设施或悬挂滑轮提升，并绑扎牢固，尽量避免或减少人工层层传递。

2)搭设过程中，除必要的 1～2 步架的上、下外，作业人员不得攀缘脚手架，应走房屋楼梯或另设安全人梯。

3)搭设脚手架时，不得使用不合格的架设材料。

4)作业人员要服从统一指挥，不得自行其是。

(12)钢管脚手架的高度超过周围建筑物或在雷暴较多的地区施工时，应安设防雷装置，其接地电阻应不大于 4 Ω。

(13)架上作业应执行规范或设计规定的允许荷载，严禁超载，并应遵守以下要求：

1)作业面上的荷载，包括脚手板、人员、工具和材料，当施工组织设计无规定时，应按规范的规定值控制，即结构脚手架不超过 3 kN/m²，装修脚手架不超过 2 kN/m²，维护脚手架不超过 1 kN/m²。

2)脚手架的铺脚手板层和同时作业层的数量不得超过规定。

3)垂直运输设施(如物料提升架等)与脚手架之间转运平台的铺板层数和荷载控制应按施工组织设计的规定执行，不得任意增加铺板层的数量和在运转平台上超载堆放材料。

4)架面荷载应尽量均匀分布，避免荷载集中于一侧。

5)过梁等墙体构件要随运随装，不得存放在脚手架上。

6)较重的施工设备(如电焊机等)不得放置在脚手架上。严禁将模板支撑、缆风绳、泵送混凝土及砂浆的输送管等固定在脚手架上及任意悬挂起重设备。

(14)架上作业时，不要随意拆除基本结构杆件和连墙体，因作业的需要必须拆除某些杆件和连墙点时，必须取得施工主管和技术人员的同意，并采取可靠的加固措施后方可拆除。

(15)架上作业时，不要随意拆除安全防护设施，未设置或设置不符合要求时，必须补设或改正后才能上架作业。

四、落地式脚手架搭设安全技术

(1)落地式脚手架的基础应坚实、平整,并定期检查。立杆不埋设时,立杆底部均应设置垫板或底座,并设置纵、横向扫地杆。

(2)落地式脚手架连墙件应符合下列规定:

1)扣件式钢管脚手架双排架高在 50 m 以下或单排架高在 24 m 以上,按不大于 40 m²设置一处;双排架高在 50 m 以上,按不大于 27 m² 设置一处。

2)门式钢管脚手架的架高在 45 m 以下,基本风压不大于 0.55 kN/m²,按不大于 48 m²设置一处;架高在 45 m 以下,基本风压大于 0.55 kN/m²,或架高在 45 m 以上,按不大于 24 m² 设置一处。

3)一字形、开口形脚手架的两端,必须设置连墙件。连墙件必须采用可承受拉力和压力的构造,并与建筑结构连接。

(3)落地式脚手架剪刀撑及横向斜撑应符合下列规定:

1)扣件式钢管脚手架应沿全高设置剪刀撑。架高在 24 m 以下时,沿脚手架长度间隔不大于 15 m 设置剪刀撑;架高在 24 m 以上时,沿脚手架全长连续设置剪刀撑,并设置横向斜撑;横向斜撑由架底至架顶呈"之"字形连续布置,沿脚手架长度间隔 6 跨设置一道。

2)碗扣式钢管脚手架的架高在 24 m 以下时,按外侧框格总数的 1/5 设置斜杆;架高在 24 m 以上时,按框格总数的 1/3 设置斜杆。

3)门式钢管脚手架的内、外两个侧面除满设交叉支撑杆外,当架高超过 20 m 时,还应在脚手架外侧沿长度和高度连续设置剪刀撑,剪刀撑钢管一致。当剪刀撑钢管直径与门架钢管直径不一致时,应采用异形扣件连接。

满堂扣件式钢管脚手架除沿脚手架外侧四周和中间设置竖向剪刀撑外,当脚手架高于 4 m 时,还应沿脚手架每两步高度设置一道水平剪刀撑。

(4)扣件式钢管脚手架的主节点处必须设置横向水平杆,且在脚手架使用期间严禁拆除。单排脚手架横向水平杆插入墙内长度不应小于 180 mm。

(5)扣件式钢管脚手架立杆接长时(除顶层外),相邻杆件的对接接头不应设在同步内,相仿纵向水平杆对接接头不宜设置在同步同跨内。扣件式钢管脚手架立杆接长(除顶层外)应采用对接。木脚手架立杆接头的搭接长度应跨两根纵向水平杆,且不得小于 1.5 m。竹脚手架立杆接头的搭接长度应超过一个步距,并不得小于 1.5 m。

五、悬挑扣件式钢管脚手架搭设安全技术

(1)斜挑立杆应按施工方案的要求与建筑结构连接牢固,禁止与模板系统的立柱连接。

(2)悬挑式脚手架应按施工图搭设。

1)悬挑梁是悬挑式脚手架的关键构件,对悬挑式脚手架的稳定与安全使用起至关重要

的作用。因此，悬挑梁应按立杆的间距布置，设计图纸对此应明确规定。

2)当采用悬挑架结构时，支撑悬挑架架设的结构构件，应足以承受悬挑架传给它的水平力和垂直力的作用；若根据施工需要只能设置在建筑结构的薄弱部位时，应加固结构，并设拉杆或压杆，将荷载传递给建筑结构的坚固部位。悬挑架与建筑结构的固定方法必须经计算确定。

(3)立杆的底部必须支撑在牢固的地方，并采取措施防止立杆底部发生位移。

(4)为确保架体的稳定，应按落地式外脚手架的搭设要求将架体与建筑结构拉结牢固。

(5)脚手架施工荷载：结构架为 3 kN/m²，装饰架为 2 kN/m²，工具式脚手架为 1 kN/m²。悬挑式脚手架施工荷载一般可按装饰架计算，施工时严禁超载。

(6)悬挑式脚手架操作层上，施工荷载要堆放均匀，不应集中，不得存放大宗材料和过重的设备。

(7)悬挑式脚手架的立杆间距、倾斜角度应符合施工方案的要求，不得随意更改。

(8)悬挑式脚手架的操作层外侧，应按临边防护的规定设置防护栏和挡脚板。防护栏杆由栏杆柱和上、下两道横杆组成，上杆距脚手板高度为 1.0～1.2 m，下杆距脚手板高度为 0.5～0.6 m。在栏杆下边设置严密固定的、高度不低于 18 mm 的挡脚板。

(9)作业层下按规定设置一道防护设施，防止施工人员或物料坠落。

(10)多层悬挑式脚手架应按落地式脚手架的要求在作业层满铺脚手板，铺设方法应符合规程要求，不得有空当和探头板。

(11)作业层下搭设安全平网应每 3 m 设一根支杆，支杆与地面保持 45°。安全网应外高内低，网与网之间必须拼接严密，网内杂物要随时清除。

(12)搭设悬挑式脚手架所用的各种杆件、扣件、脚手板等材料的质量规格等，必须符合有关规范和施工方案的规定。

(13)悬挑梁、悬挑架的用材应符合《钢结构设计规范》(GB 50017)的有关规定，并应有验收报告。

六、门式脚手架工程安全技术

门式钢管脚手架的组成如图 5-10 所示。

(1)门式脚手架搭设高度一般不超过 45 m，若降低施工荷载并缩小连墙杆的间距，则门式脚手架的搭设高度可增至 60 m。

(2)门式脚手架施工方案必须符合《建筑施工门式钢管脚手架安全技术规范》(JGJ 128—2010)的有关规定。

(3)门式脚手架的搭设高度超过 60 m 时，应绘制脚手架分段搭设结构图，并对脚手架的承载力、刚度和稳定性进行设计计算，编写设计计算书。设计计算书应报上级技术负责人审核批准。

(4)架体基础：

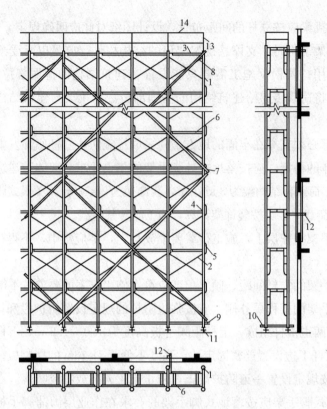

图 5-10 门式钢管教手架的组成

1—门架；2—交叉支撑；3—脚手板；4—连接棒；5—锁臂；
6—水平架；7—水平加固杆；8—剪刀撑；9—扫地杆；
10—封口杆；11—底座；12—连墙件；13—栏杆；14—扶手

1)搭设高度在 25 m 以下的门式脚手架，回填土必须分层夯实，在地基土上铺厚度不小于 50 mm 的垫木，再于垫木上加设钢管底座，立杆立于底座上。

2)架体搭设高度为 25~45 m 时，应在施工方案中说明脚手架基础的施工方法，若地基为回填土，则应分层夯实，并在地基土上加铺 200 mm 厚的道砟，再铺木垫板或 12~16 号槽钢。

3)架体搭设高度超过 45 m 时，应根据地耐力对脚手架基础进行设计计算。

4)门式脚手架底部应设置纵向和横向扫地杆，以减少脚手架的不均匀沉降。

(5)架体稳定：

1)门式脚手架应按规定间距与墙体拉结，防止架体变形。搭设高度在 45 m 以下时，连墙杆竖向间距小于或等于 6 m，水平方向间距小于或等于 8 m；搭设高度在 45 m 以下时，连墙杆竖向间距小于或等于 4 m，水平方向间距小于或等于 6 m。

2)连墙杆的一端固定在门式框架横杆上，另一端伸过墙体固定在建筑结构上，不得有滑动或松动现象。

3)门式脚手架应设置剪刀撑，以加强整片脚手架的稳定性。当架体高度超过 20 m 时，应在脚手架外侧每隔 4 步设置一道剪刀撑，沿高度方向与架体同步搭设。

4）剪刀撑与地面夹角为 45°～60°。需要接长时，应采用搭接方法，搭接长度不小于 500 m，搭接扣件不小于 2 个。

5）门式脚手架，沿高度方向每隔一步加设一对水平拉杆；凡高度为 10～15 m 的，要设一组缆风绳（4～6 根），每增高 10 m 加设一组。缆风绳与地面的夹角应为 45°～60°，要单独牢固地挂在地锚上，并用花篮螺栓调节松紧。缆风绳严禁挂在树上、电杆上。

6）门式脚手架搭设自由高度不超过 4 m。

7）严格控制门式脚手架的垂直度和水平度。首层门架立杆在两个方向的垂直偏差均应在 2 mm 以内，顶部水平偏差控制在 5 mm 以内，上、下门架立杆对中偏差不应大于 3 mm。

（6）杆件、锁件：

1）按说明书的规定组装脚手架，不得遗漏杆件和锁件。

2）上、下门架的组装必须设置连接棒及锁臂。

3）门式脚手架组装时，按说明书的要求拧紧螺栓，不得松动；各部件的锁臂、搭钩必须处于锁住状态。

4）门架的内外两侧均应设置交叉支撑，并与门架立杆上的锁销锁牢。

5）门架安装应自一端向另一端延伸，搭完一步架后，应及时检查、调整门架的水平度和垂直度。

（7）脚手板：

1）作业层应连续满铺脚手板，并与门架横梁扣紧或绑牢。

2）脚手板材质必须符合规范和施工方案的要求。

3）脚手板必须按要求绑牢，不得出现探头板。

（8）架体防护：

1）作业层脚手架外侧以及斜道和平台均要设置 1.2 m 高的防护栏杆和 180 mm 高的挡脚板，防止作业人员坠落和脚手板上的物料滚落。

2）随着脚手架的升高，脚手架外侧应按规定设置密目式安全网，且必须扎牢、密实，形成全封闭的防护立网。

（9）材质：

1）门架及其配件的规格、性能和质量应符合现行行业标准《门式钢管脚手架》（JG 13—1999）的规定，并应有出厂合格证明书及产品标志。

2）门式脚手架是以定型的门式框架为基本构件的脚手架，若杆件严重变形将难以组装，其承载力、刚度和稳定性都将被削弱，隐患严重。因此，严重变形的杆件不得使用。

3）杆件焊接后不得出现局部开焊现象。

4）根据质量检查，门架分为甲、乙、丙三类：

①甲类有轻微变形、损伤、锈蚀，经简单处理、重新油漆保养后，可继续使用。

②乙类有一定轻度变形、损伤、锈蚀，但经矫直、平整、更换部件、修复、除锈、油

漆等处理后可继续使用。

③丙类主要受力标准件变形较严重，锈蚀面积达 50% 以上，有片状剥落、不能修复和经性能试验不能满足要求的，应报废处理。

(10)荷载：

1)门式脚手架施工荷载：结构为 3 kN/m²，装饰架为 2 kN/m²。施工时严禁超载使用。

2)脚手架操作层上，施工荷载要堆放均匀，不应集中，不得存放大宗材料和过重的设备。

(11)通道：

1)门式脚手架必须设置供施工人员上、下的专用通道，禁止在脚手架外侧随意攀登，以免发生伤亡事故。同时，防止支撑杆件变形，影响脚手架的正常使用。

2)通道斜梯应采用挂扣式钢梯，宜采用"之"字形式，一个梯段宜跨越两步或三步。

3)钢梯应设栏杆扶手。

七、附着式升降脚手架搭设安全技术

1. 使用条件

(1)国务院建设行政主管部门对从事附着式升降脚手架工程的施工单位实行资质管理，未取得相应资质证书的不得施工。对附着式升降脚手架实行认证制度，即所使用的附着式升降脚手架必须经过国务院建设行政主管部门组织鉴定或者委托具有资格的单位进行认证。

(2)附着式升降脚手架工程的施工单位应当根据资质管理有关规定到当地建设行政主管部门办理相应审查手续。

(3)附着式升降脚手架处于研制阶段以及在工程上使用前，应提出该阶段的各项安全措施，经使用单位的上级部门批准，并到当地安全监督管理部门备案。

(4)附着式升降脚手架应由专业队伍施工，对承包附着式升降脚手架工程任务的专业施工队伍进行资格认证，合格者发给证书，不合格者不准承接工程任务。

(5)附着式升降脚手架的结构构件在各地组装后，在有建设行政主管部门发放的生产和使用证的基础上，经当地建筑安全监督管理部门核实并具体检验后，发放准用证，方可使用。

(6)附着式升降脚手架的平面布置，附着支撑构造和组装节点图，防坠和防倾安全措施，提升机具、吊具及索具的技术性能和使用要求等从组装、使用到拆除的全过程，应有专项施工组织设计。施工组织设计包括附着式升降脚手架的设计、施工、检查、维护和管理等全部内容，对附着式升降脚手架使用过程中的安全管理作出明确规定，建立健全的质量安全保证体系及相关的管理制度。

2. 架体构造

(1)附着式升降脚手架要有定型的主框架和相邻两主框架中间的定型支撑框架（架底梁架），支撑框架还必须以主框架作为支座。组成竖向主框架和架底的杆件必须具有足够的强度和刚度，杆件的节点必须为刚性连接，以保证框架的刚度，使之工作时不变形，确保传力的可靠性。

(2)主框架之间脚手架的立杆应将荷载直接传递到支撑框架上，支撑框架以主框架为支座，再将荷载传递到主框架上。

(3)架体部分按落地式脚手架的要求进行搭设，架宽 0.9～1.1 m，立杆间距不大于 1.5 m，直线布置的架体支撑跨度不应大于 8 m；折线或曲线布置的架体支撑跨度不应大于 5.4 m；支撑跨度与架高的乘积不大于 110 m²。按规定设置剪刀撑和连墙杆。

(4)架体升降作业时，上部结构尚未达到足够的强度或要求的高度，不能及时设置附着支撑，此时，架体上部处于悬臂状态。为保证架体的稳定，原建设部建字〔2000〕230 号文《建筑施工附着升降脚手架管理暂行规定》中规定：升降和使用工况下，架体悬臂部分高度不得大于架高的 2/5，并不大于 6 m。

(5)支撑框架将主框架作为支座，再通过附着支撑将荷载传给建筑结构，这是为了确保架体传力的合理性。

3. 附着支撑

(1)主框架应在每个楼层设置固定拉杆和连墙连接螺栓，连墙杆垂直距离不大于 4 m，水平间距不大于 6 m。

(2)附着支撑(或钢挑架)与结构的连接质量必须满足设计要求，做到严密、平整、牢固。

(3)钢挑架上的螺栓与墙体连接应牢固，应采用梯形螺纹螺栓，严禁采用易磨损的三角形螺纹螺栓，以保证螺栓的受力性能；应采用双螺帽连接，螺杆露出螺母应不少于 3 扣，或加弹簧垫圈紧固，以防止滑脱。螺杆严禁焊接使用。

(4)钢挑架杆件按设计要求进行焊接，焊缝应满焊，不得有焊瘤、漏焊、假焊、开焊及裂纹，焊条、焊丝和焊剂应与焊接材料相适应。钢挑架焊接后，应进行探伤试验检测，以保证其焊接质量。

4. 升降装置

(1)同步升降可使用电动葫芦，并且必须设置同步升降装置，以控制脚手架平稳升降。同步升降装置在使用之前应经过检测，确保其工作灵敏、可靠。同步及荷载控制系统应通过控制各提升设备间的升降差和控制各提升设备的荷载来控制各提升的同步性，且应具备超载报警停机、欠载报警等功能。

(2)升降机构中使用的索具、吊具的安全系数不得小于 6.0。

(3)有两个吊点的单跨脚手架升降可使用手动葫芦；当使用三个或三个以上的葫芦群吊时，不得使用手动葫芦，以防因不同步而导致的安全事故。

(4)升降时，架体的附着支撑装置应成对设置，保证架体处于垂直稳定状态。

(5)升降时，架体上不准堆放模板、钢管等物，架体上不准站人，架子作业区下方不得有人。

5. 防坠落、防倾斜装置

(1)脚手架在升降时，为防止发生断绳、折轴等故障而引起坠落，必须设置防坠落装置。

(2)防坠落装置应设置在竖向主框架部位，且每一竖向主框架提升设备处必须设置一个。防坠装置与提升设备必须分别设置在两套附着支承结构上，若有一套失败，则另一套必须能独立承担全部坠落荷载。

(3)整体升降脚手架必须设置防倾装置，防止架体内外倾斜，保证脚手架升降运行平稳、垂直。防倾斜装置必须具有足够的刚度。防倾装置用螺栓同竖向主框架或附着支撑结构连接，不得采用钢管扣件或碗扣方式。在升降和使用两种工况下，位于同一竖向平面的防倾装置均不得少于两处，并且其最上和最下防倾覆支承点之间的最小距不得小于架体全高的1/3。

(4)防坠装置应经现场动作试验，确认其动作可靠、灵敏，并符合设计要求。防坠装置制动距离，对于整体式附着升降脚手架不得大于80 mm，对于单片式附着升降脚手架不得大于150 mm。

6. 分段验收

(1)每次提升(或下降)作业前，均要对定型主框架、支撑框架、防坠与防倾安全保险装置、安全防护措施、架体与建筑结构连接点、电动葫芦及同步升降装置等按施工组织设计的要求进行全面检查，各检查项目均符合要求后再提升(或下降)。

(2)每次提升后和使用前，均要检查验收螺栓紧固情况、架子拉结情况等，确认架体稳定、无安全隐患方可使用。

7. 脚手板

(1)脚手板应满铺，并与架体固定绑牢，无探头板出现。

(2)脚手架离墙空隙应铺上统一设计的翻板或插板，并与平台有较牢靠的连接，作业层架体与墙之间空隙必须封严，防止落人、落物。

(3)脚手板应使用木板或钢板，材质要符合要求，不准使用竹脚手板。

8. 防护

(1)密目式安全网必须有国家指定的监督检验部门批准验证和工厂检验合格证，各项技术要求应符合现行国家标准《安全网》(GB 5725—2009)的规定。

(2)悬空高处作业应有牢固的立足点，各作业层必须设置防护栏网、栏杆及挡脚板等安全设施。

(3)架子外侧应用密目式安全立网做全封闭防护，每张立网应拴紧扎牢，各立网的搭接处无空当。

(4)底部作业层下方悬空处应用木板或密目网及平网等做全封闭防护，确保大件物品及人员不坠落。

八、挂脚手架工程安全技术

1. 制作与组装

(1)架体材料、规格及其制作、组装等应符合施工方案要求和规范规定。

(2)挂脚手架设计的关键是悬挂点。悬挂点一般有两种设置方式：一是在柱子内预埋钢筋挂环或设置卡箍；二是在墙体内设置穿墙螺栓。如设计采用第二种悬挂方式，墙体必须是钢筋混凝土承重墙。不论采用哪种设置方式，都必须进行悬挂点设计，且要对悬挂点的强度进行验算。

(3)挂脚手架的跨度不得大于 2 m，否则易发生断裂，因此，挂脚手架的悬挂点间距也不得超过 2 m。

2. 材质

(1)挂脚手架的材质必须符合施工方案及规范要求。变形的杆件必须经修复后方可使用，严重变形的杆件不得使用。焊接处不得出现漏焊、假焊、局部开焊等现象。

(2)挂脚手架所用钢材有锈蚀的须及时除锈，并刷防锈漆。

3. 脚手板

(1)脚手板必须满铺，并按要求将脚手板与挂架绑扎牢固。

(2)挂架不得使用竹脚手板，不得使用脆性木材，应使用 50 mm 厚杉木或松木板。木脚手板宽度以 200～300 mm 为宜，凡有腐朽、扭曲、斜纹、破裂和大横透节的木板不得使用。

(3)脚手板的搭接长度不得小于 200 mm，不得出现探头板。

4. 荷载

(1)挂脚手架施工荷载为 1 kN/m²，严禁超载使用，并避免荷载集中。

(2)挂脚手架的跨度不得大于 2 m，不得超过两人同时作业；上下挂架及操作时的动作要轻，不得往挂架上跳；脚手架上也不得存放过多材料。

5. 架体防护

(1)施工层脚手架外侧要设置 1.2 m 高的防护栏杆和 18 cm 高的挡脚板，防止作业人员坠落和脚手板上物料滚落。

(2)脚手架外侧应按规定设置密目式安全网，必须扎牢、密实，形成全封闭的防护立网。

(3)脚手架底部应设置安全平网，或同时设置密目网与平网，以防落人或落物。

九、吊篮脚手架工程安全技术

1. 制作与组装

(1)挑梁一般用工字钢或槽钢制成，用 U 形锚环或预埋螺栓固定在屋顶上。

(2)挑梁必须按设计要求与主体结构固定牢靠。承受挑梁拉力的预埋吊环，应用直径不小于 16 mm 的圆钢，埋入混凝土的长度不小于 360 mm，并与主筋焊接牢固。挑梁的挑出端应高于固定端，挑梁之间纵向用钢管或其他材料连接成一个整体。

(3)挑梁挑出长度应使吊篮钢丝绳垂直于地面。

(4)必须保证挑梁抵抗力矩大于倾覆力矩的 3 倍。

(5)当挑梁采用压重时，配重的位置和重力应符合设计要求，并采取固定措施。

(6)吊篮平台可采用焊接或螺栓连接进行组装，禁止使用钢管和扣件连接。

(7)电动(手板)葫芦必须有产品合格证和说明书，非合格产品不得使用。

(8)吊篮组装后应经加载试验，确认合格后方可使用，参加试验人员须在试验报告上签字。脚手架上须标明允许载重量。

2. 安全装置

(1)使用手扳葫芦时应设置保险卡，保险卡要能有效地限制手扳葫芦的升降，防止吊篮平台发生下滑。

(2)吊篮组装完毕，经检查合格后，接上钢丝绳，同时，将提升钢丝绳和保险绳分别插入提升机构及安全锁中。使用中，必须有两根直径为 12.5 mm 以上的钢丝绳作保险绳，接头卡扣不少于 3 个，不准使用有接头的钢丝绳。

(3)使用吊钩时，应防止钢丝绳滑脱的保险装置(卡子)，将吊钩和吊索卡死。

(4)吊篮内作业人员必须系安全带，安全带挂钩应挂在作业人员上方固定的物体上，不准挂在吊篮工作钢丝绳上，以防工作钢丝绳断开。

3. 脚手板

(1)脚手板必须满铺，并按要求将脚手板与脚手架绑扎牢固。

(2)吊篮脚手架可使用木脚手板或钢脚手板。木脚手板应为 50 mm 厚杉木或松木板，不得使用脆性木材，凡有腐朽、扭曲、斜纹、破裂或大横透节的木板不得使用。钢脚手板应有防滑措施。

(3)脚手板的搭接长度不得小于 200 mm，不得出现探头板。

4. 防护

(1)吊篮脚手架外侧应设高度为 1.2 m 以上的两道防护栏杆及 18 cm 高的挡脚板，内侧应设置高度不小于 80 cm 的防护栏杆。防护栏杆及挡脚板材质需符合要求，安装要牢固。

(2)吊篮脚手架外侧应用密目式安全网整齐封闭。

(3)单片吊篮升降时，两端应加设防护栏杆，并用密目式安全网封闭严密。

5. 防护顶板

(1)当有多层吊篮进行上、下立体交叉作业时，不得在同一垂直方向上操作。上、下作业的位置必须处于依上层高度确定的可能坠落范围之外。不符合以上条件时，应设置安全防护层，即防护顶板。

(2)防护顶板可用 5 mm 厚木板，也可采用其他具有足够强度的材料。防护顶板应绑扎牢固、满铺，能承受坠落物的冲击，不会被砸破、贯通，能起到防护作用。

6. 架体稳定

(1)为了保证吊篮安全使用，当吊篮脚手架升降到位后，必须将吊篮与建筑物固定牢固；吊篮内侧两端应有可伸缩的附墙装置，使吊篮工作时与结构面靠紧，以减少架体的晃动。确认脚手架已固定、不晃动以后方可上人作业。

(2)吊篮钢丝绳应随时与地面保持垂直，不得斜拉。吊篮内侧与建筑物的间距(缝隙)不得过大，一般为 100~200 mm。

7. 荷载

(1)吊篮脚手架的设计施工荷载为 1 kN/m²，不得超载使用。

(2)脚手架上堆放的物料不得过于集中。

8. 升降操作注意事项

(1)操作升降作业属于特种作业，作业人员应经过培训，合格后颁发上岗证，持证上岗，且应固定岗位。

(2)升降时不超过两人同时作业，其他非升降操作人员不得在吊篮内停留。

(3)单片吊篮升降时，可使用手扳葫芦；两片或多片吊篮连在一起同步升降时，必须采用电动葫芦，并有控制同步升降的装置。

第三节　脚手架拆除要求及安全管理

一、脚手架拆除要求

(1)脚手架拆除作业前，应制定详细的拆除施工方案和安全技术措施，并对参加作业的全体人员进行技术交底，在统一指挥下按照确定的方案进行拆除作业。

(2)脚手架拆除时，应划分作业区，周围设围护或设立警戒标志，地面设专人指挥，禁止非作业人员入内。

(3)一定要按照先上后下、先外后里、先架面材料后构架材料、先铺件后结构件和先结构件后附墙件的顺序，一件一件地松开连接、取出并随即吊下(或集中到毗邻未拆的架面上扎捆后吊下)。

(4)拆卸脚手板、杆件、门架及其他较长、较重、有两端连接的部件时，必须两人或多人一组进行，禁止单人进行拆卸作业，防止把持杆件不稳、失衡而发生事故。拆除水平杆件时，松开连接后，水平托取下；拆除立杆时，把稳上端后，再松开下端连接取下。

(5)多人或多组进行拆卸作业时，应加强指挥，并相互询问和协调作业步骤，严禁不按程序进行的任意拆卸。

(6)因拆除上部或一侧的附墙拉结而使架子不稳时，应加设临时撑拉措施，以防架子晃动影响作业安全。

(7)严禁将拆卸下的杆部件和材料向地面抛掷，已吊至地面的架设材料应随时运出拆卸区域。

(8)连墙杆应随拆除进度逐层拆除，拆抛撑前，应设立临时支柱。

(9)拆除时严禁碰撞附近电源线，以防止事故发生。

(10)拆下的材料用绳索拴牢，利用滑轮放下，严禁抛扔。

(11)在拆架过程中，不能中途换人，如需要中途换人时，应将拆除情况交接清楚后方可离开。

(12)脚手架具的外侧边缘与外电架空线路的边线之间的最小安全操作距离见表5-6。

表5-6 脚手架具的外侧边缘与外电架空线路的边线之间的最小安全操作距离

外电线路电压/kV	<1	1~10	35~110	150~220	330~500
最小安全操作距离/m	4	6	8	10	15

注：1. 上、下脚手架的斜道不宜设在有外电线路的一侧，起重机的任何部位及被吊物边缘与10 kV以下的架空线路边线的最小水平距离不得小于2 m；

2. 旋转臂式起重机的任何部位或被吊物边缘与10 kV以下架空线路边线的最小距离不得小于2 m；

3. 施工现场开挖非热管道沟槽的边缘与埋地外电缆沟槽之间的距离不得小于0.5 m；

4. 施工现场不能满足本表中规定的最小距离时，必须按现行行业规范的规定搭设防护设施并设置警告标志；

5. 在架空线路一侧或上方搭设、拆除防护屏障等设施时，必须停电后作业，并设监护人员。

二、脚手架安全管理

(1)扣件钢管脚手架的安装与拆除人员必须是经考核合格的专业架子工，架子工应持证上岗。

(2)搭拆脚手架人员必须戴安全帽、系安全带、穿防滑鞋。

(3)脚手架的构配件质量与搭设质量，应按规定进行检查验收，并应确认合格后使用。

(4)钢管上严禁打孔。

(5)作业层上的施工荷载应符合设计要求，不得超载。不得将模板支架、缆风绳、泵送混凝土和砂浆的输送管等固定在架体上；严禁悬挂起重设备，严禁拆除或移动架体上的安全防护设施。

(6)满堂支撑架在使用过程中，应设有专人监护施工，当出现异常情况时，应停止施工，并应迅速撤离作业面上人员。应在采取确保安全的措施后，查明原因、作出判断和处理。

(7)当有六级及六级以上强风、浓雾、雨或雪天气时应停止脚手架搭设与拆除作业。雨、雪后上架作业应有防滑措施，并应扫除积雪。夜间不宜进行脚手架搭设与拆除作业。

(8)脚手架的安全检查与维护,应按规范规定进行。

(9)脚手板应铺设牢靠、严实,并应用安全网双层兜底。施工层以下每隔10 m应用安全网封闭。

(10)单、双排脚手架、悬挑式脚手架沿墙体外围应用密目式安全网全封闭,密目式安全网宜设置在脚手架外立杆的内侧,并应与架体结扎牢固。

(11)在脚手架使用期间,严禁拆除主节点处的纵、横向水平杆和纵、横向扫地杆以及连墙件。

(12)当在脚手架使用过程中开挖脚手架基础下的设备或管沟时,必须对脚手架采取加固措施。

(13)满堂脚手架与满堂支撑架在安装过程中,应采取防倾覆的临时固定措施。

(14)邻街搭设脚手架时,外侧应有防止坠物伤人的防护措施。

(15)在脚手架上进行电焊、气焊作业时,应有防火措施和专人看守。

(16)工地临时用电线路的架设及脚手架接地、避雷措施等,应按现行行业标准《施工现场临时用电安全技术规范》(JGJ 46—2005)的有关规定执行。

(17)搭拆脚手架时,地面应设围栏和警戒标志,并应派专人看守,严禁非操作人员入内。

第四节　脚手架施工中的教训

在施工过程中,由于脚手架的因素造成安全故事的原因有:个别操作工人不按操作堆积搭设脚手架;施工人员存在侥幸、麻痹、盲目心理;管理者未制定相应的专项施工方案;受力体系未进行必要的验算,凭经验搭设;脚手架所用材料达不到相应的规范、标准;由于管理不善对搭设的架子随意扰动、抽取杆件等。

例如,某电视台大演播厅,在主体结构封顶时,由于支撑屋顶结构模板的满堂脚手架未进行必要的设计验算,加上部分杆件的材质达不到刚度的要求,导致混凝土浇筑过程中,36 m高的满堂脚手架整体失稳并发生大面积垮塌,将数名施工人员和参与建设的电视台工作人员埋至其中,造成重大伤亡事故,直接经济损失200余万元。

又如,某六层住宅楼外墙抹灰施工时,使用悬挑吊篮脚手架,由于吊篮与结构墙体没有进行拉结,导致操作工人从室内窗台上架子时,吊篮向外偏离,超出了人的跨越距离,致使工人从架子与墙体之间坠落摔成重伤。

与脚手架有关的安全事故很多,例如,挑头板太长且没有与小横杆绑牢,使施工人员踩空坠落的;脚手架平台板铺设不严,掉落料具砸伤下方人员的;脚手架未按规定间距设置杆件,导致架子失稳的;使用了劣质材料及在使用过程中变形和脱离等。

📖 思考与练习

1. 简要回答各类脚手架搭设的安全技术问题。
2. 脚手架投入使用时应注意哪些技术问题?
3. 脚手架拆除应注意哪些方面的问题?
4. 脚手架搭设高度有哪些规定?

📖 职业活动训练

活动一：脚手架的验收

1. 分组要求：全班分 6~8 个组，每组 5~7 人。
2. 资料要求：选择某一工程基础、主体、装饰装修阶段脚手架工程施工方案。
3. 学习要求：学生在老师的指导下阅读脚手架施工方案，熟悉各类脚手架检查项目、检查内容及检查方法，并进行模拟检查验收。
4. 结果：检查验收表。

第六章 建筑工程施工安全防护

◎ **知识目标**

1. 掌握主体结构工程、装饰装修工程各施工阶段的安全技术；
2. 熟悉临边及洞口作业的防护；
3. 熟悉高处作业、交叉作业的安全防护。

◎ **能力目标**

1. 能正确佩戴和使用安全帽、安全带，正确安装安全网，做好"四口""五临边"的防护；
2. 能根据《建筑施工安全检查标准》(JGJ 59—2011)的高处作业和"三宝""四口"防护安全检查评分表组织高处作业和"三宝""四口"防护的安全检查和评分。

第一节 基坑防护

基坑防护是基础施工期间地面以下作业和坑边的防护工作，编制安全技术措施(文案)时，应根据现场情况有针对性地考虑人员上、下基坑及坑边防护。基坑防护的要求是：

(1)深度超过 2 m 的基坑施工，其临边应设置防止人及物体滚落基坑的措施并设警示标志，必要时应配专人监护。

(2)基坑周边搭设的防护栏，其杆件的规格、栏杆的连接、搭设方式等必须符合《建筑施工高处作业安全技术规范》(JGJ 80—2016)的规定。

(3)应根据施工设计设置供基坑交叉作业和施工人员上、下的专用梯子和安全通道，不得攀登固壁支撑上、下。

(4)夜间施工时，施工现场应根据工程实际情况安设照明设施，在危险地段应设置红灯警示。

(5)基坑内作业、攀登作业及悬空作业均应有安全的立足和防护设施。

第二节 临边作业防护

在建筑工程施工中，施工人员大部分时间处在未完成建筑物的各层、各部位或构件的边缘或洞口处作业。临边与洞口处是施工过程中人员、物料极易发生坠落事故的场所，不得缺少安全防护设施。

1. 防护栏的设置场合

(1)尚未安装栏板的阳台、料台与各种平台周边、雨篷与挑檐边、无外脚手架的屋面和楼层边，以及水箱周边。

(2)分层施工的楼梯口和楼段边，必须设防护栏杆；顶层楼梯口应随工程结构的进度安装正式栏杆或临时栏杆；楼梯休息平台上尚未堵砌的洞口边也应设防护栏杆。

(3)井架与施工用的电梯、脚手架与建筑物通道的两边、各种垂直运输接料平台等，除两侧设置防护栏杆外，平台口还应设置安全门或活动防护栏杆；地面通道上部应装设安全防护棚。双笼井架通道中间，应分隔封闭。

(4)栏杆的横杆不应有悬臂，以免坠落时横杆头撞击伤人。

2. 防护栏杆设置要求

临边防护用的栏杆是由栏杆立柱和上、下两道横杆组成，上横杆称为扶手。栏杆的材料应按规范、标准的要求选择，选材时除需要满足力学条件外，其规格尺寸和连接方式还应符合构造上的要求，坚固而不动摇，能够承受突然冲击，防止人员在可能状态下的下跌和物料的坠落，有一定的耐久性。

搭设临边防护栏杆时，上杆离地高度为 1.0～1.2 m，下杆离地高度为 0.5～0.6 m；坡度大于 1：2.2 的屋面，防护栏杆应高于 1.5 m，并加挂安全立网。除经设计计算外，横杆长度大于 2 m 时，必须加设栏杆立柱。栏杆立柱的固定及其与横杆的连接，其整体构造应使护栏杆上杆的任何部位能经受任何方向的 1 000 N 外力。当栏杆所处位置有发生人群拥挤、车辆冲击或物件碰撞的可能时，应加大横杆截面或加密柱距。防护栏杆必须自上而下用安全立网封闭。

栏杆立柱的固定应符合下列要求：

(1)在基坑四周固定时，可采用钢管并打入地面 50～70 cm 深；钢管与边口的距离不应小于 50 cm，当基坑周边采用板桩时，钢管可打在板桩外侧，如图 6-1 所示。

图 6-1　栏杆立柱的固定要求

(2)在混凝土楼面、屋面或墙面固定时，可用预埋件与钢管或钢筋焊牢。采用竹、木栏杆时，可在预埋件上焊接 30 cm 长的∟50×5 角钢，其上、下各钻一孔，用 10 mm 螺栓与竹、木杆件拴牢。

(3)在砖或砌块等砌体上固定时，可预先砌入规格相应的 80 mm×6 mm 弯转扁钢作预埋铁的混凝土块，然后用上下方法固定。

第三节　洞口作业防护

在建工程施工现场往往存在着各式各样的洞口，在洞口旁的作业称为洞口作业。在水平的楼面、屋面、平台等上面，短边尺寸小于 25 cm、大于 2.5 cm 的称为孔，短边尺寸等于或大于 25 cm 的称为洞。在垂直于楼面、地面的垂直面上，高度小于 75 cm 的称为孔，高度等于或大于 75 cm、宽度大于 45 cm 的均称为洞。凡深度在 2 m 及 2 m 以上的桩孔、人孔、沟槽与管道等孔洞边沿上的高处作业都属于洞口作业范围。进行洞口作业以及在因工程和工序需要而产生的使人与物体有坠落危险和有人身安全危险的其他洞口进行高处作业时，必须设置防护设施。洞口的固定要求如图 6-2 所示。

图 6-2　洞口的固定要求

一、防护栏杆的设置场合

(1)各种板与墙的洞口，按其大小和性质分别设置牢固的盖板、防护栏杆、安全网或其他防坠落的防护设施。

(2)电梯井口，根据具体情况设防护栏或固定栅门与工具式栅门。电梯井内每隔两层或最多 10 m 设一道安全平网，也可以按当地习惯在井口设固定的格栅或采用砌筑坚实的矮墙等措施。

(3)钢管桩、钻孔桩等桩孔口，柱基、条基等上口，未填土的坑、槽口，以及天窗和化粪池等处，都要作为洞口采取符合相关规范的防护措施。

(4)施工现场与场地通道附近的各类洞口、深度在 2 m 以上的敞口等处，除设置防护设施与安全标志外，夜间还应设红灯示警。

(5)物料提升机上料口应装设有联锁装置的安全门，同时，采用断绳保护装置或安全停靠装置；通道口走道板应平行于建筑物满铺并固定牢靠，两侧边应设置符合要求的防护栏杆和挡脚板，并用密目式安全网封闭。

二、洞口安全防护措施要求

洞口作业时，要根据具体情况采取设置防护栏杆、加盖件、张挂安全网与装栅门等措施。

(1)楼板面的洞口，可用竹、木等作盖板。盖板需保证四周搁置均衡，并有固定其位置的措施，如图 6-3 所示。

图 6-3　楼梯口防护

(2)短边边为长 50～150 cm 的洞口，必须设置以扣件扣接钢管而成的网格，并在其上满铺竹笆或脚手架；也可采用贯穿于混凝土板内的钢筋构成防护网，钢筋网格间距不得大于 20 cm。

(3)边长在 150 cm 以上的洞口，四周设防护栏杆，洞口下张设安全平网。

(4)墙面等处的竖向洞口，凡落地的洞口应加装开关式、工具式或固定式的防护门，门栅网格的间距不应大于 15 cm，也可采用防护栏杆，下设挡脚板(笆)。

(5)下边沿至楼板或底面低于 80 cm 的窗台等竖向的洞口，如侧边落差大于 2 m，则应加设 1.2 m 高的临时护栏。

第四节　垂直防坠防护

随着城镇建设的发展，新建和改造项目增多，使建筑物的密集程度增加，建筑施工场地越来越小，有时与周边居民或行人共用通道，高处(空)作业对所建建(构)筑物下方的作业人员和过路人员的安全产生直接威胁，还应在下方有高压线路、房屋等情形存在。在编制施工组织设计时，应针对环境要求做相应的硬防护设施，防止上方施工坠物对下方人员和设施带来不安全的影响。硬防护设施，应根据下方的保护范围大小确定其宽度；应经过必要的计算，设计其骨架的组合和悬吊绳（杆）的拉力；设在底层的硬防护棚架，应做成双层，两层之间不小于 800 mm，并应满铺 50 mm 厚木板，用于遮挡作业人员和过路人员的场区通道，上方还应该增加防雨措施。对于高层建筑，还应在首层硬防护上方每隔四层增加一道水平防护，临近操作层的下一层必须有一道水平防护；需通过车辆的防护通道，高度必须在 4.5 m 以上，并设置限高警示标志和不可停留标志。

建筑物侧有道路时，也可搭设成门架式安全通道，即通道两侧为立杆支撑，通道上设两层顶盖，两层顶盖之间距离一般为 800 mm；与悬挂式硬防护的做法一样，靠建筑物一侧应设硬质隔离挡板，以免侧向掉物，造成对人员、车辆的安全损害。无论悬挂式硬防护还是门架式安全通道的上方边缘，均应设置高度不小于 1.2 m 的防护栏杆并满挂安全网，栏杆下部应有高度不低于 400 mm 的挡脚板。

第五节　高处作业安全技术

一、高处作业的概念

按照国家标准规定："凡在坠落高度基准面 2 m 以上（含 2 m）有可能坠落的高处进行的作业称为高处作业。"其含义有两个：一是相对概念，可能坠落的底面高度大于或等于 2 m，也就是不论在单层、多层或高层建筑物作业，即使是在平地，只要作业处的侧面有可能导致人员坠落的坑、井、洞或空间，其高度达到 2 m 及以上，都属于高处作业；二是高低差距标准定为 2 m，一般情况下，当人在 2 m 以上的高度坠落时，就很可能会造成重伤、残废甚至死亡，因此，高处作业须按规定进行安全防护。

二、高处作业安全防护措施

（1）进行高处作业时，必须使用脚手架、平台、梯子、防护围栏、挡脚板、安全带和安全网等。作业前，应认真检查所用的安全设施是否牢固、可靠。

（2）从事高处作业人员应接受高处作业安全知识的教育；特殊高处作业人员应持证上岗，上岗前应依据有关高度进行专门的安全技术交底。采用新工艺、新技术、新材料和新设备的，应按规定对作业人员进行相关安全技术教育。

（3）高处作业人员应经过体检，合格后方可上岗。施工单位应为作业人员提供合格的安全帽、安全带等必备的个人安全防护用具，作业人员应按规定正确佩戴和使用。

（4）施工单位应按类别有针对性地将各类安全警示标志悬挂于施工现场各相应部位，夜间应设红灯示警。

（5）高处作业所用工具、材料等严禁投掷，上、下立体交叉作业确有需要时，中间须设隔离设施。

（6）高处作业应设置可靠扶梯，作业人员应沿着扶梯上、下，不得沿着立杆与栏杆攀登。

（7）雨雪天应采取防滑措施，当风速在 10.8 m/s 以上和雷电、暴雨、大雾等气候条件下，不得进行露天高处作业。

（8）高处作业的上、下应设置联系信号或通信装置，并指定专人负责。

（9）高处作业前，工程项目部应组织有关部门对安全防护设施进行验收，经验收合格签字后方可作业。需要临时拆除或变动安全设施的，应经项目技术负责人审批签字，并组织有关部门验收，经验收合格签字后方可实施。

第六节　安全帽、安全带、安全网

建筑施工现场是高危险性的作业场所，所有进入施工现场人员必须戴安全帽，登高作业必须系安全带，安全防护必须按规定架设安全网。建筑工人称安全帽、安全带、安全网为救命"三宝"。目前，这三种防护用品都有产品标准，使用时也应选择符合建筑施工要求的产品。

一、安全帽

（1）进入施工现场者必须佩戴安全帽（图 6-4）。施工现场的安全帽应分色佩戴。

（2）要正确使用安全帽，不准使用缺衬及破损的安全帽。

（3）安全帽应符合国家标准《安全帽》（GB 2811—2007）。

图 6-4　安全帽

二、安全带

（1）建筑施工中的攀登作业、独立悬空作业，如搭设脚手架、吊装混凝土构件、钢构件及设备等都属于高空作业，操作人员都应系安全带。

（2）安全带应选用符合标准要求的合格产品。

（3）使用安全带时应注意以下几点：

1）安全带应高挂低用，挂在牢固可靠处，不准将绳打结使用，防止摆动和碰撞；安全带上的各种部件不得任意拆除。

2）安全带使用两年以后，使用单位应按购进批量的大小，选择一定比例的数量做一次抽检，用80 kg的砂袋做自由落体试验，若未破断可继续使用，但抽检的样带应更换新的挂绳后才能使用；若试验不合格，购进的这批安全带则应报废。

3）安全带外观有破损或发现有异味时，应立即更换。

4）安全带使用3～5年即应报废。

三、安全网

目前，建筑工地所使用的安全网，按其形式及作用可分为平网和立网两种。由于这两种网在使用中的受力情况不同，因此，它们的规格、尺寸和强度要求等也有所不同。平网，是指其安装平面平行于水平面，主要用来承接人和物的坠落；立网，是指其安装平面垂直于水平面，主要用来阻止人和物的坠落。

1. 安全网的构造和材料

安全网的材料，要求其密度小、强度高、耐久性好、延伸率大和耐久性较强，另外，还应有一定的耐气候性能，受潮湿后其强度下降不太大。目前，安全网以化学纤维为主要材料，一张安全网上所有的网绳都要采用同一材料，所有材料的湿、干强力比不得低于75%。通常，多采用维纶和尼龙等合成化纤作网绳。丙纶性能不稳定，禁止使用。另外，只要符合现行国家有关规定的要求，也可采用棉、麻、棕等植物材料做原料。不论用何种材料，每张安全平网的质量一般不宜超过15 kg，并要能承受800 N的冲击力。

2. 密目式安全网

《建筑施工安全检查标准》（JGJ 59—2011）实施后，P-3×6的大网眼的安全平网就只能在电梯井、外脚手架的跳板下方、脚手架与墙体间的空隙等处使用。

密目式安全网的目数为网上任意一处10 cm×10 cm的面积上大于2 000目。目前，生产密目式安全网的厂家很多，品种也很多，产品质量参差不齐，为了保证使用合格的密目式安全网，施工单位采购来以后，可以做现场试验，除外观、尺寸、质量、目数等检查以外，还要做以下两项试验。

（1）贯穿试验。将1.8 m×6 m的安全网与地面呈30°夹角放好，四边拉直固定。在网中心上方3 m的地方，用一根 $\phi18×3.5$ 的5 kg钢管自由落下。网不贯穿，即为合格；网贯穿，即为不合格。

（2）冲击试验。将密目式安全网水平放置，四边拉紧固定。在网中心上方1.5 m处，用一个100 kg的砂袋自由落下，网边撕裂的长度小于200 mm即为合格。

用密目式安全网对在建工程外围及外脚手架的外侧全封闭，使得施工现场用大网眼的平网作水平防护的敞开式防护，用栏杆或小网眼立网作防护的半封闭式防护，实现了全封闭式防护。

3. 安全网防护

(1)高处作业点下方必须设安全网。凡无外架防护的施工，必须在高度4～6 m处设一层水平投影外挑且宽度不小于6 m的固定的安全网，每隔四层楼再设一道固定的安全网，并同时设一道随墙体逐层上升的安全网。

(2)施工现场应积极使用密目式安全网，架子外侧、楼层临边井架等处用密目式安全网封闭栏杆，安全网放在栏杆里侧。

(3)单层悬挑架一般只搭设一层脚手板为作业层，须在紧贴脚手板下部挂一道平网做防护层；当脚手板下挂平网有困难时，可沿外挑斜立杆的密目网里侧斜挂一道平网，作为防止人员坠落的防护层。

(4)单层悬挑架包括防护栏杆及斜立杆部分，全部用密目网封严。多层悬挑架上搭设的脚手架，用密目网封严。

(5)架体外侧用密目网封严。

(6)安全网作防护层时，必须封挂严密、牢靠；水平防护时，必须采用平网，不准用立网代替平网。

(7)安全网应绷紧、扎牢、拼接严密，不得使用破损的安全网。

(8)安全网必须有产品生产许可证和质量合格证，不准使用无证和不合格产品。

思考与练习

1. 高处作业的定义是什么？高处作业如何分级？

2. 何谓临边作业和洞口作业？它们的主要防护措施有哪些？

3. 试述安全"三宝"的使用要求？

职业活动训练

活动：临边、洞口作业防护

1. 分组要求：全班分6～8个组，每组5～7人。

2. 训练场景：选择某一在建项目的某一楼层。

3. 学习要求：学生在教师和工程技术人员的指导下对楼层的临边和洞口防护进行检查、评分。

4. 成果：以小组为单位填写检查评分表。

第七章 施工现场临时用电安全技术

第一节 施工用电一般规定及方案设计

一、施工用电一般规定

考虑到用电事故的发生概率与用电的设计与设备的数量、种类、分布和负荷的大小有关,施工现场临时用电管理应符合以下要求:

(1)施工现场临时用电设备数量在5台以下,或设备总容量在50 kW以下时,应制定符合规范要求的安全用电和电气防火措施。

(2)施工用电设备数量在5台以上,或用电设备容量在50 kW及以上时,应编制用电施工组织设计,并经企业技术负责人审核。

(3)应建立施工用电安全技术档案,定期经项目负责人检验签字。

(4)应定期对施工现场电工和用电人员进行安全用电教育培训和技术交底。

(5)施工用电应定期检测。

二、施工用电方案设计

施工现场临时用电的组织设计,是保障安全用电的首要工作,主要内容包括用电设计的原则、配电设计、用电设施管理和批准，施工用电工程的施工、验收和检查等，安全技术档案的建立、管理和内容等视作用电设计的延伸。

(一)施工用电方案设计的基本原则

1. 采用三级配电系统

一级配电设施应起到总切断、总保护、平衡用电设备和计量的作用，应配置具备熔断并起切断作用的总隔离开关；在隔离开关的下面应配置漏电保护装置，经过漏电保护后支开用电回路，也可在回路开关上加装漏电保护功能；根据用电设备容量，配置相应的互感器、电流表、电压表、电度计量表、零线接线排和地线接线排等。二级配电设施应起到分配电总切断的作用，应配置总隔离开关、各用电设备前端的二级回路开关、零线接线排和地线接线排等。三级配电设施起着施工用电系统末端控制的作用，也就是单台用电设备的总控制，即一机一闸控制，应配置隔离开关、漏电保护开关盒接零、接地装置。

2. 采用 TN-S 接零保护系统

TN-S 系统是指电源系统有一直接接地点，负荷设备的外漏导电部分通过保护导体连接到此接地点的系统，即采取接零保护的系统。字母"T"和"N"分别表示配电网中性点直接接地和电气设备金属外壳接零。设备金属外壳与保护零线连接的方式称为保护接地。在这种系统中，当某一相线直接连接设备金属外壳时，即形成单相短路，短路电流促使线路上的短路保护装置迅速动作，在规定时间内断开故障设备电源，消除电击危险。TN-S 系统是有专用保护零线(PE 线)，即保护零线和工作零线(N)完全分开的系统。爆炸危险性较大和安全要求较高的场所应采用 TN-S 系统。用 TN-S 系统的电源进线应为三相五线制。

3. 采用二级漏电保护系统

总配电漏电保护可以起到线路漏电保护与设备故障保护的作用，三级漏电保护可以直接断开单台故障设备的电源。

(二)施工用电方案设计的内容

施工用电方案设计的内容包括以下几个方面：

(1)统计用电设备容量，进行负荷计算；

(2)确定电源进线、变电所或配电室、配电装置、用电设备位置及线路走向；

(3)选择变压器，设计配电系统；

(4)设计配电线路，选择导线或电缆；

(5)设计配电装置，选择电气元件；

(6)设计接地装置；

(7)绘制临时用电工程图纸，主要包括施工现场用电总平面图、配电装置布置图、配电系统接线图、接地装置设计图等；

(8)设计防雷装置；

(9)确定防护措施；

(10)制定安全用电措施和电气防火措施；

(11)制定施工现场安全用电管理责任制；

(12)制定临时用电工程的施工、验收和检查制度。

第二节　施工现场临时用电设施及防护技术

一、外电防护

在建工程不得在高、低压线路下方施工、搭设作业棚和生活设施、堆放构件和材料等，在架空线路一侧施工时，在建工程(含脚手架)的外缘应与架空线路边线之间保持安全操作距离，最小安全操作距离见表 5-6。

二、配电线路

(1)架空线路宜采用木杆或混凝土杆。混凝土杆不得露筋，不得有环向裂纹和扭曲；木杆不得腐朽，其梢径不得小于 130 mm。

(2)架空线路必须采用绝缘铜线或铝线，且必须经横担和绝缘子架设在专用电杆上。架空导线截面应满足计算负荷、线路末端电压偏移(不大于 5%)和机械强度要求。严禁将架空线路架设在树木或脚手架上。

(3)架空线路相序排列应符合下列规定：在同一横担架设时，面向负荷侧，从左起分别为 L1、N、L2、L3；与保护零线在同一横担架设时。面向负荷侧，从左起分别为 L1、N、L2、L3PE；动力线、照明线在两个横担架设时，面向负荷侧，上层横担从左起分别为 L1、N、L2、L3，下横从左起分别为 L1、(L2、L3)、N、PE；架设敷设挡距不应大于 35 m；线间距离不应小于 0.3 m；横担之间最小垂直距离：高压与低压直线杆为 1.2 m，分支或转角杆为 1.0 m；低压与低压直线杆为 0.6 m，分支或转角杆为 0.3 m。

(4)架空线敷设高度应满足下列要求：距施工现场地面不小于 4 m；距机动车道不小于 6 m；距铁路轨道不小于 7.5 m；距暂设工程和地面堆放物顶端不小于 2.5 m；距交叉电力线路 0.4 kV 线路不小于 1.2 m，10 kV 线路不小于 2.5 m。

(5)施工用电电缆线路应采用埋地或架设敷设，不得地面明设；埋地敷设深度不应小于 0.6 m，并应在电缆上下各均匀铺设不少于 50 mm 的细砂后再铺设砖等硬质保护层；电缆线路穿越建筑物、道路等易受损伤的场所时，应另加防护套管；架空敷设时，应另加防护套管；架空敷设时，应沿墙或电杆做绝缘固定，电缆最大弧垂处距地面不得小于 2.5 m；在建工程内电缆线路应采用电缆埋地穿管引入，沿工程竖井、垂直孔洞等逐层固定，电缆水平敷设高度不宜小于 1.8 m。

(6)照明线路的每一个单项回路上，灯具和插座数量不宜超过 25 个，并应装设熔断电流 15 A 及以下的熔断保护器。

三、施工现场临时用电接地与防雷

人身触电事故一般分为两种情况：一是人体直接及或过分靠近电气设备的带电部分（搭设防护遮栏、栅栏等属于防止直接触电的安全技术措施）；二是人体碰触平时不带电，但因绝缘损坏而带电的金属外壳或金属架构。针对这两种人身触电情况，必须从电气设备本身采取措施和从工作中采取妥善的保证人身安全的技术措施和组织措施。

1. 保护接地和保护接零

电气设备的保护接地和保护接零是防止人身接触绝缘损坏的电气设备所引起的触电事故而采取的技术措施。接地和接零保护方式是否合理关系到人身安全，同时，也影响到供电系统的正常运行。因此，正确地运用接地和接零保护是电气安全技术中的重要内容。

接地，通常是用接地体与土壤接触来实现的，是将金属导体或导体系统埋入土中构成的一个接地体。工程上，接地体除专门埋设外，有时还利用兼作接地体的已有各种金属构件、金属井管、钢筋混凝土建（构）筑物的基础、非燃物质用的金属管道和设备等，这种接地称为自然接地体。用作连接电气设备和接地体的导体，如电气设备上的接地螺栓，机械设备的金属构架，以及在正常情况下不载流的金属导线等称为接地线。接地体与接地线的总和称为接地装置。

接地类别如下：

(1)工作接地。在电气系统中，因运行需要的接地（如三相供电系统中电源中性点的接地）称为工作接地。在工作接地的情况下，大地作为一根导线，而且能够稳定设备导电部分对地电压。

(2)保护接地。在电力系统中，因漏电保护需要，将电气设备正常情况下不带电的金属外壳和机械设备的金属构件（架）接地，称为保护接地。

(3)重复接地。在中线点直接接地的电力系统中，为了保证接地的作用和效果，除在中线点处直接接地外，在中性线上的一处或多处再接地，称为重复接地。

(4)防雷接地。防雷装置（避雷针、避雷器、避雷线）的接地，称为防雷接地。防雷接地设置的主要作用是雷击防雷装置时，将雷击电流泄入大地。

2. 施工用电的基本保护系统

施工用电应采用中性点直接接地的 380/220 V 三相五线制低压电力系统，其保护方式应符合下列规定：施工现场由专用变压器供电时，应将变压器低压侧中性点直接接地，并采用 TN-S 接零保护系统。施工现场由专用发动机供电时，必须将发动机的中性点直接接地，并采用 TN-S 接零保护系统，且应独立设置。当施工现场直接由电力部门变压器等非专用变压器供电时，其基本接地、接零方式应与原有市电供电系统保持一致。在同一供电系统中，不得一部分设备做保护接零，另一部分设备做保护接地。

在供电端为三相五线供电的接零保护（TN）系统中，应将进户处的中性线（N 线）重复接地，并同时由接地点另引出保护零线(PE线)。形成局部 TN-S 接零保护系统。

3. 施工用电保护接零与重复接地

在接零保护系统中，电气设备的金属外壳必须与保护零线(PE线)连接。保护零线应符合下列规定：保护零线应自专用变压器、发电机中性点处，或配电室、总配电箱进线处的中性线(N线)上引出；保护零线的统一标志为绿－黄双色绝缘导线，任何情况下不得使用绿－黄双色线作负荷线；保护零线(PE线)必须与工作零线(N线)相隔离，严禁保护零线与工作零线混接、混用；保护零线上不得装设控制开关或熔断器；保护零线的截面不应小于对应工作零线截面；与电气设备相连接的保护零线应采用截面不小于 2.5 mm² 的多股绝缘铜线。保护零线的重复接地点不得少于三处，应分别设置在配电室或总配电箱处，以及配电线路的中间处和末端。

4. 施工用电接地电阻

接地电阻包括接地线电阻，接地体本身的电阻、接地线和接地体本身的电阻很小(因导线较短接地良好)，可忽略不计。因此，一般认为接地电阻就是散流电阻，它的数值等于对地电压与电流之比。接地电阻分为冲击接地电阻、直接接地电阻和工频接地电阻，在用电设备保护中一般采用工频接地电阻。

电力变压器或发电机的工作接地电阻值不应大于 4 Ω。在 TN 接零保护系统中，重复接地应与保护零线连接，每处重复接地电阻值不应大于电源 10 Ω。

5. 施工现场的防雷保护

多层与高层建筑施工应充分重视防雷保护。多层与高层建筑施工时，其四周的起重机、门式架、井字架等凸出建筑物很多，材料堆积也较多，万一遭受雷击，不但对施工人员造成生命危险，而且容易引起火灾，造成严重事故。

多层与高层建筑施工期间，应注意采取以下防雷措施：

(1)建筑物四周、起重机的最上端必须装设避雷针，并应将起重机钢架连接于接地装置上。接地装置应尽可能利用永久性接地系统。如果是水平移动的塔式起重机，其地下钢轨必须可靠地接到接地系统上。起重机上装设的避雷针，应能保护整个起重机及其电力设备。

(2)沿建筑物四角和四边竖起的木、竹架子上，做数根避雷针并接到接地系统上，针长最小应高出木、竹架子 3.5 m，避雷针之间的间距以 24 m 为宜。对于钢脚手架，应注意连接可靠并要可靠接地。如施工阶段的建筑物当中有凸出高点，应如上述加装避雷针。雨期施工时，应随脚手架的接高加高避雷针。

(3)建筑工地的井字架、门式架等垂直运输架上，应将一侧的中间立杆接高。高出顶墙 2 m，作为接闪器，并在该立杆下端设置接地线，同时，应将卷扬机的金属外壳可靠接地。

(4)应随时将每层楼的金属门窗(钢门窗、铝合金门窗)与现浇混凝土框架(剪力墙)的主筋可靠连接。

（5）施工时，应按照正式设计图纸的要求先做完接地设备，同时，应注意跨步电压的问题。

（6）在开始架设结构骨架时，应按图纸规定，随时将混凝土柱的主筋与接地装置连接，以防施工期间遭到雷击而破坏。

（7）随时将金属管道、电缆外皮在进入建筑物的进口处与接地设备连接，并应把电气设备的铁架及外壳连接在接地系统上。

（8）防雷装置的避雷针（接闪器）可采用 φ20 钢筋，长度应为 1～2 m。当利用金属构架做引下线时，应保证构架之间的电气连接。防雷装置的冲击接地电阻值不得大于 30 Ω。

四、配电箱及开关箱

（1）施工现场应设总配电箱（或配电室），总配电箱以下设分配电箱，分配电箱以下设开关箱，开关箱以下是用电设备。

（2）施工用电配电箱、开关箱中应装设电源隔离开关、短路保护器、过载保护器，其额定值和动作整定值应与其负荷相适应。总配电箱、开关箱中还应装设漏电保护器。

（3）施工用电动力配电与照明配电宜分箱设置，当设置在同一箱内时，动力配电与照明配电应分路设置。

（4）施工用电配电箱、开关箱应采用铁板（厚度为 1.2～2.0 mm）或阻燃绝缘材料制作，不得使用木质配电箱、木质开关箱及木质电器安装板。

（5）施工用电配电箱、开关箱应装设在干燥、通风、无外来物体撞击的地方，其周围应有足够两人同时工作的空间和通道。

（6）施工用电移动式配电箱、开关箱应装设在坚固的支架上，严禁在地面上拖拉。

（7）施工用电开关箱应实行"一机一闸"制，不得设置分路开关。开关箱中必须设漏电保护器，实行"一漏一箱"制（图 7-1、图 7-2）。

图 7-1 总配电房

图 7-2　配电箱

(8)施工用电漏电保护器的额定漏电动作参数选择应符合下列规定：开关箱(末级)内的漏电保护器，其额定漏电动作电流不应大于 30 mA，额定漏电动作时间不应大于 0.1 s；使用于潮湿场所时，其额定漏电动作电流不应大于 15 mA，额定漏电动作时间不应大于 0.1 s。总配电箱内的漏电保护器，其额定漏电动作电流应大于 30 mA，额定漏电动作时间应大于 0.1 s，但其额定漏电动作电流 I 与额定漏电动作时间 t 的乘积不应大于 30 mA·s，即 $I \cdot t \leqslant 30$ mA·s。

(9)加强对配电箱、开关箱的管理，防止误操作造成危害；所有配电箱、开关箱应在其箱门处标注编号、名称、用途和分路情况。

五、现场照明

(1)单项回路的照明开关箱内必须装设漏电保护器。

(2)照明灯具的金属外壳必须做保护接零。

(3)施工照明的室外灯具距地面不得低于 3 m，室内灯具距地面不得低于 2.4 m。

(4)一般场所，照明电压应为 220 V，隧道、人防工程、高温、有导电粉尘和狭窄场所，照明电压不应大于 36 V。

(5)潮湿和易触及照明线路的场所，照明电压不应大于 24 V。特别潮湿、导电良好的地面、钢炉或金属容器内，照明电压不应大于 12 V。

(6)手持灯具应使用 36 V 以下电源供电。灯体与手柄应坚固、绝缘良好并耐热和耐潮湿。

(7)施工照明使用 220 V 碘钨灯应固定安装，其高度不应低于 3 m，距易燃物不得小于 500 mm，并不得直接照射易燃物，不得将 220 V 碘钨灯用作移动照明。

(8)施工用电照明器具的形式和防护等级应与环境条件相适应。

(9)需要夜间或暗处施工的场所，必须配置应急照明电源。

(10)夜间可能影响行人、车辆、飞机等安全通行的施工部位或设施、设备，必须设置红色警戒照明。

六、电器装置

(1)闸具、熔断器参数应与设备容量匹配。手动开关电器只允许用于直接控制照明电路和容量不大于 5.5 kW 的动力电路，容量大于 5.5 kW 的动力电路应采用自动开关开关电器或降压启动装置。各种开关的额定值应与其控制用电设备的额定值相适应。

(2)更换熔断器的熔体时，严禁使用不符合原规定的熔体代替。

七、变配电装置

(1)变配电应靠近电源，并应设在无灰尘、无蒸汽、无腐蚀介质及无振动的地方。成列的配电屏(盘)和(控制屏)两端应与重复接地线及保护零线进行电气连接。

(2)配电室和控制室应能自然通风，并应采取防止雨雪和动物出入的措施。

(3)配电室应符合下列要求：

1)配电屏(盘)正面的操作通道宽度，单列布置不小于 1.5 m，双列布置不小于 2.0 m；

2)配电屏(盘)后的维护通道宽度不小于 0.8 m(个别地点有建筑物结构凸出的部分，则此点通道的宽度不小于 0.6 m)；

3)配电屏(盘)侧面的维护通道宽度不小于 1 m；

4)配电室的天棚距地面不低于 3 m；

5)在配电室内设置值班或检修室，该室距配电屏(盘)的水平距离大于 1 m，并采取屏蔽隔离；

6)配电室的门向外开，并配锁；

7)配电室内的裸母线与地面垂直距离小于 2.5 m 时，采用遮栏隔离，遮栏下面通行道的高度不小于 1.9 m；

8)配电室的围栏上端与垂直上方带电部分的净距不小于 0.75 m；

9)配电装置的上端节天棚不小于 0.5 m；

10)母线均应涂刷有色油漆，涂色应符合《施工现场临时用电安全技术规范》(JGJ 46—2005)中母线涂色表的规定。

(4)配电室的建筑物和构筑物的耐火等级应不低于 3 级，室内应配置砂箱和绝缘灭火器；配电屏(盘)应装设有功无度表、无功电度表，并应分路装设电流表和电压表，电流表与计费电度表不得共用一组电流互感器，配电屏(盘)应装设短路、过负荷保护装置和漏电保护器；配电屏(盘)上的各配电线路应编号，并标明用途标记；配电屏(盘)或配电线路维修时，应悬挂停电标志牌；停电、送电必须由专人负责。

(5)电压为 400/230 V 的自备发电机组及其控制室、配电室、修理室等，在保证电气安全距离和满足防火要求的情况下可合并设置。发电机组的排烟管道必须在室外。发电机组及其控制室、配电室内严禁存放储油桶。发电机组电源应与外电线路电源联锁，严禁并列运行。发电机组应采用三相四线制中性点直接接地系统，并必须独立设置，其接地电阻不得大于 4 Ω。

第三节　安全用电知识

(1)进入施工现场时，不要接触电线、供配电线路以及工地外围的供电线路；遇到地面有电线或电缆时，不要用脚踩踏，以免意外触电。

(2)看到"当心触电""禁止合闸""止步，高压危险"标志牌时，要特别留意，以免触电。

(3)不要擅自触摸、乱动各种配电箱、开关箱、电气设备等，以免发生触电事故。

(4)不能用潮湿的手去扳开关或触摸电气设备的金属外壳。

(5)衣物或其他杂物不能挂在电线上。

(6)施工现场的生活照明应尽量使用荧光灯。使用灯泡时，不能紧挨着衣物、蚊帐、纸张、木屑等易燃物品，以免发生火灾。施工中使用手持行灯时，要用 36 V 以下的安全电压。

(7)使用电动工具以前要检查工具外壳、导线绝缘皮等，如有破损应立即请专职电工检修。

(8)电动工具的线不够长时，要使用电源拖板。

(9)使用振捣器、打夯机时，不要拖拽电缆。要有专人收放。操作者要戴绝缘手套、穿绝缘靴等防护用品。

(10)使用电焊机时要先检查拖把线的绝缘情况。电焊时要戴绝缘手套、穿绝缘靴等防护用品，不要直接用手去碰触正在焊接的工件。

(11)使用电锯等电动机械时，要有防护装置。

(12)电动机械的电缆不能随地拖放，如果无法架空只能放在地面时，要加盖板保护，防止电缆受到外界的损伤。

(13)开关箱周围不能堆放杂物。拉合闸刀时，旁边要有人监护。收工后，要锁好开关箱。

(14)使用电器时，如遇跳闸或熔丝熔断时，不要自行更换或合闸，要由专职电工进行检修。

用电事故如图 7-3 所示。

施工人员违章使用电热器，离开后未断电，导致火灾事故发生，造成正在其他房间休息的人员死亡。

图7-3　用电事故

思考与练习

1. 临时用电的施工组织设计应包括哪些内容？

2. 什么是保护接地？什么是保护接零？

3. 施工用电的接地电阻是如何规定的？

4. 何谓"三级配电两级保护"？何谓"一漏一箱"？

5. 施工临时用电的配电箱和开关箱应符合哪些要求？

6. 施工照明用电的供电电压是如何规定的？

职业活动训练

活动一：临时用电方案

1. 分组要求：全班分6～8个组，每组5～7人。

2. 资料要求：选择某一工程临时用电方案。

3. 学习要求：学生在老师的指导下阅读临时用电方案，了解临时用电方案的内容。

4. 成果：编制拟建工程临时用电方案的编写提纲。

活动二：临时用电安全检查与评分

1. 分组要求：全班分 6~8 个组，每组 5~7 人。

2. 训练场景：选择某一施工现场。

3. 学习要求：学生在老师和安全员的指导下，按临时用电安全检查评分表的内容对现场的临时用电进行检查和评分。

4. 成果：填写临时用电安全检查与评分表。

第八章　施工机械安全技术

◉ 知识目标

1. 了解塔式起重机、物料提升机、施工电梯、龙门架、井架、外用电梯、常用施工机具的性能、专项施工方案编制的相关知识及安全管理知识；

2. 熟悉塔式起重机、物料提升机、施工电梯、龙门架、井架、安装外用电梯的安全装置；

3. 掌握塔式起重机、物料提升机、施工电梯、龙门架、井架、外用电梯安装、验收及拆除的安全技术要求；

4. 熟悉常用的起重吊装机械，掌握起重吊装安全管理知识；

5. 熟悉常用机械的安全使用及安全防护知识。

◉ 能力目标

1. 能阅读和参与编写、审查塔式起重机、物料提升机、施工电梯、龙门架、井架、外用电梯、常用施工机具、起重吊装安装与拆除专项施工方案，并提出自己的意见和建议；

2. 能根据《建筑施工安全检查标准》(JGJ 59—2011)中的塔式起重机、龙门架、井架、施工电梯、常用施工机具、起重吊装安全检查评分表，对塔式起重机组织安全检查和评分。

第一节　塔式起重机

多层和高层建筑施工过程中，利用塔式起重机完成物料提升越来越广泛。塔式起重机的行走方式有行走式和固定式之分，旋转方式有下旋式和上旋式两种。起重臂也有活动臂杆变幅和小车变幅的不同。目前，最常用的是固定式、上旋转、小车变幅 QTZ 型塔式起重机，该机稳定性好、作业幅度大、安全程度高。

塔式起重机机身高，稳定性能比较差，且其安装和拆除频繁、技术要求又较高，这就要求机械操作人员、安装和拆卸人员、机械管理人员必须全面地掌握塔式起重机的技术性能，从思想上引起高度重视，采取的措施、方法得当，正确掌握安装、拆除和操作的性能，保证塔式起重机的正常运行，确保安全生产。

一、塔式起重机(塔式起重机)的安全装置

1. 力矩限制器

分析许多倒塔事故,其主要原因都是由于超载造成的。形成超载的原因:一是重物的重力超过了规定;二是重物的水平距离超过了作业半径。安装力矩限制器后,当发生超重或作业半径过大而导致力矩超过塔式起重机的技术性能时,即自动切断起升或变幅动力源,并发出报警信号,防止发生事故。

目前,力矩限制器有三种,即电子型、机械型与复合式。多数采用机械电子连锁式结构。

2. 超载限制器

超载限制器,又称起升荷载限制器。按照规定:有的塔式起重机机型同时装有超载限制器,当荷载达到额定起重量的90%时,发出报警信号;当起重量超过额定起重量时,应切断上升的电源,机构可作下降运动。进行安全检查时,应同时进行试验确认。

3. 限位器

(1)超高限位器,也称上升限位置限制器,即当塔式起重机吊钩上升到极限位置时,自动切断起升机构的上升电源、机构可作下降运动。安全检查时,应做动作试验验证。

(2)变幅限位器,包括小车变幅和动臂变幅。安全检查时,应做动作试验验证。现场动作验证时,应由有经验的人员监护指挥,防止发生事故。

塔式起重机采用水平臂架竖起,吊重悬挂在起重小车上,靠小车在臂架上水平移动实现变幅。小车变幅限位器是利用安装在起重臂头部和根部的两个行程开关及缓冲装置对小车运行位置进行限定的。

塔式起重机变换作业半径(幅度),是依靠改变起重臂的仰角来实现的。通过装置触点的变化,将灯光信号传递到司机室的指示盘上,并指示仰角度数;当控制起重臂的仰角分别到了上、下限位时,则分别压下线位开关,切断电源,防止超过仰角造成塔式起重机倾覆。

4. 行走限位器

行走限位器是行走式塔机轨道两端(距轨道两端钢轨不小于1m处)所设的止挡缓冲装置,当安装在台车架上或底架上的行车开关碰到轨道两端的止挡块时,切断电源,防止塔机出轨造成事故。安全检查时,应进行塔式起重机行走动作试验,验证限位器的可靠性。

5. 吊钩保险装置

吊钩保险装置主要是防止塔式起重机工作是重物下降被阻碍,但吊钩仍继续下降而造成的索具脱钩事故。此装置是在吊钩开口处装设一弹簧压盖,压盖不能上开启只能向下压开,防止索具在开口处脱出。

6. 卷筒保险装置

卷筒保险装置主要防止传动机构发生故障时,造成钢丝绳不能在卷筒上顺排,以致越

过卷筒端部凸缘，发生咬绳等事故。

7. 夹轨钳

轨道式起重机露天使用时，应安装防风夹轨钳。

8. 回转限制器和风速仪

(1)回转限制器是安装在起重机上限制回转角度的装置。

(2)风速仪是安装在起重机上自动记录风速的装置，当风速超过六级以上时自动报警。

二、塔式起重机安装与拆除

特种设备(塔式起重机、井架、龙门架、施工电梯等)的安装与拆除必须编制具有针对性的施工方案，内容包括工程概况、施工现场情况、安装前的准备工作及注意事项、安装与拆卸的具体顺序和方法、安装和指挥人员组织情况、安全技术要求及安全措施等。

装拆塔式起重机的企业，必须具备装拆作业的资质，作业人员必须经过专门培训并取得上岗证。

安装调试完毕，必须进行自检、试车及验收，按照检验项目和要求注明检验结果。检验项目包括特种设备主体结构组合、安全装置的检测、起重钢丝绳与卷筒、吊物平台篮或吊钩、制动器、减速器、电气线路、配重块、空载试验、额定载荷试验、110%的荷载试验、经调试后各部位运转情况和检验结果等。塔式起重机验收合格后，才能交付使用。

使用前，必须制定特种设备管理制度，包括设备经理的岗位职责、起重机管理员的岗位职责、起重机安全管理制度、起重机驾驶员岗位职责、起重机械安全操作规程、起重机械的事故应急措施及救援预案、起重机械安装与拆除安全操作规程等。

1. 塔式起重机的基础

固定式塔式起重机的基础是保证塔机安全的必要条件，它承载塔机的自重荷载、运行荷载及风荷载。基础设计及施工时要考虑两点：一是基础所在地基的承载力能否达到设计要求，是否需要进行地基处理；二是基础的自重、配筋、混凝土强度等级等是否满足相应型号塔机的技术指标。

塔式起重机的基础有钢筋混凝土基础和锚桩基础两种。前者主要用于地基为砂石、黏性土和人工填土的地基条件；后者主要用于岩石地基条件。基础的形式和大小应根据施工现场土质差异而定。基础分为整体式和分块式(锚桩)两种，仅在坚岩石地基条件下才允许使用分块地基，土质地基必须采用整体式基础。基础的表面平整度应小于1/750。混凝土基础整体浇筑前，要先把塔式起重机的底盘安装在基础表面，即基础钢筋网片绑扎完成后，在网片上找好基础中心线，按基础节的要求位置摆放底盘并预埋 M36 地脚螺栓，螺栓强度等级为8.8级，其预紧力矩必须达到 1.8 kN·m。预埋螺栓固定后，丝头部分用软塑料包扎，以免浇混凝土时被污染。浇筑混凝土时，随时检查地脚螺栓位置情况(由于地脚螺栓为特殊材料，禁止用焊接方法固定)，螺栓底部圆环内穿 $\phi22$ 长 1 000 mm 的圆钢加强。底盘上表面水平度误差不大于 1 mm，同时，设置可靠的接地装置，接地电阻不大于 4 Ω。

2. 塔式起重机安装前的准备工作

(1)成立由指挥人、起重工、安装工、电工、司机等人员组成的作业小组,小组成员必须经过专业培训,取得上岗操作证。组织指挥安装人员熟悉被安装塔式起重机的资料,了解塔机的安装顺序和特殊要求,并进行技术交底。

(2)了解现场布局,清理周围障碍物,确定和画出作业区,并与外界有明显的安装隔离,保证安装期间正常作业。

(3)根据现场条件选择一台相应的辅助起重机械,并与起重机械司机进行交底,说明安装方法和顺序。

(4)供电状况应良好,保证足够的供电容量。

3. 塔式起重机安装注意事项

(1)了解塔式起重机的供电形式是三相五线还是三相四线,遥测接地电阻是否符合要求。

(2)塔机回转半径以外 6~10 m 内不得有高低压线路(低压 6 m,高压 10 m)。

(3)安装时,部件接通电源前或安装完毕整机各部位接通电源前,应遥测各部位对地的绝缘电阻。电动机绝缘电阻不应低于 0.5 MΩ,导线之间、导线与地之间的绝缘电阻不小于 1 MΩ。

(4)起吊部件时,主要吊点的选择:根据吊装部件的长短,选用长度适当、质量可靠的吊具,根据起重臂长度,正确确定配重数量。安装起重臂前,根据不同型号塔机的要求,先在平衡臂上安装一块或两块(型号不同、数量不同)平衡配重块,但严禁超过此数量。

(5)标准节的安装不得任意交换方位。

(6)刮风、下雨、风速超过 13 m/s 时,严禁加节;加(减)标准节时必须进行上部配重平衡。

(7)顶升过程中,严禁旋转起重臂、开动小车或吊钩上下运动。

(8)塔式起重机顶升套架的升降应平稳、安全可靠,导轮与导轨的径向间隙为 2~5 mm。

(9)标准节连接须采用高强度螺栓和螺母,其强度等级为 10.9 级,且采用厚度相同的双螺母紧固或防松。扭紧螺栓时,应在螺栓的螺纹及螺母端面涂润滑油,并用专门扳手对称、均匀、多次拧紧,最后一遍拧紧时,各个螺栓上的预紧扭矩应大致均匀,螺栓上达到的预紧扭矩为 2 000 N·m。

(10)标准节梯子的第一个休息平台应设在不超过 10 m 的高度处,以后每隔 6~8 m 设置一个。

工件或吊物绑扎注意事项如图 8-1 所示。

4. 塔式起重机的安装

(1)顶升套架总成及爬升平台安装。塔式起重机出厂时,顶升套架已组成一个群体,其中,含套架、两个标准节、底座节、前后顶升滚轮、顶升油缸、横梁等部件。安装时,首

图 8-1 工作或吊物绑扎

先将套架总成吊至底盘上(应注意标准节的引进方向),用 16 套 M30×130 螺栓把套架内底座节与底盘连接好;然后装上爬升平台;最后,将液压站吊至爬升平台的油缸侧。

(2)回转支座总成安装。回转机构、下支座和上支座等出厂时已组成一个总成。安装时,将回转过渡节总成吊至顶升套架的特殊节上,用 8 套 M33×315 高强度螺栓连接好。

(3)塔帽总成安装。将塔帽总成吊至回转上支座上,用 4 个 φ55×150 销轴把塔帽与回转上支座相连接,穿上开口销。吊装前,应将平衡臂的两根拉杆装在塔帽上。

(4)安装平衡臂。将起升机构装在平衡臂上,把平衡臂的拉杆固定在平衡臂上。

(5)吊索挂在平衡臂吊耳处,试吊平稳后,将平衡臂吊至回转上支座平衡臂侧斜槽孔处挂好,卡好止动器,插好销轴,紧固好螺母;将平衡臂拉杆与塔帽连接好,穿上弹簧销。

(6)根据起重机型号装上平衡配重块。组装起重臂,安装小车,安装起重臂拉杆。

(7)起重臂吊索拴平衡后,将起重臂吊至回转上支座起重臂侧斜槽孔处挂好,卡好止动器,插好销轴,紧固好螺母。

(8)穿好钢丝绳,从尾端开始放剩余的平衡配重块。

(9)电器接线安装。起重机组装完毕,试运转正常后,顶升标准节。

(10)完成塔机所有附件的安装;调整各保护装置,达到正确、灵敏、可靠。

(11)附着装置安装要求:塔式起重机的安装方案应根据不同厂家的起重机附着装置设置原则进行编制。一般情况下,附着装置的设计,适用于整体现浇混凝土框架-剪力墙结构的建筑物,若建筑物为砖混结构则应特殊设计。附着装置由 4 根水平布置的撑杆和 1 副套在标准节上的主弦杆的附着架组成。4 根撑杆应布置在同一水平面内,撑杆与建筑物的连接方式可根据实际情况确定,连接处的预埋铁件必须经过计算确定其钢板厚度、锚固钢筋直径、锚固长度和安装部位。安装附着装置的套数按不同厂家要求由起升高度确定。每道附着装置安装后，塔身悬高按不同厂家的要求允许值确定。在实际施工中，根据工期要求，可降低第一道安装高度，也可在厂家要求的两道中间再增加一道，作临时替代使用。例如，某建筑物按厂家要求应该在第8层安装一道附着装置，但起到第6层或第7层时，由于钢筋或脚手架升高等原因，使得塔式起重机的旋转和变幅的正常运转受到影响，此时就应临时加附着装置；待施工超过第8层时，按规定安装一道附着装置，然后将临时安装的附着装置移至下一个安装部位。

5. 塔式起重机使用安全管理

(1)塔式起重机司机属特种作业人员，必须经过专门培训，取得操作证。司机学习的塔形应与实际操纵的塔形一致。严禁未取得操作证的人员操作起重机。

(2)指挥人员必须经过专门培训，取得指挥证。严禁无证人员指挥。

(3)高塔作业应结合现场实际改用旗语或对讲机进行指挥。

(4)起重机电缆不允许拖地行走，应装设具有张紧装置的电缆卷筒，并设置灵敏、可靠的卷线器。

(5)旋转臂架式起重机的任何部位及被吊物边缘与10 kV以下架空线路边线的最小水平距离不得小于2 m；塔式起重机活动范围应避开高压供电线路，相距应不小于6 m。当起重机与架空线路之间小于安全距离时，必须采取防护措施，并悬挂醒目的警告标志牌。夜间施工时，应装设36 V彩色灯泡(或红色灯泡)警示；当起重机作业半径在架空线路上方经过时，线路的上方也应有防护措施。

(6)起重机轨道应进行接地、接零保护。起重机的重复接地应在轨道的两端各设一组，对较长的轨道，每隔30 m再加一组接地装置。同时，两条轨道之间须用钢筋或扁铁等做环形电气连接，轨道的接头处须用导线跨接形成电气连接。起重机的保护接零和接地线必须分开。

(7)两台或两台以上起重机靠近作业时，应保证两机之间的最小防碰安全距离：

1)移动塔式起重机任何部位(包括起吊的重物)之间的距离不得小于5 m。

2)两台水平臂架起重机臂架之间的高差应不小于6 m。

3)任何情况下，处于高位的起重机(吊钩升至最高点)与处于低位的起重机之间，其垂直方向的间距不得小于2 m。

(8)因施工场地作业条件的限制，不能满足起重机作业安全管理的要求时，应同时采取以下两种措施：

1)组织措施对塔式起重机作业及行走路线进行规定，由专设的监护人员进行监督执行。

2)技术措施采取设置限位装置、缩短臂杆、升高(下降)塔身等措施，防止误操作塔式起重机而造成的超越规定的范围，发生碰撞事故，如图8-2所示。

(9)起重机的塔身不得悬挂标语牌。

(10)塔式起重机司机必须严格执行操作规程，上班前例行保养、检查，一旦发现安全装置不灵敏或失效的情况，必须进行整改，符合安全使用要求后方可作业。

图 8-2　某塔式起重机折断

6. 塔式起重机的拆除

(1)拆除起重机时需要一台辅助吊车，拆除作业由专业人员进行。

(2)拆塔作业应严格遵守安全规则，按照拆除顺序进行，防止事故发生。

(3)拆卸起重机的某些构件(起重臂、平衡臂)时，应特别注意避免塔机的剩余部分失去平衡，造成倾倒事故。

(4)应将起重臂转至套架开口一侧，并保证周围无影响拆塔操作的障碍；拆塔时，风力不能大于 13 m/s。

(5)塔身降落应遵守升塔时的操作规程，与升塔不同的是顶升油缸和收缩油缸、拆卸标准节螺栓等。

(6)将平衡配重部分拆卸，要暂时保留两块(指 QTZ5013)平衡配重。

(7)拆除钢丝绳时，首先将吊钩降至地面，取下起重臂尖的起升钢丝绳绳夹，将起升钢丝绳绕在卷筒上；然后，将起重小车开至原安装平衡起重臂的位置加以固定，松开变幅钢丝绳与小车的连接，并将变幅钢丝绳缠绕在变幅卷筒上；最后，拆除变幅机构电缆和其他电缆。拆绳时，应对钢丝绳全长进行认真检查。

(8)拆除起重臂时，根据安装起重臂时的吊装点，用辅助吊车将起重臂吊起并上翘，随之拆卸起重臂拉杆。拉杆拆除后，将起重臂下放至水平位置，拆除起重臂与回转上支座的连接销轴和卡板，然后吊至地面。

(9)拆卸平衡臂时，先拆除余下的两块平衡配重，拆除电气柜与驾驶室连接的电缆，绕好钢丝绳，将平衡臂吊起(吊装点与安装时相同)上翘，拆除平衡拉杆，然后将平衡臂放水平，拆除平衡臂与回转上支座的连接销轴和卡板，将平衡臂吊至地面。

(10)依次拆除驾驶室、塔帽、回转支座总成、顶升套架总成、液压管路、顶升平台及栏杆，拆除底座节与底盘连接螺栓后将套架吊离底盘，拆除地脚螺栓后将底盘吊离基础。

第二节　物料提升机

物料提升机包括井式提升架(简称"井架")、龙门式提升架(简称"龙门架")、塔式提升架(简称"塔架")和独杆升降台等。它们的共同特点为：

(1)提升卷扬机设于架体外。

(2)安全设备一般只有防冒顶、防坐冲和停层保险装置，只允许用于物料提升，不得载运人员。

(3)用于10层以下时，多采用缆风绳固定；用于超过10层的高层建筑施工时，必须采取附墙方式固定，成为无缆风绳高层物料提升架，并可在顶部设液压顶升构造，实现井架或塔架标准节的自升提高。

塔架是一种采用类似塔式起重机的塔身和附墙构造、两侧悬挂吊笼或混凝土斗、可自升的物料提升架。另外，还有一种用于烟囱等高耸构筑物施工的、随作业平台升高的井架式物料提升机，同时供人员上、下使用，在安全设施方面需相应加强，例如，增加限速装置和短绳保护等，以确保人员的安全。

一、龙门架、井架安全管理

(1)使用由专业单位生产的龙门架、井架时，产品必须通过有关部门组织鉴定，产品的合格证、使用说明书、产品名牌等必须齐全。产品名牌必须注明产品型号、规格、额定起重量、最大提升高度、出厂编号、制造单位等，产品名牌必须悬挂于架体醒目处。专业单位生产的无产品合格证、使用说明书、产品名牌的龙门架、井架，不得向施工现场销售。

(2)自制、改制的龙门架、井架，必须符合《龙门架及井架物料提升机安全技术规范》(JGJ 88—2010)的规定：有设计计算书、制作图纸，并经企业技术负责人审核批准，同时必须编制使用说明书。

(3)施工现场的龙门架、井架使用说明书必须依照《龙门架及井架物料提升机安全技术规范》(JGJ 88—2010)，明确龙门架、井架的安装和拆卸工作程序及井架基础、附墙架、缆风绳的设计、设置等具体要求。

(4)安装、拆卸龙门架、井架前，安装、拆卸单位必须依照产品使用说明书编制专项安装或拆卸施工方案，明确相应的安全技术措施，以指导施工。专项安装或拆卸施工技术方案必须经企业技术负责人审核批准。

(5)龙门架、井架采用租赁形式或由专业施工单位进行安装、拆卸时，其专项安装或拆卸施工方案及相应计算资料须经发包单位技术复审。

(6)使用单位应根据井架的类型，建立相关的管理制度、操作规程、检查维修制度，并将井架管理纳入企业的设备管理，不得对卷扬机和架体分开管理。

龙门架如图 8-3 所示。

图 8-3　龙门架

二、龙门架、井架安装与拆除管理

(1)安装或拆卸龙门架、井架前，专项安装或拆卸施工方案的编制人员必须参加对装拆人员的安全技术交底，并履行签字手续；装拆人员必须持证上岗(持"提升井架搭拆"操作证)。

(2)必须严格按照专项安装或拆卸施工技术方案进行龙门架、井架的安装或拆卸。在安装、拆卸时，必须严格执行下列技术措施：

1)安装架体时，应将基础地梁(或基础杆件)与基础(或预埋件)连接牢固；每安装两个标准节(一般不大于 8 m)，应采取临时支撑或临时缆风绳固定。

2)拆除缆风绳或附墙架前，应先设置临时缆风绳或支撑，确保架体的自由高度不大于两个标准节。

3)龙门架、井架高度在 20 m(含 20 m)以下时，缆风绳不少于 1 组(4~8 根)；高度在 20~30 m 时，缆风绳不少于 2 组(高架井架必须按要求设置附墙架，间距不大于 9 m)。

4)缆风绳应在架体四角有横向缀件的同一水平面上对称设置，缆风绳与地面的夹角不应大于 60°，其下端应与地锚可靠连接。

5)缆风绳应选用直径不小于 9.3 mm 的圆股钢丝绳。

(3)安装或拆卸龙门架、井架的过程中，必须指定监护人员进行监护，发现违反工作程序、专项施工方案要求的应立即指出、予以整改，并做好监护记录、留档存查。

(4)采用租赁形式或由专项施工单位进行龙门架、井架的安装、拆卸时，总包单位对其安装、拆卸过程负有督促落实各项安全技术措施的义务。

三、龙门架、井架安装验收管理

(1)井架的安装验收采取分段验收的方式，必须符合《龙门架及井架物料提升机安全技术规范》(JGJ 88—2010)和专项安装施工方案的要求。

(2)基础验收的内容包括：

1)高架井架的基础应符合设计和产品使用的规定；

2)低架井架基础必须达到下列要求：土层压实后的承载力不小于 80 kPa。混凝土强度等级不小于 C20，厚度不小于 300 mm。浇筑后基础表面应平整，水平度偏差不大于 10 mm，基础地梁(或基础杆件)与基础(及预埋件)安装连接牢固。

(3)龙门架、井架的安装验收范围。龙门架、井架专项安装验收范围包括结构连接、垂直度、附着装置及缆风绳、机构、安全装置、吊篮、层楼通道、防护门、电气控制系统等。井架安装后需要升节时，每次升节后必须重新支座验收。

（4）龙门架、井架专项安装施工方案的编制人员必须参与各阶段的验收，确认符合要求并签署意见后，方可进入后续的安装、使用。

（5）检查验收中发现龙门架、井架不符合设计和规范规定的，必须落实整改。检查验收的结果及整改情况应按时记录，并由参加验收人员签名后留档保存。

（6）龙门架、井架的基础及预埋件的验收，应按隐蔽工程验收程序进行，基础的混凝土应有强度试验报告，并将这些资料存入安保体系管理资料中；井架的其他验收，应严格以《龙门架及井架物料提升机安全技术规范》（JGJ 88—2010）为指导，按照"施工现场安全生产保证体系"对龙门架与龙门架搭设的验收内容进行验收及扩项验收。

（7）采用租赁形式或由专业施工单位进行龙门架、井架的安装时，安装单位除必须履行上述分段安装验收手续外，使用前必须办理验收和移交手续，由安装单位和使用单位双方签字认可。

（8）龙门架、井架验收合格后，应在架体醒目处悬挂验收合格牌、限载牌和安全操作规程。

四、龙门架、井架安拆安全技术

（1）安装与拆除作业前，应熟悉龙门架的结构设计情况，根据现场工作条件和设备安装高度编制作业方案。对作业人员进行分工与交底，确定指挥人员，划定安全警戒区域并设监护人员，排除作业障碍等。

（2）安装作业前检查的内容包括：

1）金属结构的成套性和完好性是否与设计相符合；

2）提升机构是否完整、良好；

3）电气设备是否齐全、可靠；

4）基础位置和做法是否符合设计要求；

5）地锚的位置、附墙架连接埋件的位置是否正确，埋设是否牢靠；

6）提升机的架体和缆风绳的位置是否靠近或跨越架空输电线路；必须靠近时，应保证最小安全距离，并应采取安全防护措施。

（3）安装精度应符合以下规定：

1）新制作的提升机，其架体安装的垂直偏差最大不应超过架体高度的1.5‰；多次使用过的提升机，在重新安装时，其偏差不应超过3‰，并不得超过200 mm；

2）井架截面内，两对角线长度公差不得超过最大边长名义尺寸的3‰；

3）导轨接点截面错位不大于1.5 mm；

4）吊篮导靴的安装间隙应控制为5～10 mm。

（4）拆除作业前检查的内容包括：

1)查看提升机与建筑物及脚手架的连接情况；

2)查看提升机架体有无其他牵拉物；

3)临时附墙架、缆风绳及地锚的设置情况；

4)地梁和基础的连接情况。

(5)架体的安装与拆除技术。

1)安装架体时，应先将地梁与基础连接牢固。每安装2个标准节（一般不大于8 m），应采取临时支撑或临时缆风绳固定，并进行初校正，在确认稳定时，方可继续作业。

2)安装龙门架时，两边立柱应交替进行，每安装2节，除将单肢柱进行临时固定外，尚应将两立柱横向连接成一体。

3)利用建筑物内井道做架体时，各楼层进料口处的停靠门必须与司机操作处装设的层站标志灯进行联锁。阴暗处应安装照明设施。

4)架体各节点的螺栓必须紧固，螺栓应符合孔径要求，严禁扩孔和开孔，更不得漏装或以钢丝代替。

5)在拆除缆风绳或附墙架前，应先设置临时缆风绳或支撑，确保架体的自由高度不大于2个标准节（一般不大于8 m）。

6)拆除龙门架的天梁前应先分别对两立柱采取稳固措施，保证单柱的稳定。

7)拆除作业中，严禁从高处向下抛掷物件。

8)拆除作业宜在白天进行。夜间作业应有良好的照明。因故中断作业时，应采取临时稳固措施。

(6)卷扬机安装。

1)卷扬机应安装在平整、坚实的位置上，宜远离危险作业区，视线应良好。因施工条件限制，卷扬机安装位置距施工作业区较近时，其操作棚的顶部应按《龙门架及井架物料提升机安全技术规范》(JGJ 88—2010)中防护棚的要求架设。

2)固定卷扬机的锚杆应牢固、可靠，不得以树木、电杆代替锚桩。

3)当钢丝绳在卷筒中间位置时，架体底部的导向滑轮应与卷筒轴心垂直，否则应设置辅助导向滑轮，并用地锚、钢丝绳拴牢。

4)钢丝绳提升运动中应架起，使之不拖于地面和被水浸泡。钢丝绳必须穿越主要干道时，应挖沟槽并加保护措施，严禁在钢丝绳穿行的区域内堆放物料。

(7)安全检查提升机安装后，应由主管部门组织，按照《龙门架及井架物料提升机安全技术规范》(JGJ 88—2010)和设计规定进行检查验收，确认合格并发给使用证后，方可交付使用。

使用前的检查内容包括：

1)金属结构有无开焊和明显变形；

2)架体各节点连接螺栓是否紧固；

3)附墙架、缆风绳、地锚位置和安装情况；

4)架体的安装精度是否符合要求;

5)安全防护装置是否符合要求;

6)卷扬机的位置是否合理;

7)电气设备及操作系统的可靠性;

8)信号及通信装置的使用效果是否良好、清晰;

9)钢丝绳、滑轮组的固接情况;

10)提升机与输电线路的安全距离及防护情况。

提升机安装后的定期检查应每月进行一次,由相关部门的人员参加,其检查内容包括:

1)金属结构有无开焊、腐蚀、永久变形;

2)扣件、螺栓连接的紧固情况;

3)提升机构磨损情况及钢丝绳的完好性;

4)安全防护装置有无缺少、失灵和损坏;

5)缆风绳、地锚、附墙架等有无松动;

6)电气设备的接地或接零情况;

7)断绳保护装置的灵敏度试验;

提升机的日常检查由作业司机在班前进行,在确认提升机正常时,方可投入作业。其检查内容包括:

1)地锚与缆风绳的连接有无松动;

2)空载提升吊篮做一次上、下运行,验证是否正常,并同时碰撞限位器和观察安全门是否灵敏、完好;

3)在额定荷载下,将吊篮提升至离地面 1～2 m 高度停机,检查制动器的可靠性和架体的稳定性;

4)安全停靠装置和断绳保护装置的可靠性;

5)作业司机的视线或通信装置的使用效果是否清晰、良好。

第三节　施工电梯

施工电梯是指在建筑施工中做垂直运输使用,运载物料和人员的人货两用电梯。施工电梯经常附着在建筑物的外侧,所以也称外用电梯。

一、安全装置

1. 制动器

施工电梯在施工中经常载人上、下,其运行的可靠性直接关系着施工人员的生命安全。制动器是保证电梯运行安全的主要安全装置,由于电梯启动、停止频繁及作业条件的变化,制动器容易失灵，梯笼下滑易导致事故，所以应加强维护，经常保持自动调节间隙机构的清洁，发现问题及时修理。安全检查时，应做动作试验验证。

2. 限速器

坠落限速器是电梯的保险装置，每次电梯安装后进行检验时，应同时进行坠落试验，试验时，将梯笼升离地面4m处，放松制动器，操纵坠落按钮，使梯笼自由降落，其制动距离为1~1.5 m，确认制动效果良好；然后，再上升梯笼20 cm，放松摩擦锥体离心块(以上试验分别按空载及额定荷载进行)。

按要求，限速器每两年标定一次(由指定单位进行标定)；安全检查时，应检查标定日期和结果。

3. 门联锁装置

门联锁装置是确保梯笼关闭严密时梯笼方可运行的安全装置。当梯笼门每按规定关闭严密时，梯笼不能投入运行，以确保梯笼内人员的安全。安全检查时，应做动作试验验证。

4. 上、下限位装置

梯笼运行时，必须确认上极限限位位置和下极限限位位置的正确及装置灵敏、可靠。安装检查时，应做动作试验验证。

施工外用电梯如图8-4所示。

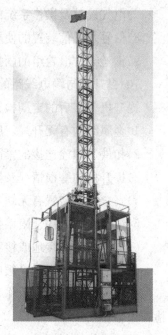

图8-4　施工外用电梯

二、安全保护

(1)电梯底笼周围2.5 m范围内必须设置牢固的防护栏杆，进出口处的上部须搭设足够尺寸的防护栏(按坠落半径要求)。

(2)防护棚必须具有防护物体打击的能力，可用5 cm厚木板或相当于5 cm木板强度的其他材料搭设。

(3)电梯与各层站过桥和运输通道，除应在两侧设置两道护身栏及挡脚板并用立网封闭外，进出口处还应设置常闭型的防护门。防护门在梯笼运行时处于关闭状态，当梯笼运行到某一层站时，该层站的防护门方可开启。

(4)防护门构造应安全、可靠，平时全部处于关闭状态，不能使门全部打开。

(5)各层站的运行通道或平台，必须采用5 cm厚的木板平整、牢固搭设，不准采用竹板及厚度不一的板材，板与板应进行固定，沿梯笼运行一侧不允许有局部板伸出的现象。

三、司机

(1)外用电梯司机属特种作业人员，应经正式培训考核并取得合格证书。

(2)电梯每班首次作业前，应检查试验各限位装置、梯笼门等处的联锁装置是否良好，各层站台的门是否关闭，并进行空车升降试验和测定制动器的效能。

电梯在每班首次载重运行时，必须从最低层上升，严禁自上而下运行。当梯笼升离地面 1 m 处时，要停车试验制动器的可靠性。

（3）多班作业的电梯司机应按照规定进行交接班，并认真填写交接班记录。

四、荷载

（1）外用电梯一般均未装设超载限制装置，所以，施工现场要有明显的标志牌，对载人或载物作出明确限载规定，要求施工人员与司机共同遵守，并要求司机每次启动前先检查确认符合规定时，方可运行。

（2）"未加对重不准载入"主要是针对原设计有对重的电梯而规定的。安装或拆除电梯过程中，往往出现对重已被拆除而梯笼仍在运行的情况，此时，梯笼的制动力矩大大增加，如果仍按正常情况载人、载物，则很容易导致事故。虽然一些电梯说明书中规定了要减载 50%，运行中只能载 1~2 名作业人员及拆除的配件，但是，无对重电梯的负荷相应加大，时间长易过热。为防止制动器失灵，梯笼应采用点动下滑，每下滑一个标准节停车一次。电梯原设计中无对重的，不受此限制。

五、安装与拆除

（1）安装或拆卸之前，由主管部门根据说明书要求及施工现场的实际情况制定详细的作业方案，并在班组作业之前向全体工作人员进行交底和指定监护人员。

（2）按照原建设部规定，安装和拆卸的作业人员，应由专业队伍中取得市级有关部门核发的资质证书的人员担任，并设专人指挥。

安装与拆除作业必须由有相关资质的专业安装队伍及有特种设备安拆岗位操作证的专业人员进行，应根据现场工作条件及设备情况编制安拆施工方案；要对作业人员进行分工和技术交底，确定指挥人员，划定安全警戒区域并设监护人员。

（3）安装准备工作。

1）选定合理的安装位置，保证电梯能最大限度地发挥其运送能力并满足现场的具体情况。

2）熟悉被安装电梯的使用说明书，并掌握其机械性能、安装顺序和步骤，检查设备在运输过程中有无损伤情况，随机配件有无遗失等。

3）确定安装位置时，应尽量使施工电梯与建筑物的距离取最小允许值，以利于整机的稳定。

4）电梯基础所在位置的地质情况必须达到生产厂家要求的承载力，同时，还要考虑建筑物附着点处所承受的最大作用力，应在建筑物上留好附着预留孔。

5）供电状况应良好，保证足够的供电容量。

6）准备必要的辅助设备，包括 5 t 以上的汽车式起重机或塔式起重机、经纬仪等。

（4）安装基本要求及步骤。

1）基础表面水平测量，了解水平误差，必要时进行找补。

2）利用起重设备将底架部分和两个标准节安装在符合要求的基础上，此时先不要固定地脚螺栓；将两个吊笼就位安装后，将主底架和副底架的地脚螺栓紧固并加以保护；然后，再安装一个标准节。

3）施工电梯的驱动形式有两种，一种是吊笼内安装；另一种是吊笼顶安装。如果是后者，就用辅助起重设备将两套驱动架安装在各自的吊笼上方并穿好连接销轴，然后再安装两个标准节。

4）用经纬仪调整导轨架的垂直度，使其在两个互相垂直方向上的误差均不超过5 mm，如果垂直度符合要求，再将基础底架上的地脚螺栓检查和紧固一次，保证垂直、平整、牢固。

5）电缆筒就位，安装电缆，给施工电梯送电。

6）给吊笼通电试运行，确保各个动作准确无误后，安装下限位碰块和下极限碰块。

7）下限位碰块的安装位置，应保证吊笼满载向下运行时限位开关触及下限位碰块自动切断控制电源后，吊笼底至地面缓冲弹簧的距离为300～400 mm，下极限碰块的安装位置，应保证极限开关在下限位开关动作之后动作，且吊笼不能撞到缓冲弹簧。

8）限位开关及极限开关调整到位后，便可进行导轨架（标准节）接高。同时，按照厂家的要求高度安装第一道附着架和电缆导架。

9）继续极限标准节的接高安装，直至达到需要的工作高度。附着架的安置距离应每隔9 m设置一套。

10）每安装一套附着架，都要用经纬仪测量导轨架在两个方向垂直度，如果超出表8-1的要求，必须极限校正。

表 8-1　导架安装高度和垂直度误差

导架安装高度 H/m	<70	70～100	100～150	>150
垂直度误差/mm	<H/1 000	70	90	110

11）当施工电梯导轨架高度达到要求高度时，需安装上限位碰块和上极限碰块。首先安装上极限碰块，然后安装上限位碰块。上极限碰块的安装位置应保证吊笼向上运行至极限开关碰到极限碰块停止后，吊笼底高出最高施工层150～200 mm，且吊笼上部与导轨架顶部距离不小于1.5 m。上限位碰块的安装位置应保证吊笼向上运行至限位开关动作切断电源停止后，吊笼底与最高施工层平齐。

12）限位碰块安装完毕后，应反复试验3次，校验其动作的准确性和可靠度。

13）将所有的滚轮、背轮间隙调整好，保证吊笼运行平稳。

14）当所有安装工作结束后，应检查各紧固件有无松动，是否达到了规定的拧紧力矩，然后进行载荷试验及吊笼坠落试验，并将安全器正确复位。

（5）施工电梯的拆卸是一项重要的工作，必须由专业人员完成。拆卸前，必须对施工电梯进行一次全面的安全检查，进行吊笼模拟断绳试验。各项检查合格后，方可按照架设的逆过程(即先安装的后拆,后安装的先拆)进行外用电梯的拆卸。

(6)安全技术要求及安全措施。参与安装与拆卸的人员,必须熟悉施工电梯的机械性能和结构特点,并具备熟练的操作架设和排除一般故障的能力,且必须有强烈的安全意识。

1)参与本项工作的人员应明确分工、专人负责、统一指挥,严禁酒后作业;

2)安装人员必须佩戴安全帽、系安全带、穿防滑鞋,不得穿过于宽松的衣服,应穿工作服;

3)每个吊笼顶平台上的作业人员、配备工具及待安装的部件总重不得超过 650 kg;

4)升降机运行时,作业人员的手臂、头部绝不能出安全栏杆;

5)雷雨天、雪天及风速超过 10 m/s 的恶劣天气不能进行安装与拆卸作业;

6)按照安全部门的规定,防坠器必须由具有相应资质的检测部门每两年检测一次。

六、安全验收

(1)电梯安装后应按规定进行验收。验收的内容包括基础的制作、架体的垂直度、附墙距离、顶端的自由高度,电气及安全装置的灵敏度检查测试,并做空载及额定荷载的试验运行进行验证。

(2)如实记录检查测试结果和对不符合高度问题的改正结果,确认电梯各项指标均符合要求。

七、架体稳定

(1)导轨架安装时,用经纬仪对电梯的两个方向进行测量校准,其垂直度偏差不得超过0.5%,或按照说明书规定。

(2)导轨架顶部自由高度、导轨架与建筑物距离、附壁架之间的垂直距离以及最低点附壁架离地面高度等均不得超过说明书规定。

(3)附壁架必须按照施工方案与建筑结构进行连接,并对建筑物规定强度要求,严禁附壁架与脚手架进行连接。

八、联络信号

(1)电梯作业应设信号指挥,司机按照给定的信号操作,作业前必须鸣铃示意。

(2)信号指挥人员与司机应密切配合,不允许作业人员随意敲击导轨架进行联系。

九、电气安全

(1)电梯应单独安装配电箱,并按规定做保护接零(接地)、重复接地和装设漏电保护装置。装设在阴暗处的电梯或夜班作业的电梯,必须在全行程上装设足够的照明和明显的层站编号标志灯具。

(2)电梯的电气装置应由专人负责检查、维护、调试,并有记录。

第四节　常用施工机具

一、木工机械

木工机械种类繁多，涉及的安全问题主要是用电安全和机械安全。这里仅介绍平刨和圆盘锯的安全技术，使用其他施工机械时，可参照相应情况考虑其安全问题。

(一)平刨

木工刨床是专门用来加工木料表面(如表面的整直、修光、刨平等)的机具。木工刨床分为平刨床和压刨床两种。平刨床分为手压平刨床和直角平刨床；压刨床分单面压刨床、双面压刨床和四面刨床三种。

施工现场广泛使用的木工手压平刨床，主要采用手工操作，即利用刀轴的高速旋转，使刀架获得 25 m/s 以上的切削速度，此时用手把持、推动木料紧贴工作面进料，使它通过刀轴，而木料就在这复合运动中受到刨削。

在平刨上断手指的事故率很高，居木工机械事故的首位，历来被操作人员称为"老虎口"。

1. 安全隐患

(1)由于木质不均匀，其节疤或倒丝纹的硬度超过周围木质的几倍，刨削过程中碰到节疤时，其切削力也相应增加几倍，使得两手推压木料原有的平衡突然被打破，木料弹出或翻倒，而操作人员的两手仍按原来的方式施力，因而伸进刨口，手指被切去。

(2)加工的木料过短，木料长度小于 250 mm。

(3)临时用电不符合规范要求，如三级配电二级保护不完善，缺漏电保护器或漏电保护器失效，未做保护接零等。

(4)传动部位无防护罩。

(5)操作人员违章操作或操作方法不正确。

2. 安全要求

(1)必须使用圆柱形刀轴，严禁使用方轴。

(2)刨刀刃口伸出量不能超过外径 1.1 mm。

(3)刨口开口量不得超过规定值。

(4)每台木工平刨都必须装有安全防护装置(护手安全装置及传动部位防护罩)，并配有刨小薄料的压板或压辊。

(5)刨削工件最短长度不得小于刨口开口量的 4 倍，且刨削时必须用推板压紧工件进行刨削操作。

(6)刨削前，必须仔细检查木料有无节疤和铁钉；如有，则须用冲头冲进去。

(7)刨削过程中如感到木料振动太大，送料推力较大时，说明刨刀刃口已经磨损，必须停机，更换锋利的刨刀。

(8)开机后切勿立即送刨削，一定要等到刀轴运转平稳后方可进行刨削。刀轴的转速一般都在 5 000 r/min 以上，从接通电源到刀轴转动平稳需经过一段时间，如果一启动就立即进行刨削，则刨削是在切削速度从低到高的变化过程中进行的，因而容易发生事故。

(9)施工用电必须符合规范要求，要有保护接零(TN-S 系统)和漏电保护器。

(10)施工现场应设置木工平刨作业区，并搭设防护棚；若作业区位于塔式起重机作业范围之内，应搭设双层防坠棚，在施工组织设计中予以策划和标识；同时，木工棚内须落实消防措施、安全操作规程及其责任人。

(11)机械运转时，不得进行维修，更不得移动或拆除护手装置。

3. 预防措施

(1)平刨进入施工现场前，必须经过建筑安全管理部门验收，确认符合要求时，发给准用证或有验收手续方能使用。设备上必须挂合格牌。

(2)施工现场严禁使用平刨、电锯、电钻等多用联合机械。

(3)手压平刨必须有安全装置，操作前应检查各机械部件及安全防护装置是否松动或失灵，并检查刨刃锋利程度，经试车 1～3 min 后，才能进行正式工作；如刨刃已钝，应及时调换。

(4)吃刀深度一般为 1～2 mm。

(5)操作时左手压住木料，右手均匀推进，不要猛推猛拉，切勿将手指按于木料侧面；刨料时，先刨大面当作标准面，然后再刨小面。

(6)在刨短、较薄的木料时，应用推压木料；长度不足 400 mm 或薄而窄的小料不得用手压刨。

(7)两人同时操作时，须待料推过刨刃 150 mm 以外，下手方可接拖。

(8)操作人员衣袖要扎紧，不准戴手套。

(9)施工用电必须符合规范要求，并定期进行检查。

(二)圆盘锯

圆盘锯又叫作圆锯机，是应用很广的木工机械，由床身、工作台和锯轴组成。大型圆锯机座必须安装在结实、可靠的基础上，小型圆锯机座可以直接安放在地面上，工作台的高度约为 900 mm。锯轴装在机座的轴承内，锯轴的转动一般用皮带传动，但新式的机床都用电动机直接带动。有些圆锯机的工作台能够倾斜 45°角，而新式锯机的工作台始终保持水平，但是锯片能够自动倾斜，这不仅给工作带来很大方便，而且也比较安全。

1. 安全隐患

(1)圆锯片在装上锯床之前未校正中心，使得圆锯片在锯切木材时仅有一部分锯齿参加工作，工作弄锯齿因受力较大而变钝，容易引起木材的飞掷。

(2)圆锯片有裂缝凹凸、歪斜等缺陷，锯齿折断使得圆锯片在工作时发生撞击，引起木材飞掷及圆锯本身破裂等。

(3)传动皮带防护不严密。

(4)护手安全装置残损。

(5)未做保护接零和漏电保护，或其装置失效。

2. 安全要求

(1)锯片上方必须安装安全防护罩、挡板、松口刀，皮带传动处应有防护罩。

(2)锯片不得连续断齿，裂纹长度不得超过 20 mm，有裂纹时应在其末端冲上裂孔(阻止其裂纹进一步发展)。

(3)施工用电应符合要求，做保护接零，设置漏电保护器并确保有效。

(4)操作开关必须采用单向按钮开关，无人操作时须断开电源。

3. 预防措施

(1)圆盘锯进入施工现场前，必须经过建筑安全管理部门验收，确认符合要求，发放准用证或有验收手续方能使用。设备上必须挂合格牌。

(2)操作前，应检查机械是否完好，电器开关等是否良好，熔丝是否符合规格，并检查锯片是否有断、裂现象，并安装好防护罩，运转正常后方能投入使用。

(3)操作人员应戴安全防护眼镜；锯片必须平整，不准安装倒顺开关，锯口要适当，锯片要与主动轴匹配、紧牢，不得有连续缺齿。

(4)操作时，操作者应站在锯片左面的位置，不应与锯片站在同一直线上，以防止木料弹出伤人。

(5)木料锯到接近端头时，应由下手拉料进锯，上手不得用手直接送料，应用木板推送。锯料时，不准将木料左右搬动或高抬；送料时不宜用力过猛，遇木节要减慢进锯速度，以防木节弹出伤人。

(6)锯短料时，应使用推棍，不准直接用手推进，进料速度不得过快，下手接料必须使用刨钩。剖短料时，料长不得小于锯片直径的 1.5 倍，料高不得大于锯片直径的 1/3；截料时，截面高度不得大于锯片直径的 1/3。

(7)锯线走偏时，应逐渐纠正，不准猛扳。锯片运转时间长，温度过高时，应用水冷却，直径 600 mm 以上的锯片应喷水冷却。

(8)木料卡住锯片时，应立即停车处理。

(9)用电应符合规范要求，采用三级配电二级保护，三相五线保护接零系统；定期进行检查，注意熔丝的选用，严禁采用其他金属丝作为代用品。

二、搅拌机

搅拌机是用于拌制砂浆及混凝土的施工机械，在建筑施工中应用非常广泛。它以电为动力，机械传动方式有齿轮传动和皮带传动，以齿轮传动为主。搅拌机种类较多，根据用途不同，分为砂浆搅拌机和混凝土搅拌机(也可用于拌制砂浆)两类；根据工作原理，分为自落式和强制式两类。

1. 安全隐患

(1)临时施工用电不符合规范要求，缺少漏电保护或保护失效；

(2)机械设备在安装、防护装置上存在问题；

(3)施工人员违反操作规程。

2. 安全要求

(1)安装场地应平整、夯实，机械安装要平稳、牢固。

(2)各类搅拌机(除反转出料搅拌机外)均为单向旋转进行搅拌，接电源时应注意搅拌筒转向要与搅拌筒上的箭头方向一致。

(3)开机前，先检查电气设备的绝缘和接地(采用保护接地时)是否良好，皮带轮保护罩是否完整。

(4)工作时，先启动机械进行试运转，待机械运转正常后再加料搅拌，要边加料边加水；遇中途停机、停电时，应立即将料卸出，不允许中途停机后再重载启动。

(5)砂浆搅拌机加料时，不准用脚踩或用铁锹、木棒在筒口往下拨、刮拌合料，工具不能碰撞搅拌叶，更不能在转动时把工具伸进料斗里扒浆。搅拌机下方不准站人，停机时，起斗必须挂上安全钩。

(6)常温施工时，机械应安放在防雨棚内。

(7)严禁非操作人员开动机械。

(8)操作手柄应有保险装置，料斗应有保险挂钩。

(9)作业后要全面冲洗，筒内料要出净，料斗降落到坑内最低处。

3. 预防措施

(1)搅拌机使用前，必须经过建筑安全管理部门验收，确认符合要求，发给准用证或有验收手续方能使用。设备应挂上合格牌。

(2)临时施工用电应做好保护接零，配备漏电保护器，具备三级配电两级保护。

(3)搅拌机应设防雨棚；若机械设置在塔式起重机运转作业范围内，必须搭设双层安全防坠棚。

(4)搅拌机的传动部位应设置防护罩。

(5)搅拌机安全操作规程应悬挂在墙上，明确设备责任人，定期进行安全检查、设备维修和保养。

搅拌站如图 8-5 所示。

三、钢筋加工机械

钢筋工程包括钢筋基本加工(除锈、调直、切断、弯曲)，钢筋冷加工，钢筋焊接、绑扎和安装等工序。在工业发达国家的现代化生产中，钢筋加工则由自动生产线连续完成。钢筋机械主要包括电动除锈机、机械调直机、钢筋切断机、钢筋弯曲机、钢筋冷加工机械(冷拉机具、拔丝机)、对焊机等。

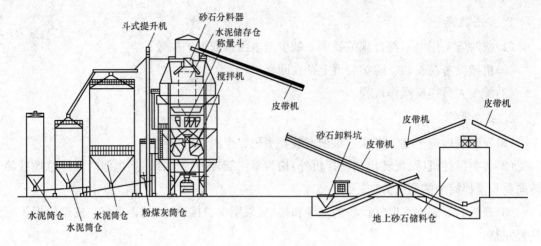

图 8-5　搅拌站

1. 钢筋机械的种类及安全要求

(1)钢筋除锈机械。

1)使用电动除锈机前,要检查钢丝刷固定螺钉有无松动,检查封闭式防护罩装置及排尘设备的完好情况,防止发生机械伤害。

2)使用移动式除锈机时,要注意检查电气设备的绝缘及接地是否良好。

3)操作人员要将袖口扎紧,戴好口罩、手套等防护用品,特别要戴好安全保护眼镜,防止圆盘钢丝刷上的钢丝甩出伤人。

4)送料时,操作人员要侧身操作,严禁除锈机的正前方站人;长料除锈时需两人互相配合。

(2)钢筋调直机械。直径小于 12 mm 的盘状钢筋使用前,必须经过放圈、调直工序;局部曲折的直条钢筋,也需调直后使用。这种工作一般利用卷扬机完成。工作量较大时,采用带有剪切机构的自动矫直机,不仅生产率高、体积小、劳动条件好,而且能够同时完成钢筋的清刷、矫直和剪切等工序,还能矫直高强度钢筋。

钢筋调直方法有三种,即拉伸调直、调直机械调直和手工调直。其中,拉伸调直和调直机械调直的安全要求如下所述。

人工拉伸调直的安全要求为:

1)用人工绞磨调直钢筋时,绞磨地锚必须牢固,严禁将地锚绳拴在树干、下水井及其他不坚固的物体或建筑物上;

2)人工推转绞磨时,要步调一致、稳步进行,严禁任意撒手;

3)钢筋端头应用夹具夹牢,卡头不得小于 100 mm;

4)钢筋产生应力并调直到预定程度后,应缓慢回车卸下钢筋,防止机械伤人;手工调直钢筋必须在牢固的操作台上进行。

机械调直的安全要求为:

1)用机械冷拉调直钢筋时，必须将钢筋卡紧，防止断折扣脱扣；机械的前方必须设置铁板加以防护。

2)机械开动后，人员应站在两侧1.5 m以外，不准靠近钢筋行走，预防钢筋断折或脱扣弹出伤人。

(3)钢筋切断机。钢筋的切断方法视钢筋直径大小而定，直径为20 mm以下的钢筋用手动机床切断，大直径的钢筋则必须用专用机械切断。

1)手动切断装置一般有固定部分与活动部分，各装一个刀片，当刀片产生相对运动时，即可切断钢筋。直径为12 mm以下的钢盘，一个工人即可切断；直径为12~20 mm的钢筋，则需两人才能切断。

2)机动切断设备的工作原理与手动相同，也有固定刀片和活动刀片，后者装在滑块上，靠偏心轮轴的转动获得往复运动，装在机床内部的曲轴连杆机构，推动活动刀片切断钢筋。这种切断机生产率约为每分钟30根，直径为40 mm以下的钢筋均可切断。切割直径为12 mm以下的钢筋时，每次可切5根。机械切断操作的安全要求如下：

①切断机切断钢筋时，断料的长度不得小于1 m；一次切断的根数，必须符合机械的性能，严禁超量切割。

②切断直径为12 mm以上的钢筋时，需两人配合操作。人与钢筋要保持一定的距离，并应当把稳钢筋。

③断料时，料要握紧，在活动刀片向后退时将钢筋送进刀口，防止钢筋末端摆动或钢筋蹦出伤人。

④不要在活动刀片向前推进时向刀口送料，这样不仅不能断准尺寸，还会发生机械或人身安全事故。

(4)钢筋弯曲机。钢筋弯曲机操作的安全要求如下：

1)机械正在操作前，应检查机械各部件，并进行空载试运转正常后，方能正式操作。

2)操作时，注意力要集中，要熟悉工作盘旋转的方向，钢筋放置要与挡架、工作盘旋转方向相配合，不能放反。

3)操作时，钢筋必须放在插头的中下部，严禁弯曲超截面尺寸的钢筋，回转方向必须准确，手与插头的距离不得小于200 mm。

4)机械运行过程中，严禁更换芯轴、销子和变换角度等，不准加油和清扫。

5)转盘换向必须待停机后再进行。

(5)钢筋对焊机。钢筋对焊的原理是利用对焊机产生的强电流，使钢筋两端在接触时产生热量，待钢筋两端部出现熔融状态时，通过对焊机加压顶锻，将钢筋连接成一体。钢筋对焊适用于焊接直径10~40 mm的HPB300、HRB335、RRB400级钢筋。

根据焊接过程和操作方法的不同，对焊机可分为电阻焊和闪光焊两种。施焊作业时，对焊机的闪光区域内需设置铁皮挡隔，其他人员应停留在闪光范围之外，以防火花灼伤；对焊机上应安置活动顶罩，防止飞溅的火花灼伤操作人员。另外，对焊机工作地点应铺设木板或其他绝缘垫，焊工应站在木板或绝缘垫上操作；焊机及金属工作台还应有保护接地装置。焊机操作的安全要求如下：

1）焊工必须经过安全技术和防火知识培训，经考核合格，持证者方准独立操作；徒工操作必须有师傅带领指导，不准独立操作。

2）焊工施焊时，必须穿戴白色工作服、工作帽、绝缘鞋、手套、面罩等，并要时刻预防电弧光伤害；要及时通知周围无关人员离开作业区，以防伤害眼睛。

3）钢筋焊接工作房应采用防火材料搭建，焊接机械四周严禁堆放易燃物品，以免引起火灾。工作棚内应备有灭火器材。

4）遇六级及以上大风天气时，应停止高处作业；雨、雪天应停止露天作业；雨雪后，应先清除操作地点的积水或积雪，否则不准作业。

5）进行大量焊接生产时，焊接变压器不得超负荷，变压器温度不得超过 60 ℃；为此，要特别注意遵守焊机暂载率的规定，以免过分发热而损坏。

6）焊接过程中，如焊机有不正常响声，变压器绝缘电阻过小，导线破裂、漏电等，应立即停止使用，进行检修。

7）焊机断路器的接触点、电极（铜头）等要定期检修，冷却水管应保持畅通，不得漏水和超过规定温度。

2. 钢筋加工机械安全事故的预防措施

（1）钢筋加工机械使用前，必须经过调试，保证运转正常，并经建筑安全管理部门验收，确认符合要求、发给准用证或有验收手续后，方可正式使用。设备应挂上合格牌。

（2）钢筋机械应由专人使用和管理，安全操作规程应悬挂在墙上，明确责任人。

（3）施工用电必须符合要求，做好保护接零，配置相应的漏电保护器。

（4）钢筋冷作业区与对焊作业区必须有安全防护设施。

（5）钢筋机械各传动部件必须有防护装置。

（6）在塔式起重机作业范围内，钢筋作业区必须设置双层安全防坠棚。

四、手持电动工具

建筑施工中，手持电动工具常用于木材的锯割、钻孔、刨光和磨光加工及混凝土浇筑过程中的振捣作业等。电动工具按其触电保护分为Ⅰ、Ⅱ、Ⅲ类。

Ⅰ类工具在防止触电的保护方面不仅依靠基本绝缘，而且它还包含一个附加的安全预防措施，使可触及的可导电零件在基本绝缘损坏的事故中不成为带电体。

Ⅱ类工具在防止触及的保护方面不仅依靠基本绝缘，而且它还提供双重绝缘或加强绝缘的附加安全预防措施和没有保护接地或依赖安装条件的措施。

Ⅲ类工具在防止触电保护方面依靠由安全特低电压供电和在工具内部不会产生比安全特低电压高的高压。其电压一般为 36 V。

1. 安全隐患

手持电动工具的安全隐患主要存在于电器方面，易发生触电事故：

(1)未设置保护接零和两级漏电保护器，或保护失效；

(2)电动工具绝缘层破损而产生漏电；

(3)电源线和随机开关箱不符合要求；

(4)工人违反操作规定或未按规定穿戴绝缘用品。

2. 安全要求

(1)工具上的接零或接地保护要齐全、有效，随机开关灵敏、可靠。

(2)电源进线长度应控制在标准范围内，以符合不同的使用要求。

(3)必须按三类手持式电动工具来设置相应的二级漏电保护，而且末级漏电动作电流分别不大于：Ⅰ类手持电动工具(金属外壳)为 30 mA(绝缘电阻不大于 2 mΩ)；Ⅱ类手持式电动工具(绝缘外壳)为 15 mA(绝缘电阻为 7 mΩ)；Ⅲ类手持式电动工具(采用 36 V 以下安全电压)为 15 mA。

(4)使用Ⅰ类手持电动工具必须按规定穿戴绝缘用品或站在绝缘垫上。

(5)电动工具不适宜在含有易燃、易爆或腐蚀性气体及潮湿等的特殊环境中使用，并应存放于干燥、清洁和没有腐蚀性气体的环境中。对于非金属壳体的电机、电器，存放和使用时应避免与汽油等溶剂接触。

3. 预防措施

(1)手持电动工具使用前，必须经过建筑安全管理部门验收，确定符合要求，发给准用证或有验收手续方能使用。设备应挂上合格牌。

(2)一般场所选用Ⅱ类手持式电动工具时，应装设额定动作电流不大于 15 mA，额定漏电动作时间小于 0.1 s 的漏电保护器。采用Ⅰ类手持电动工具时，还必须做保护接零。

在露天、潮湿场所或在金属构架上操作时，必须选用Ⅱ类手持电动工具，并装设防溅的漏电保护器，严禁使用Ⅰ类手持电动工具。

在狭窄场所(锅炉、金属容器、地沟、管道内等)宜选用带隔离变压器的Ⅲ类手持电动工具，必须装设防溅的漏电保护器；将隔离变压器或漏电保护器装设在狭窄场所外面，工作时应有人监护。

(3)手持电动工具的负荷线必须采用耐气候型的橡皮套铜芯软电缆，并不得有接头。

(4)手持电动工具的外壳、负荷线、插头、开关等必须完好无损，使用前必须做空载试验，运转正常方可投入使用。

(5)电动工具使用中不得任意调换插头，更不能拉着电源线拔插头。插插头时，开关应在断开位置，以防突然启动。

(6)使用电动工具的过程中要经常检查，如发现绝缘损坏、电源线或电缆护套破裂、接地线脱落、插头插座开裂、接触不良及断续运转等故障时，应立即修复，否则不得使用。移动电动工具时，必须握持工具的手柄，不能用拖拉橡皮软线搬动工具，并随时防止橡皮软线擦破、断和轧坏现象，以免造成人身事故。

(7)长期搁置未用的电动工具，使用前必须用 500 V 兆欧表测定绕阻与机壳之间的绝缘电阻值，应不得小于 7 mΩ，否则须进行干燥处理。

五、打桩机械

桩基础是建筑物及构筑物的基础形式之一，当天然地基的强度不能满足设计要求时，往往采用桩基础。桩基础通常是由若干根单桩组成，在单桩的顶部用承台连接成一个整体，构成桩基础。桩基工程施工所用的机械主要是桩机。

根据桩的工艺特点，桩分为预制桩和灌注桩。根据预制桩施工工艺不同，预制桩分为打入桩、静力压桩、振动沉桩等；灌注桩根据成孔的施工工艺不同，分为钻孔、冲击成孔、冲抓成孔、套管成孔、人工挖孔灌注桩等。

桩的施工机械种类繁多，配套设施也较多，施工安全问题主要涉及用电、机械、安全操作、空中坠物等诸多因素。这里只讲述打桩机的施工安全要求及预防措施。

打桩机一般由桩锤、桩架及动力装置组成。桩锤的作用是对桩施加冲击，将桩加入土中；桩架的作用是将桩吊到打桩位置，并在打入过程中引导桩的方向，保证桩沿着所要求的方向冲击；动力装置及辅助设备的作用是驱动桩锤，辅助打桩施工。

1. 打桩机械的安全要求

(1)桩机使用前应全面检查机械及相关部件，并进行空载试运转，严禁设备带"病"工作；

(2)各种桩机的行走道路必须平整、坚实，以保证移动桩机时的安全；

(3)启动电压降一般不超过额定电压的 10%，否则要加大导线截面；

(4)雨天施工时，电机应有防雨措施；遇到大风、大雾和大雨时，应停止施工；

(5)设备应定期进行安全检查和维修保养；

(6)高处检修时，不得向下乱丢物件。

2. 打桩机械安全事故的预防措施

(1)打桩机械使用前，必须经过建筑安全管理部门验收，确认符合要求，发给准用证或有验收手续方能使用。设备应挂上合格牌。

(2)临时施工用电应符合规范要求。

(3)打桩机应设有超高限位装置。

(4)打桩作业要有施工方案。

(5)打桩安全操作规程应上牌并认真遵守，明确责任人。

(6)具体操作人员应经培训教育和考核合格，持证并经安全技术交底后，方能上岗作业。

第五节　起重吊装

一、施工方案

起重吊装包括结构吊装和设备吊装，其作业属高处危险作业，作业条件多变，专业性强，施工技术也比较复杂，施工前应根据工程实际编制专项施工方案。专项施工方案的内容包括现场环境、工程概况、施工工艺、起重机械的选型依据、起重扒杆的设计计算、地锚设计、钢丝绳及索具的设计选用、地耐力及道路的要求、构件堆放就位图及吊装过程中的各种安全防护措施及应急救援预案等。

专项施工方案必须针对工程状况和现场实际，具有指导性，并经上级技术部门审批确认符合要求。

二、起重机械

1.起重机

(1)起重机械按施工方案要求选型，运到现场重新组装后，应进行试运转和验收，确认符合要求并有记录、签字。

(2)起重机经检测合格后方可以继续使用，并应持有关部门定期核发的准用证。

(3)经检查确认，安全装置包括超高限位器、力矩限制器、臂杆幅度指示器及吊钩保险装置等均符合要求。当该机说明书中尚有其他安全装置时，应按说明书规定进行检查。

2.起重扒杆

(1)起重扒杆的选用应符合作业工艺要求，扒杆的规格尺寸通过设计计算确定，其设计计算应按照有关规范标准进行并经上级技术部门审批。

(2)扒杆选用的材料、截面以及组装形式，必须按设计图纸要求进行，组装后应经有关部门检验确认符合要求。

(3)扒杆与钢丝绳、滑轮、卷扬机等组合好后，应先进行检查、试吊，确认符合设计要求，并做好试吊记录。

三、钢丝绳与地锚

(1)钢丝绳的结构形式、规格、强度等要符合机型要求。钢丝绳在卷筒上要连接牢固并按顺序整齐排列，当钢丝绳全部放出时，筒上至少要留上三圈以上。起重钢丝绳的磨损、断丝按《起重机械安全规程》(GB 6067—2010)的要求，定期检查、报废。

(2)扒杆滑轮及地面导向滑轮的选用，应与钢丝绳的直径相适应，其直径比值不应小于15；各组滑轮必须用钢丝绳牢靠固定，滑轮出现翼缘破损等缺陷时应及时更换。

(3)缆风绳应使用钢丝绳，其安全系数 $K=3.5$，规格应符合施工方案要求。缆风绳应与地锚牢固连接。

(4)地锚的埋设方法应经计算确定，地锚的位置及埋深应符合施工方案要求扒杆作业时的实际角度。移动扒杆时，必须使用经济设计计算的正式地锚，不准随意拴在电线杆、树木和构件上。

四、吊点

(1)根据重物的外形、重心及工艺要求选择吊点，并在方案中进行规定。

(2)吊点是在重物起吊、翻转、移位等作业中必须使用的，吊点选择应与重物的重心在同一垂直线上，且吊点应在重心之上(吊点与重物重心的连线与重物的横截面垂直)，使重物垂直起吊，禁止斜吊。

(3)当采用几个吊点起吊时，应使各吊点的合力作用点在重物重心的位置之上。必须正确计算每根吊索的长度，使重物在吊装过程中始终保持稳定位置。

当构件无吊鼻需用钢丝绳捆绑时，必须对棱角处采取保护措施，防止切断钢丝。钢丝绳做吊索时，其安全系数 $K=6\sim8$。

五、司机、指挥

(1)起重机司机属特种作业人员，应经正式培训考核并取得合格证书。合格证书或培训内容必须与司机所驾驶起重机类型相符。

(2)汽车式起重机、轮胎式起重机必须由起重机司机驾驶，严禁同车的汽车司机与起重机司机相互替代(司机持有两种证的除外)。

(3)起重机的信号指挥人员应经正式培训考核并取得合格证书。使用的信号应符合《起重吊运指挥信号》(GB 5082)的规定。

(4)当起重机在地面而吊装作业在高处的条件下，必须专门设置信号传递人员，以确保司机清晰、准确地看到并听到指挥信号。

六、地基承载力

(1)起重机作业区路面的地耐力应符合该机说明书要求，并应对相应的地耐力报告结果进行审查。

(2)作业道路平整、坚实，一般情况下，纵向坡度不大于 3‰，横向坡度不大于 1‰。直机行驶或停放时，应与沟渠、基坑保持 5 m 以上的距离，且不得停放在斜坡上。

(3)当地面平整与地耐力不能满足要求时，应采用路基箱、道木等铺垫措施，以确保机车的作业条件。

七、起重作业

(1)起重机司机应对施工作业中起吊重物的情况了解清楚，并有交底记录。

(2)司机必须熟知该机车起吊高度及幅度情况下的实际起吊重量，并清楚机车中各装置的正确使用方法，熟悉操作规程，做到不超载作业。

(3)作业面平整、坚实，支脚全部伸出、垫牢，机车平稳、不倾斜。

(4)不准斜拉、斜吊。重物上升时，动作应逐渐缓慢进行，不得突然起吊形成超载。

（5）不得起吊埋于地下、粘在地面及其物体上的重物。

（6）多台起重机共同工作时，必须随时掌握起重机起升的同步性，单机负载不得超过该机额定起重量的80%。

（7）起重机首次起吊或重物重量变换后首次起吊时，应先将重物吊离地面200～300 mm后停住，检查起重机的工作状态，在确认起重机稳定、制动可靠、重物吊挂平衡牢固后，方可继续起升。

八、高处作业

（1）起重吊装在高处作业时，应按规定设置安全措施，防止高处坠落。安全措施包括各洞口盖严、盖牢，临边作业应搭设防护栏杆、封挂密目网等；结构吊装时，可设置移动式节间安全平网，随节间吊装平网可平移到下一节间，以防护节间高处作业人员的安全。高处作业规范规定："屋架吊装以前，应预先在下弦挂设安全网，吊装完毕后，即将安全网铺设固定。"

（2）吊装作业人员在高空移动和作业时，必须系牢安全带；独立悬空作业人员除有安全网的防护外，还应以安全带作为防护措施的补充。例如，在屋架安装过程中，屋架的上弦不允许作业人员行走。当走下弦时，必须将安全带系牢在屋架上的脚手杆上（这些脚手杆是在屋架吊装之前临时绑扎的）；在行车梁安装过程中，作业人员从行车梁上行走时，其一侧护栏可采用钢索，作业人员将安全带扣牢在钢索上随人员滑行，确保作业人员移动安全。

（3）作业人员上、下应有专用爬梯或斜道，不允许攀爬脚手架或建筑物。爬梯的制作和设置应符合高处作业规范关于攀登作业的规定。

九、作业平台

（1）按照高处作业规范规定："悬空作业处应有牢靠的立足处，并必须视具体情况配置防护栏网、栏杆或其他安全设施。"高处作业人员必须站在符合要求的脚手架或平台上作业。

（2）脚手架或作业平台应有搭设方案，临边应设置防护栏且封挂密目网。

（3）脚手架的选材和铺设应严密、牢固，并符合脚手架的搭设规定。

十、构件堆放

（1）构件应堆放平稳，底部设计位置设置垫木。楼板堆放高度一般不应超过1.6 m。

（2）构件多层叠放时，柱子不超过2层，梁不超过3层，大型屋面板、多孔板为6～8层，钢屋架不超过3层。各层的支撑垫木应在同一垂直线上，各堆放构件之间应留不小于0.7 m宽的通道。

（3）重心较高的构件（如屋架、大梁等），除在底部设垫木外，还应在两侧加设支撑，或将几榀大梁用方木、钢丝连成一体，提高其稳定性，侧向支撑沿梁长度方向不得少于3道。墙板堆放架应经设计计算确定，并确保地面满足抗倾覆要求。

十一、警戒

(1)起重吊装作业前,应根据施工组织设计要求划定危险作业区域,设置醒目的警示标志,防止无关人员进入。

(2)除设置标志外,还应视现场作业环境专门设置监护人员,防止高处作业或交叉作业时造成落物伤人。

十二、操作工

(1)起重吊装作业人员(包括起重工、电焊工等)均属特种作业人员,必须经有关部门培训考核并发给合格证书方可操作。

(2)起重吊装属专业性强、危险性大的工作,应由有关部门认证的专业队伍进行,工作时应由有经验的人员担任指挥。

十三、起重吊装常见的安全事故

(1)吊装施工时,由于无人指挥,吊臂回转过快、吊钩过低,吊挂人员站在吊车作业回转半径内,吊钩晃动等砸伤吊挂人员;

(2)起重机作业前,没有将平衡支腿均衡伸出或支脚下垫板不够,造成吊装机械倾斜甚至翻车;

(3)吊车组装过程中,吊臂中间的衔接销或螺栓没有正确安装,导致吊臂松脱,砸伤作业人员;

(4)由于吊装机械常年失修,吊装时超过限量,吊臂突然折断坠落等造成安全事故;

(5)在吊装过程中,由于吊臂离高压线太近,司机无法看到,没有设专人指挥,导致材料碰上高压线,造成触电事故;

(6)临边吊装时,由于被吊物晃动幅度大,导致施工人员失去平衡坠落;

(7)在卡车上卸货时,吊挂人员站在车厢边沿指挥卸货,不慎踩空跌倒受伤;

(8)信号工酒后作业,指挥吊装时人从高处坠落;

(9)吊装机械吊运物品时,施工人员违规站在被吊物上,导致坠落,造成事故;

(10)强风天气吊装作业,很容易造成吊运构件晃动失控,碰到了操作平台,导致工人跌落摔伤;

(11)吊装龙骨、钢筋等散状物时,由于晃动或捆绑不牢,在吊装过程中碰撞到完成的建筑物,导致部分物品脱落,砸到下方人员;

(12)吊车卸料完成将钢丝绳抽出时,钢丝绳反弹打伤吊挂人员;

(13)吊装机械起吊整体构件时,由于吊点位置不正确,很容易造成摇晃和脱落,砸伤施工人员或指挥人员。

造成吊装安全事故的因素有很多,在制定吊装专项施工方案时,应将不利因素列出,以利于采取有效预防措施。

思考与练习

1. 请写出塔式起重机安装和拆除的有关要求。
2. 塔式起重机的安全使用有哪些要求？
3. 塔式起重机的安全装置有哪些？这些安全装置起什么作用？
4. 请写出龙门架、井架安装和拆除的有关要求。
5. 龙门架、井架的安全使用有哪些要求？
6. 龙门架、井架的安全装置有哪些？这些安全装置起什么作用？
7. 施工电梯的安全使用有哪些要求？
8. 请写出施工电梯安装和拆除的有关要求。
9. 施工电梯的安全装置有哪些？这些安全装置起什么作用？
10. 钢筋加工机械的安全使用注意事项有哪些？
11. 钢筋焊接机械的安全使用注意事项有哪些？
12. 简述打桩机械安全事故的预防措施。
13. 手持电动工具分为哪几类？
14. 简述手持电动工具的安全隐患、安全要求与安全事故的预防措施。
15. 起重吊装作业中，哪些人员应经正式专业培训、考试合格并取得特种作业人员操作证后持证上岗？
16. 起重吊装常见的安全事故有哪些？请据此编制相应的安全作业措施。

职业活动训练

活动一：塔式起重机安全检查与评分职业活动训练
1. 分组要求：全班分 6~8 个组，每组 5~7 人。
2. 训练场景：选择某一设有塔式起重机的施工现场。
3. 学习要求：学生在老师和安全员的指导下，按塔式起重机安全检查评分表的内容对现场的塔式起重机进行安全检查和评分。
4. 成果：填写塔式起重机安全检查与评分表。
活动二：龙门架、井架的安全检查与评分
1. 分组要求：全班分 6~8 个组，每组 5~7 人。
2. 训练场景：选择某一设有龙门架、井架的施工现场。
3. 学习要求：学生在老师和安全员的指导下，按龙门架、井架的安全检查评分表的内容对现场的龙门架井架进行安全检查与评分表。

4. 成果：填写龙门架、井架安全检查与评分表。

活动三：施工电梯的安全检查与评分

1. 分组要求：全班分6～8个组，每组5～7人。

2. 训练场景：选择某一设有施工电梯的施工现场。

3. 学习要求：学生在老师和安全员的指导下，按施工电梯的安全检查评分表的内容对现场的施工电梯进行安全检查和评分。

4. 成果：填写施工电梯安全检查与评分表。

活动四：施工机具的安全检查与评分

1. 分组要求：全班分6～8个组，每组5～7人。

2. 训练场景：选择设有各类施工机具的场所。

3. 学习要求：学生在老师指导下，按施工机具安全检查评分表的内容对现场的施工机具进行安全检查和评分。

4. 成果：填写施工机具的安全检查与评分表。

活动五：阅读打桩工程的专项施工方案

1. 分组要求：全班分6～8个组，每组5～7人。

2. 资料要求：选择1～2套打桩的专项施工方案。

3. 学习要求：学生在老师的指导下，阅读打桩工程的专项施工方案，了解打桩工程的专项施工方案应包括的内容，熟悉打桩工程专项施工方案的安全技术措施。

4. 成果：编制拟打桩工程的专项施工方案的提纲；写出该打桩工程的专项施工方案的安全技术措施。

活动六：阅读起重吊装专项施工方案，进行起重机械安全检查与评分

1. 分组要求：全班分6～8个组，每组5～7人。

2. 训练场景：选择某一起重机吊装的施工现场。

3. 学习要求：学生在老师和工程师的指导下，阅读起重吊装专项施工方案，了解方案应包括的内容；在老师和安全员的指导下，按起重机械安全检查评分表的内容对现场的起重机械进行检查和评分。

4. 成果：填写起重机械安全检查评分表。

第九章 拆除工程安全技术

1. 熟悉拆除工程施工组织设计与安全技术交底的相关内容；
2. 掌握拆除工程安全控制的措施。

1. 能阅读和参与编写、生产拆除工程专项施工方案，并提出自己的意见和建议；
2. 能编制拆除工程安全施工交底资料，组织拆除工程安全技术交底活动，并能记录和收集安全技术交底活动的安全管理档案资料。

施工组织设计是指导爆破与拆除工程施工全过程的技术文件，由负责该拆除工程的项目总工程师技术、生产、安全、材料、机械、保卫等部门人员进行编制，报上级主管部门审批后执行，编制施工组织设计要从实际出发，在确保人身和财产安全的前提下，选择经济合理、扰民少的拆除方案，进行科学的组织，以实现安全、经济、进度快、扰民少的目标。

第一节 施工组织设计的编制依据与编制内容

一、施工组织设计的编制依据

施工组织设计的编制依据有：拟爆破和拆除建（构）筑物的竣工图，包括结构、水、电、设备及室外管线；施工现场勘察资料和信息；爆破与拆除工程有关的施工验收规范、安全技术规范、安全操作规程和国家、地方有关安全技术规定；国家和地方有关爆破工程安全保卫的规定以及具体实施单位的技术装备条件等。

二、施工组织设计的编制内容

（1）被爆破与拆除的建筑的结构及其周围环境。着重介绍被拆除建筑物的结构类型，各部分构件的受力情况，填充墙、隔断墙、装修做法，水、电、暖气、燃气设备情况，周围房屋、道路、管线情况，并用平面图表示。

（2）施工准备工作计划。

1）施工准备工作计划包括技术组织、现场组织、设备器材、劳动力等计划，落实到人。同时，将领导组织机构名单和分工情况明确列出。

2）详细叙述拆除方面的全面内容。采用控制爆破拆除时，还要详细说明爆破与起爆的方法、安全距离、警戒范围、保护方法、破坏情况、倒塌方向与范围以及安全技术措施等。

（3）施工布置和进度计划。

（4）施工平面图。施工平面图应包括下列内容：

1）被拆除与爆破建筑物和周围建筑、地上与地下的各种管线、障碍物、道路的平面布置和尺寸；

2）起重吊装设备的开行路线和运输道路；

3）爆破材料及其他危险品临时库房的位置、尺寸和做法；

4）各种机械、设备、材料以及拆除后的建筑材料、垃圾堆设的位置；

5）被拆除建筑物的倾倒方向、范围，警戒区的范围应标明位置和尺寸；

6）标明施工中的水、电、办公、安全设施、消火栓平面位置及尺寸。

（5）针对所选用的拆除方法和现场情况，编制全面的安全技术措施。

第二节　普通拆除作业与爆破拆除作业安全控制

一、普通拆除作业安全控制

（1）拆除工程开工前，应组织技术人员和工人学习操作规程和拆除规程施工组织设计。

（2）拆除工程的施工，应在项目负责人的统一指挥和监督下进行。项目负责人根据施工组织设计和安全技术规程，向参加拆除的施工人员进行详细的安全技术交底。

（3）拆除工程施工前，应将电线、输气管道、上下水及采暖管道等干线、通往该建筑物的支线切断或迁移。

（4）工人从事拆除工作时，应站在专门搭设的脚手架上或者其他稳固的结构构件上操作。

（5）拆除区周围应设立围栏，挂警示牌，并派专人监护，严禁无关人员逗留。

（6）拆除建筑物应自上而下进行，禁止数层同时拆除，拆除某一部分时应防止其他部分倒塌。

（7）拆除过程中，现场照明不得使用被拆除物中的配电线，应另外设置配电线路。

（8）拆除时利用的建筑物的围栏、楼梯和楼板，即施工人员的退路部分，应与整体拆除进度相配合，不能先行拆除。建筑物的承重柱和横梁，要待其承担的全部结构和荷载拆除后才可拆除。

(9)拆除建筑物一般不采取推倒方法。遇有特殊情况采用推倒方法时，应遵守下列规定：

1)砍切墙根的深度不能超过墙厚的1/3，墙的厚度小于两块半砖时，不得进行掏掘；

2)为了防止墙壁从掏掘方向倾倒，掏掘前要用支撑撑牢；

3)推倒建筑物前应发出信号，待所有人离开被拆除物高度两倍以上的距离后，方可进行。

(10)在高处进行拆除作业时，应设置溜放槽，使散碎废料顺槽溜下；拆下较大的沉重构件，应用吊绳或起重机械及时吊下运走，禁止向下抛扔，拆卸下来的各种构件、材料要及时清理。

(11)拆除易踩碎的石棉瓦等轻型结构屋面时，严禁施工人员直接踩踏，应加盖垫板作业，防止高空坠落。

二、爆破拆除作业安全控制

(1)采用控制爆破拆除时，应执行下列规定：

1)严格遵守《土方与爆破工程施工及验收规范》(GB 50201—2012)中有关拆除爆破的规定；

2)在人口密集、交通要道等地区爆破拆除建筑物时，应采取电力或导爆索起爆，不得采用火花起爆；分段起爆时，应采用毫秒雷管起爆；

3)采用微量炸药控制爆破可减少飞石，但不能绝对控制飞石，仍应采用适当保护措施，如对低矮建筑物采取适当护盖，对高大建筑物爆破设置安全区，避免对周围建筑物和人身的伤害；

4)爆破时，原有蒸汽锅炉和空压机房等高压设备的压力应降到0.1～0.2 MPa；

5)应认真操作、检查与处理各道爆破工序，杜绝一切不安全事故的发生；应设临时爆破指挥机构，便于分别负责爆破施工与起爆等安全工作；

6)用爆破方法拆除建筑物部分结构时，应保证其他结构部分的良好状态；爆破后，如发现保留的结构部分有危险征兆，应采取安全措施后再进行施工。

(2)凡是采用爆破方法拆除的项目，施工前必须到公安机关民爆管理机构申请许可手续，批准后方可施工。这是保证安全的政府监督措施。

思考与练习

1. 拆除工程专项施工方案应包括哪些内容？

2. 简述爆破作业与拆除工程的安全控制措施。

活动：不安全因素的防范

1. 分组要求：全班分 6~8 个组，每组 5~7 人。

2. 资料要求：选择某一拟拆除工程。

3. 学习要求：学生在老师的指导下，分析该工程的建筑结构及周围环境特点，分析其拆除作业中的不安全因素，并制定相应的安全技术措施。

4. 成果：

(1)拆除施工的施工组织设计要点及安全技术措施。

(2)分组进行讨论，并找出各组的不足和长处。

第十章 治安保卫工作

◉ **知识目标**

掌握治安保卫工作的主要内容。

◉ **能力目标**

具有将治安保卫工作责任分解的能力。

第一节 治安保卫工作的任务及应注意的问题

一、治安保卫工作的任务

施工企业对施工现场治安保卫工作实行统一管理。企业有关部门负责监督、检查、指导施工现场落实治安保卫责任制的情况。施工现场治安保卫工作的主要任务有以下几个方面：

(1)贯彻执行国家、地方和行业治安保卫工作的法律、法规和规章。施工企业要结合施工现场特点，对施工现场有关人员开展社会主义法制教育、敌情教育、保密教育和防盗、防火、防破坏、防治安灾害事故教育等治安保卫工作的宣传，增加施工人员的法制观念和治安意识、提高警惕，动员和依靠群众积极同违法犯罪行为做斗争；每月对职工进行一次治安教育，每季度召开一次治保会，定期组织保卫检查。

(2)制定和完善各项工作制度，落实各项具体措施，维护施工现场的治安秩序。

1)施工企业要加强治安保卫队伍建设，提高治安保卫人员和值班守卫人员的素质，保持治安保卫人员的相对稳定；积极与当地公安机关配合，搞好企业治安保卫队伍的建设。由施工企业提出申请，经公安机关批准，可以建立经济民警和专职消防组织，为施工现场治安保卫工作提供可靠的人员保证。

施工企业保卫组织的变动及其保卫组织负责人的任免，应当报当地公安机关备案；施工现场应当根据治安保卫工作的需要，建立保卫组织、义务消防组织、护场组织，或配备专职、兼职保卫人员；施工现场治安保卫人员和值班守卫人员应当坚守岗位，认真履行治安保卫工作的职责。

施工现场聘用的专职、兼职保卫人员，要身体健康、品行良好，具有相应的法律知识和安全保卫知识；施工现场任命的保卫组织负责人，应当具有安全保卫工作经验和一定的组织管理、指挥能力；重要岗位保卫人员应当按照公安机关制定的保卫人员上岗标准，经过培训，取得上岗合格证书，方可从事保卫工作；有违法犯罪记录的人员，不得从事保卫工作。

已聘用、任命的保卫人员、保卫组织负责人，若不符合条件，施工企业应当及时另行聘用或任命符合条件的人员担任保卫人员、保卫组织负责人。

2)施工企业应当制定和完善各项治安保卫工作制度，建立一个治安保卫管理体系。根据国家有关规定，结合施工现场实际，施工企业应建立以下有关制度：

①门卫、值班、巡逻制度；

②现金、票证、物资、产品、商品、重要设备和仪器、文物等安全管理制度；

③易燃易爆物品、放射性物质、剧毒物品的生产、使用、运输、保管等安全管理制度；

④消防安全管理制度；

⑤机密文件、图纸、资料的安全管理和保密制度；

⑥施工现场、内部公共场所和集体宿舍的治安管理制度；

⑦治安保卫工作的检查、监督制度的考核、评比、奖惩制度；

⑧施工现场需要建立的其他治安保卫制度。

3)施工现场的治安保卫工作，贯彻"依靠群众，预防为主，确保重点，打击犯罪，保障安全"的方针，坚持"谁主管，谁负责"的原则，实行综合治理，建立并落实治安保卫责任制。治安保卫工作应当纳入生产经营的管理目标之中，要因地制宜、自主管理；治安保卫工作应当纳入单位领导责任制。

治安保卫机构与其他机构合建的，治安保卫工作应当保持相对独立。施工现场应当设立专、兼职治安保卫人员。

新建、改建、扩建的建设项目，施工现场应当同步规划防盗、防火、防破坏、防治安灾害事故等技术预防设施。

重点建设项目的设计会审、竣工验收应当通知公安机关派人参加。重点建设项目的工程承包合同，应有工程治安保卫条款，明确建设施工现场的职责，落实工程治安保卫工作的经费和措施。

4)各项具体措施的制定和落实是施工现场治安保卫工作之一。要加强重点防范部位、贵重物品、危险物品等的安全管理。施工企业应当按照地方人民政府的有关规定正确划定施工现场的要害部门、部位；制定和落实要害部门、部位的各项治安保卫制度和措施，经常进行安全检查，消除隐患，堵塞漏洞；要害部门、部位的职工应当严格按照规定条件配备，经培训合格方可上岗工作；要害部门、部位应当安装报警装置和其他技术防范装置。

与生产有关的物资设备在经营、存放、运输、维修、使用过程中要建立防盗管理制度；库房、货场、办公室、试验室等要害部位应有防护措施，要做到安全、牢固并纳入守护人员视线。

5)施工企业要为保卫组织配备必要的装备，并安排必要的业务经费；为施工现场配备安全技术防范设施和器材。

施工现场治安保卫工作还包括内部各施工队伍的治安管理：调解、疏导施工现场内部纠查，消除、化解不安定因素，维护施工现场的内部稳定；提高警惕，对职责范围内的地区巡视、检查，组织安全检查，及时发现和消除治安隐患；对公安机关指出的治安隐患和提出的改进建议，应在规定的期限内解决，并将结果报告公安机关；对暂时难以解决的治安隐患，应采取相应的安全措施；防止偷窃或治安灾害事故发生。

(3)积极配合当地公安机关组织的各项活动。施工现场保卫组织在施工企业领导和公安机关的监督、指导下，依照法律、法规规定的职责和权限，进行治安保卫工作。要加强治安信息工作，发现可疑情况、不安定事端时，要及时报告公安、企业保卫部门；发生事故或案件时，要保护刑事、治安案件和治安灾害事故现场，抢救受伤人员和物资，并及时向公安、企业保卫部门报告，协助公安机关、企业保卫部门做好侦破和处理工作；参加当地公安机关组织的治安联防、综合治理活动，协助公安机关查破刑事案件和查处治安案件、治安灾害事故。

(4)做好其他治安保卫工作。做好法律、法规和规章规定的其他治安保卫工作，办理人民政府及其公安机关交办的其他治安保卫事项。

二、治安保卫工作应注意的问题

做好施工现场内部治安保卫工作应注意以下问题：

(1)实行双向承诺，明确责权，规范治安承诺。总承包企业的项目经理部配合当地派出所向施工现场的所有施工队伍公开承诺检查、防范等各项工作内容、各项责任追究及赔偿办法；所有施工队伍向派出所承诺，依照施工现场内保条例落实防范措施的内容及自负责任，互签治安承诺服务责任书，健全警企主要责任人联系议事、赔偿责任金管理等制度，从而使双方各有其责，风险共担、责任共负。争取派出所对发生敲诈勒索、哄抢等刑事、治安案件从严查处；督促、帮助落实各项安全防范措施，确保施工现场内部安全。通过签订双向治安承诺责任书，明确项目经理部和施工队伍的权利义务关系，促进管防措施的落实。项目经理部应将治安承诺责任书悬挂在施工现场门口，实行公开挂牌保护。

(2)落实专业保安驻厂，阵地前移。为提高治安质量，及时收集掌握第一手信息，迅速发现和处置突发性事件，确保施工现场及周边治安秩序持续稳定，要变静态管理为动态管理，在施工现场实行专业保安驻厂制，实行一企一专业保安、专业保安多能的管理模式。

驻场专业保安的主要任务是"两建一查一提高"，即协助公司从门卫值班、安全教育到调查、处理纠纷，从四防检查到各类案件防范等方面，建立一套行之有效的安全管理制度；建立内保自治队伍，并负责相关培训工作；驻厂专业保安与内部干部每天对各环节安全生产情况进行一次检查，对施工现场内部及周边各类纠纷及时调查、处理，做到"三个及时，稳妥调处"，即工地内部发生纠纷，责任区专业保安与内保干部做到及时赶到、及时调查、及时处理，不让纠纷久拖不决，不使纠纷扩大升级，保证不影响施工现场的正常生产经营；聘请政法部门的领导和专家到场讲课，提高职工的法律意识。

（3）构筑防范网络，固本强基，拓展治安承诺。扎实的防范工作是支持治安的基础平台。要牢固树立"管理就是服务"的思想，加强对施工现场安全防范工作的检查，指导、督促各项防范措施落实。通过认真分析施工现场的治安环境，建立从点到线、由线到面的立体防控体系，做到人防、物防和技防相结合，增大防范力度，提高防范效益。重点狠抓不同施工队伍的"单位互防"，即由项目部组织施工现场成立联合巡逻队开展护场安全保卫工作，重点加强对要害部位、重要机械和原材料生产的安全保卫和夜间巡逻。

（4）加强内保建设，群防群治，夯实治安承诺。治安保卫工作的实践告诉我们，要提高施工现场治安控制力，就必须加强以内保组织为核心的群防群建设。一是加强内保组织建设。施工现场要建立保卫科，配齐、配强一名专职保卫科长，选取治安积极分子作为兼职内保员。保卫科定期召开会议研究解决工作中遇到的新情况、新问题，找出薄弱环节，有针对性地开展工作。二是加强规范化建设。保卫科要做到"八有"，即有房子、有牌子、有章子、有办公用品、有档案、有台账、有规章制度、有治安信息队伍。保卫科长与责任区民警合署办公，每月到派出所参加例会，总结汇报上月工作情况，接受新的工作部署和安排。三是发挥职能作用。内保组织要认真履行法制宣传、安全防范、调解纠纷和落实帮教等方面的职责，积极协助派出所做好预防和管理工作。

第二节　治安保卫工作责任分解

施工企业应当落实治安保卫责任制。

一、施工现场行政领导责任制

施工现场行政领导是施工现场治安保卫工作的责任人，其职能是：

（1）明确保卫工作的重要性，在任期目标责任制中，应贯彻"因地制宜、自主管理、积极防范、保障安全"的方针，负责保卫组织的建设和领导，督促职能部门和职能人员切实做好治安保卫工作。

（2）组织实施单位治安保卫工作计划，把治安工作纳入项目管理目标。实行施工、技术、质量、安全、财务等各岗位齐抓共管，做到"同计划、同部署、同检查、同总结、同评比"，做得好的部门或个人应给予表扬或奖励，对不负责的施工队伍和个人应给予批评或处罚。

（3）部署各时期的治安保卫工作任务，组织制定本施工现场保卫工作制定，责成有关部门监督执行；分管领导应负责本施工现场的内保治安工作。

（4）负责审批、确定要害部位，定期检查本施工现场的保卫工作情况，及时解决保卫工作中存在的问题，责成有关部门组织必要的安全防范检查，发动群众揭露不安全因素和治安隐患，及时组织人员消防并采取必要的防范措施。

（5）听取、审查有关部门保卫工作开展情况的汇报，审批有关处理意见，组织与督促有关部门对本施工现场内部发生的刑事案件、治安案件和治安灾害事故进行调查和处理。

（6）检查、落实各项治安问题和重大治安灾害事故隐患；研究、处置突出的治安问题和重大治安灾害事故隐患。

二、保卫部门责任制

（1）保卫部门既是本施工现场保卫工作的职能部门，又是公安机关的基层联系组织，应在施工企业和上级公安机关的领导下，充分发挥职能作用，做好治安保卫工作。

（2）利用各种渠道掌握施工现场的治安信息，依法坚决制止妨碍治安秩序的行为。

（3）定期组织检查各部门的保卫工作情况，发现内部隐患要提出整改意见，下达防范整改通知书，督促其限期整改，并向分管领导汇报。

（4）对施工现场发生的各类案件和治安灾害事故，应按规定向分管领导和公安机关报告，并组织力量查破；发生重大刑事和重大治安灾害事故，应保护好现场，积极协助公安机关查破案件。

（5）做好违纪工人的管理控制工作，配合有关部门做好有劣迹职工的帮教工作，采取各种形式促进其思想转化。

（6）同企业有关部门做好法制宣传教育，提高广大员工遵守社会公德、遵纪守法的自觉性，积极同违法违纪行为做斗争。

（7）加强对治保、消防、门卫的领导和业务指导，做好安全检查、督促工作。

（8）搞好各处、室治保安全组织的建设和领导，建立健全各种档案资料和其他管理制度，使保卫工作做到制度化、规范化、标准化。

三、治安保卫员岗位责任制

（1）对本职工作认真负责，严禁擅离岗位，交班时必须与接班人员清点现场材料的堆放和数量，汇报人员流动情况。

（2）值班者必须保证按时巡逻，维护工地正常秩序，清理工地无关人员，负责工地的安全保卫工作，严防被盗、失火及他人破坏。

（3）发现可疑人员进入现场，应立即向现场管理人员报告，必要时送交地方治安办或派出所处理；熟悉各个岗位的地形、物品和消防设施的分布及使用方法，确保现场所住人员及财产的安全。

（4）支持、接受地方治安人员和内部管理人员的巡查工作。

（5）治安保卫员除看守现场的各种设备、设施及建筑材料外，必须准确地登记各类材料进出、收发数量，同时须对现场整顿和文明施工工作负责。

（6）必须严格认真地坚持早晚的交班接班手续，双方签字认可。

（7）凡属于在本班时间内发生的材料、设备被盗事件，该班值班人员必须按原价赔偿；如果发现有里应外合盗窃材料、设备的，必须按原价的双倍处罚，并扣除全部工资；情节严重的，交司法机关处理。

第三节 现场治安管理制度

一、门卫制度

门卫制度是治安保卫工作制度的重要组成部分。

施工现场门卫值班人员一般要具备下列条件：年满 18 周岁，年龄在 35 周岁以下的中华人民共和国公民；身体健康，具有高中以上文化程度；思想进步，政治可靠，热爱治安保卫工作，敢于同坏人坏事做斗争；经过公安机关组织的治安保卫工作培训，取得上岗合格证书。

施工现场值班人员要协助材料员做好材料进出的验收，做好施工现场的安全防范工作，加强巡逻检查，严防坏人进行偷盗和破坏活动。

门卫值班人员必须坚持原则，不徇私情，对违章人员应给予批评教育和纠正；不得随意离开岗位，如被发现，必须进行批评教育，并给予罚款处罚。

工地设门卫值班室，门卫值班人员昼夜轮流值班，白天对外来人员和进出车辆及所有物资进行登记，夜间值班巡逻护场，并保证报警器防范装置的正常使用。

出入制度是门卫制度的重要组织部分，施工企业要根据企业和施工现场特点明确具体要求，可操作性强。一方面，加大宣传力度，要求施工人员积极遵守；另一方面，要求门卫值班人员严格执行。

出入制度主要内容包括主要出入口的通行时间；对施工场地内的一切建筑物资、设备的数量、规格进行查对，符合出门单的准予出门，凡是无出门单或者与出门单不符的，门卫有权暂扣；节假日和下班以后，原则上不准物资出门，如生产急用，除必须有出门单据外，经办人员必须出示本人证件，向值班门卫登记签名；个人携带物品进入大门，值班门卫认为有必要时，有权进行检查，有关人员不得拒绝；调整到其他工地住宿的施工人员所携带的行李物品出门，必须持有关部门的出门手续，值班门卫才能放行；外来人员进入施工现场联系工作、探亲访友，门卫必须先验明证件，进行登记后方可进入，夜间访友者必须于晚上 10 时以前离开；严禁与工程项目无关人员进出工地。

门卫制度内容还包括制定具体措施，做好成品保卫工作；严防盗窃、破坏和治安灾害事故发生；做好报纸、杂志和信件的收发、登记、保管及发放工作，不得遗失，严守秘密。

二、暂住人员管理

暂住人员管理是我国户籍制度的重要部分，建筑工程的固定性决定了建筑从业人员流动性的特点，加强暂住人员的管理是现场治安管理的重要部分，也是做好现场治安管理的基础。

暂住人员是指离开常住户口所在市区或乡（镇）在本市行政区域内其他地域居住（以下称暂住地）3日以上的人员。

为了维护现场施工、生活秩序和财产安全，根据国家、地方的有关规定，并结合施工现场的实际情况，施工企业应制定暂住人员管理制度。

各级公安机关主管本行政区域内的暂住人员管理工作。各公安派出所设立暂住人员管理办公室，具体负责暂住人员的登记、发证及治安管理工作。劳动、房管、工商、教育、计划生育等部门按照各自职责进行暂住人员的管理工作，施工企业应积极配合以上政府单位做好暂住人员管理工作，对暂住人员实行合理调控、严格管理、文明服务、依法保护的方针，严格执行"谁用工、谁管理，谁留宿、谁负责"的原则。任何单位和个人不得侵犯暂住人员的合法权益。

建筑施工企业应当教育暂住人员遵守法律、法规和政府有关规定，服从管理，自觉维护社会秩序，遵守社会公德。

施工企业应当与当地派出所签订治安责任书，并承担下列责任：

(1)对暂住人员进行经常性的法制、职业道德和安全教育；

(2)不得招用无合法身份证明、未按规定办理暂住手续的人员；

(3)及时填报暂住人员登记簿，并向派出所报告暂住人员变动及管理情况；

(4)发现违法犯罪情况及时报告公安部门；

(5)成立治保组织或者配备专（兼）职治保人员，协助做好暂住人员管理工作。

三、重点要害部位安全制度

(1)凡属施工现场的重点及要害部位，必须建立安全管理规章制度，工作人员必须坚守岗位，恪尽职守；施工现场办公室必须门窗完整、安全，钥匙要随身携带，做到人离关窗、上锁，贵重物品（如现金、手表）要随身携带。

(2)对在重点及要害部位上的工作人员要进行经常性的治安保卫常识和遵纪守法教育；有关部门要定期进行考核，对不适合在本部位上工作的人员要坚决调离。

(3)要落实防盗、防火、防破坏和防其他治安灾害事故的措施，维护正常的生产和生活秩序。

(4)现金及有价证券应按指定地点存放大金属柜内，并设专人看守，其他部位严禁存放。若违反规定，要追究有关人员责任。

四、库房、食堂安全管理制度

库房、食堂安全管理制度的主要内容包括库房、食堂等重点部位，严禁闲杂人员进入；落实值班制度，实行责任管理；各种物资要分类堆放、留出通道，不要紧靠围墙；库房、食堂内禁止吸烟，禁止使用电热器具；离开库房、食堂时，注意检查门窗，拉闸断电，锁好门；禁止使用临时照明、取暖设备，以防发生火灾；仓库保管人员应当熟悉所储存物品的分类、性质，熟悉保管业务知识和防火安全制度，正确掌握消防器材的使用；安全使用各种炊事机械设备，注意劳动安全。

材料运出现场时，应填写证明，并及时清理水泥袋等易燃物；工程竣工时，应及时收回多余材料；高档木材、门窗、瓷砖、钢配件、铝合金等贵重物件应存放在专门的安全地点。

危险物品管理包括对易燃、易爆、剧毒、病毒菌种和放射性物质等危险品的生产、储存和使用管理。危险物品必须专库存放，库房结构及位置应符合危险物品安全管理规程，必须设专人保管，建立领取、使用、批准的专项制度，做到账物相符，领取有登记、消耗有定额、回收有记录、交代有手续。

📖 思考与练习

1. 治安保卫工作有哪些内容？
2. 治安保卫员岗位责任制一般有哪些内容？
3. 施工现场门卫值班人员一般要具备哪些条件？

📖 职业活动训练

活动：治安综合治理检查与评分

1. 分组要求：全班分3个组。

2. 训练场景：选择一个施工现场，阅读治安综合治理的文档资料，并进行现场观察检查。

3. 学习要求：学生在老师和安全管理人员的指导下，按《建筑施工安全检查标准》（JGJ 59—2011）文明施工检查评分表的内容，对综合治理的内容进行检查和评分，并分析扣分原因，各组交换成果进行讨论。

3. 成果：治安综合治理检查与评分值。

第十一章　施工现场管理与文明施工

◎ **知识目标**

掌握施工现场管理与文明施工的主要内容。

◎ **能力目标**

具有编制施工现场场容、场貌及料具堆放方案的能力，并对场容、场貌及料具堆放进行检查验收。

施工现场管理的基本任务是根据生产管理的普遍规律和施工的特殊规律，以每个具体工程(建筑物或构筑物)和相应的施工现场为对象，正确地处理好施工过程中的劳动力、劳动对象和劳动手段的关系及其在空间布置上和时间安全上的各种矛盾，做到人尽其才、物尽其用，又快、又好、又省、又安全地完成施工任务，为社会提供更多、更好的建筑产品。

施工现场管理的基本内容包括施工作业计划的组织实施，保证全面完成计划指标；施工现场的平面管理，合理利用空间，创造良好的施工条件；做好施工中的调度工作，及时协调土建工种和专业工种之间、总包与分包之间的关系，组织交叉施工；做好施工过程中的作业准备工作，为连续施工创造条件；认真填写施工日志和施工记录，为交工验收和技术档案积累资料。

施工现场管理是施工管理活动的重要部分，应按照下述四个原则进行。

(1)讲求经济效益。施工生产活动，既是建筑产品实物形态的形成工程，又是工程成本的形成工程。建筑企业施工管理，除保证生产合格产品外，还应努力降低工程成本，以最小的劳动消耗和资金占用，生产出优良的产品。

(2)组织均衡生产。均衡生产是指施工工程中在相等时间内完成的工作量基本相等或稳定递增，即有节奏、按比例地生产。无论是整个建筑企业，还是某一项工程，都要求做到均衡生产。

组织均衡生产符合科学管理的要求，因为均衡生产有利于保证设备和人力的均衡负荷，提高设备利用率和工时利用率；有利于建立正常的生产秩序和管理秩序，保证产品质量和生产安全；有利于节约物资消耗，减少资金占用，降低成本。

(3)组织连续生产。连续生产是指施工生产工程连续不断地进行。由于建筑产品固有的特点，建筑施工生产极容易出现施工间隔情况，造成人力、物力的浪费。要求施工管理通过统筹安排，科学地组织生产，使其连续地进行，尽量减少中断，避免设备闲置、人力窝工，充分发挥建筑企业的生产潜力。

（4）讲究科学管理。为了提高经济效益，必须讲究科学管理就是要求在生产过程中运用符合现代化大工业生产规律的管理制度和方法。现代建筑施工企业从事的是多工种协作的大工业生产，不能只凭经验管理，而必须形成一套管理制度，用制度控制生产过程，这样才能保证生产高质量的产品，取得良好的经济效益。

第一节　施工现场场容管理

一、施工现场场容管理的意义和内容

施工现场的场容管理，实际上是根据施工组织设计的施工总平面图对施工现场进行的管理，它是保持良好的施工现场秩序、保证交通道路和水电畅通、实现文明施工的前提。场容管理的好坏，不仅关系到工程质量的优劣、人工材料消耗的多少，还关系到生命财产的安全。因此，场容管理体现了建筑工地管理水平和施工人员的精神状态。

施工现场场容管理的主要内容：

（1）严格按照施工总平面图的规定建设各项临时设施，堆放大宗材料、成品和半成品及生产设备。

（2）审批各参建单位需用场地的申请，根据不同时间和不同需要，结合实际情况，在总平面图设计的基础上进行合理调整。

（3）贯彻当地政府关于场容管理有关条例，实行场容管理责任制度，做到场容整齐、清洁、卫生、安全、防火、交通畅通、防止污染。

开工之初，一般工地场容管理较好，随着贯彻铺开，由于控制不严、未按施工程序办事，场容逐渐乱起来，常见的场容问题有：随意弃土与取土，形成坑洼和堵塞道路；临时设施搭设杂乱无章；全场排水无统一规划，洗刷机械和混凝土养护排出的污水遍地流淌，道路积水，泥浆飞溅；进场材料不按规定场地堆放，某些材料、构件过早进场，造成场地拥塞，特别是预制构件不分层和不分类堆放，随地乱摆，致使大量损坏；施工余料、残料清理不及时，日积月累，废物成堆；拆下的模板、支撑等周转材料任意堆放，甚至用来垫路铺沟，被埋入土中；管沟长期不回填，到处是深沟壁垒，影响交通，危及安全；管道损坏，阀门不严，水流不断；乱接电源，乱拉电线。

二、施工现场场容管理的原则和方法

1. 按照施工总平面图和场容管理规定进行动态管理

施工现场的情况是随着贯彻进展不断变化的，为了适应这种变化，要经常对现场平面布置进行调整，但必须在总平面图的控制下，严格按照场容管理的各项规定进行。

2. 实行场容管理责任制度

按专业分工实行场容管理责任制，把场容管理的目标进行分解，落实到有关专业和工种，是实行场容管理责任制的基本任务。例如，土方施工必须按指定地点堆土，谁挖土、谁负责，现场混凝土搅拌站，水泥库、砂石堆场的场容，由混凝土搅拌站人员管理；搅拌站前的道路清理和污水排放，由使用混凝土的单位负责；砌筑、抹灰用的砂浆搅拌机，水泥，砖、砂堆场和落地灰、余料的清理，由瓦工、抹灰工负责；模板、支撑及配件、钢木门窗的清理码放，由木工负责；钢筋及其半成品、余料的堆放，由钢筋工负责；脚手杆、跳板、扣件等的清理堆放，由架子工负责；水暖管材及配件的清理、归堆、码放，由管道工负责。

为了明确场容管理的责任，可以通过施工任务或承包合同落实到责任者。

3. 勤于检查，及时整改

场容管理检查工作要从工程施工开始直至竣工交验为止。检查结果要和各工种的施工任务书的结算结合起来，凡是责任区内场容不符合规定的不予结算，并责令限期整改。

三、文明施工与文明工地

文明施工主要是指工程建设实施过程中，保持施工现场良好的作业环境、卫生环境和工作秩序，规范、标准、整洁、有序、科学的建设施工生产活动。文明施工主要包括规范施工现场的场容，保持作业环境的整洁、卫生；科学组织施工，使生产有序进行；减少施工对周围居民和环境的影响；保证职工的安全和身体健康等方面的工作。

(一)文明施工的意义

(1)文明施工是改善人的劳动条件，适应新的环境，提高施工效益，消除施工给城市环境带来的污染，提高人的文明程度和自身素质，确保安全生产、工程质量的有效途径。

(2)文明施工是施工企业落实社会主义精神、物质两个文明建设的最佳结合点。

(3)文明施工是文明城市建设的一个必不可少的重要组成部分，文明城市的大环境客观上要求建筑工地必须成为现代化城市的新景观。

(4)文明施工对施工现场贯彻"安全第一、预防为主"的指导方针，坚持"管生产必须管安全"的原则，起到保证作用。

(5)文明施工以各项工作标准规范施工现场行为，是建筑业施工方式的重大转变。

(6)文明施工是企业无形资产原始积累的需要，是在市场经济条件下企业参与市场竞争的需要。

(7)为了更好地同国际接轨文明施工也参照国际劳工组织第167号《施工安全与卫生公约》，以保障劳动者的安全与健康为前提，文明施工创建了一个安全、有序的作业场所以及卫生、舒适的休息环境，从而带动了其他工作，是"以人为本"思想的具体体现。

(二)文明施工的管理要求

1. 文明施工的条件

(1)有整套的施工组织设计(或施工)方案。

(2)有健全的施工指挥系统和岗位责任制度。

(3)工序衔接交叉合理,交接责任明确。

(4)有严格的成品保护措施和制度。

(5)大、小临时设施和各种材料、构件、半成品按平面布置堆放整齐。

(6)施工场地平整、道路畅通,排水设施得当,水、电线路整齐。

(7)机具设备状况良好、使用合理,施工作业符合消防和安全要求。

2. 文明施工的基本要求

(1)工地主要人口要设置简朴、规整的大门,门旁必须设立明显的标牌,标明工程名称、施工单位和工程负责人姓名等内容。

(2)施工现场建立文明施工责任制,划分区域,明确管理负责人,实行挂牌制,做到现场清洁整齐。

(3)施工现场场地平整,道路坚实、畅通,有排水措施,基础、地下管道施工完后要及时回填平整,清除积土。

(4)现场施工临时水电要有专人管理,不得有长流水、长明灯。

(5)施工现场的临时设施,包括生产、办公、生活用房、仓库、料场、临时上下水管道以及照明、动力线路,要严格按施工组织设计确定的施工平面图布置、搭设和埋设整齐。

(6)工人操作地点和周围必须清洁、整齐,做到活儿完脚下清,工完场地清,丢洒在楼梯、楼板上的砂浆、混凝土要及时清除,落地灰要回收过筛后使用。

(7)砂浆、混凝土在搅拌、运输、使用过程中,要做到不洒、不漏、不剩,使用地点盛放砂浆、混凝土必须有容器或垫板,如有洒、漏要及时清理。

(8)要有严格的成品保护措施,严禁损坏污染成品,堵塞管道。高层建筑要设置临时便桶,严禁在建筑物内大小便。

(9)建筑物内清除的垃圾、渣土,要通过临时搭设的竖井或利用电梯井或采取其他措施稳妥下卸,严禁从门窗口向外抛掷。

(10)施工现场不准乱堆垃圾及余物。应在适当地点设置临时堆放点,并定期外运。清运渣土、垃圾及流体物品,要采取遮盖防漏措施,运送途中不得遗撒。

(11)根据工程性质和所在地区的不同情况,采取必要的围护和遮挡措施,并保持外观整洁。

(12)针对施工现场情况设置宣传标语和黑板报,并适时更换内容,切实起到表扬先进、促进后进的作用。

(13)施工现场严禁居住家属,严禁居民、家属、小孩在施工现场穿行、玩耍。

(14)现场使用的机械设备,要按平面布置规划固定点存放,遵守机械安全规程,保持机身及周围环境的清洁，机械的标记、编号明显，安全装置可靠。

（15）清洗机械排出的污水要有排放措施，不得随地流淌。

（16）使用的搅拌机、砂浆机旁必须设有沉淀池，不得将浆水直接排放下水道及河流等处。

（17）塔式起重机轨道按规定铺设整齐稳固，塔边要封闭，道砟不外溢，路基内外排水畅通。

（18）施工现场应建立不扰民措施，针对施工特点设置防尘和防噪声设施，夜间施工必须有当地主管部门的批准。

3. 文明施工对各单位的管理要求

（1）文明施工对建设单位的要求。施工建设单位在施工方案确定前，应同设计、施工单位和市政、防汛、公用、房管、邮电、电力及其他有关部门，对可能造成周围建筑物、构筑物、防汛设施、地下管线损坏或堵塞的建设工程工地，进行现场检查，并制定相应的技术措施，在施工组织设计中必须要有文明施工的要求内容，以保证施工的安全进行。

（2）文明施工对集团总公司一级企业的要求。集团总公司一级的企业负责督促、检查本单位所属施工企业在建项目的工地，贯彻执行文明施工的规定，做好文明施工的各项工作。

（3）文明施工对总包单位的要求。总包单位应将文明施工、环境卫生和安全防护设施要求纳入施工组织设计，制定工地环境卫生制度及文明施工制度，并由项目经理组织实施。

（4）文明施工对施工单位的要求。施工单位要积极采取措施，降低施工中产生的噪声。要加强对建筑材料、土方、混凝土、石灰膏、砂浆等在生产和运输中造成扬尘、滴漏的管理。施工单位在对操作人员明确任务、抓施工进度、质量、安全生产的同时，必须向操作人员明确提出文明施工的要求，严禁野蛮施工。对施工区域或危险区域，施工单位必须设立醒目的警示标志并采取警戒措施；还要运用各种其他有效方式，减少施工对市容、绿化和周边环境的不良影响。

4. 文明施工对施工操作人员的管理要求

（1）每道工序都应按文明施工的规定进行作业，对施工中产生的泥浆和其他浑浊废弃物，未经沉淀不得排放。

（2）对施工中产生的各类垃圾应堆置在规定的地点，不得倒入河道和居民生活垃圾容器内。

（3）不得随意抛掷建筑材料、残土、废料和其他杂物。

5. 文明施工对施工机械的管理要求

（1）现场使用的机械设备，要按平面布置规划固定点存放，遵守机械安全规程，经常保持机身及周围环境的清洁，机械的标识、编号明显，装置安全、可靠。

（2）清洗机械排出的污水要有排放措施，不得随地流淌。

（3）在使用的搅拌机、砂浆机旁应设沉淀池，不得将浆水直接排放下水道及河流等处。

（4）塔式起重机轨道基础按规定铺设，整齐、稳固，塔边要封闭，道砟不外溢，路基内外排水畅通。

(三)文明工地的创建

1. 文明工地管理目标

(1)安全管理目标。

1)负伤事故频率、死亡事故控制指标。

2)火灾、设备、管线以及传染病传播、食物中毒等重大事故控制指标。

3)标准化管理达标情况。

(2)环境管理目标。

1)文明工地达标情况。

2)重大环境污染事件控制指标。

3)扬尘污染物控制指标。

4)废水排放控制指标。

5)噪声排放控制指标。

6)固体废弃物处置情况。

7)社会相关方投诉的处理情况。

2. 文明工地管理组织机构

工程项目的施工企业、项目部要建立健全且以单位主要负责人和项目经理为第一责任人的文明工地责任体系，建立健全文明工地管理组织机构。

(1)施工企业文明工地领导小组。施工企业文明工地领导小组，由公司主管经理以及技术、安全、质量、设备、财务等主要负责人组成。

(2)工程项目部文明工地领导小组。工程项目部文明工地领导小组，由项目经理、副经理、工程师以及安全、技术、施工等主要部门(岗位)负责人组成。

(3)文明工地工作小组。

1)综合管理工作小组。

2)安全管理工作小组。

3)质量管理工作小组。

4)环境保护工作小组。

5)卫生防疫工作小组。

6)防台防汛工作小组。

各地可以根据当地气候、环境等因素建立其他相关工作小组。

3. 文明工地的规划与实施

(1)文明工地规划措施。创建文明工地的建设工程项目部应加强施工组织设计管理，要把文明工地规划措施作为文明工地创建的重要内容与施工组织设计同时按规定进行审批。

文明工地规划措施内容应包括以下内容：

1)施工现场平面布置与划分。

2)环境保护方案。

3)交通组织方案。

4)卫生防疫措施。

5)现场防火措施。

6)综合管理。

7)社区服务。

8)应急预案等。

（2）文明工地实施要求。工程项目部在对施工人员进行安全技术交底时，必须将文明施工的有关要求同时进行交底，并在施工作业时督促其遵守相关规定，高标准、严要求地做好文明工地创建工作。工程项目部创建文明工地，施工时应符合下列要求：

1)封闭施工。特别是中心城区内施工区域要全封闭隔离施工，不得把马路、交通和社会运行的区域与施工区域混在一起。

2)满足交通组织的需要。施工时，要有一套科学、合理的交通组织方案，将施工对交通的影响降低到最低限度。

3)清洁运输。中心城区主要干道的渣土、材料、土方运输逐步实行封闭式运输管理，车辆驶出工地前要冲洗，保证运输清洁。

4)环境影响最小化。切实落实环境保护措施，控制和减少扬尘、噪声、振动、污水以及夜间施工强光照明等污染，将施工对周围环境的影响降低到最低限度。

5)减少对市民生活和出行的影响。施工单位要把困难留给自己，把方便留给群众。

4. 文明工地的检查与评选

（1）文明工地的检查。对文明工地的检查，要严格执行日常巡查和定期检查制度，检查工作要从工程开工到竣工交验为止。

对文明工地的检查每月应不少于一次。对开出的隐患整改通知书要建立跟踪管理措施，督促项目部及时整改，并对工程项目部的文明施工进行动态监控。

工程项目部每月检查应不少于四次。检查按照国家、行业标准《建筑施工安全检查标准》（JGJ 59—2011）的有关规定，地方和企业的相关规定，对施工现场的安全防护措施、环境保护措施、文明施工责任制以及各项管理制度、现场防火措施等落实情况进行重点检查。在检查中发现的一般安全隐患和违反文明施工的现象，要按"三定"原则予以整改；对各类重大安全隐患和严重违反文明施工的问题，项目部必须认真地进行原因分析，制订纠正和预防措施，并付诸实施。

（2）文明工地的评选。文明工地的评选应参照有关文明工地检查评定标准以及本企业有关文明工地评选规定进行。

参加省、市级文明工地的评选，应按照建设行政主管部门的有关规定，实行预申报与推荐相结合、定期抽查与不定期抽查相结合的方式进行评选。

1)申报工程的书面推荐资料应包括：

①工程中标通知书。

②施工现场安全生产保证体系审核认证通过证书。

③安全标准化管理工地结构阶段复验合格审批单。

④文明工地推荐表。

2)参加文明工地评选的工地必须遵守以下纪律：

①不得在工作时间内停工待检。

②不得违反有关廉洁自律的规定。

第二节　建筑企业形象与人员形象

一、建筑企业形象

现在，许多建筑企业已经制订了CI(企业识别)战略，对企业形象进行策划、设计，并制定了企业形象手册。建筑企业形象手册的内容包括：

(1)保证现场临建的标准、工地外貌、办公室、会议室等按公司形象手册统一要求进行设计、施工；办公室食堂、卫生间等按相应规定统一装修、配置；保证现场各办公室、会议室门牌，各类指示性、警示性标牌的统一。

(2)建筑工程项目全体人员佩戴统一制作的胸卡。安全帽有企业统一标志，正面贴公司徽章。

(3)建筑工程项目现场正对大门位置，可以放置放大的公司质量方针标牌。

(4)施工现场道路坚实、平坦、整洁、保持畅通。施工现场用砖砌墙围挡。

(5)建立健全现场施工管理人员岗位责任制，并挂在办公室的墙上，使自己能随时看到自己的责任，抓好现场管理工作。

建筑工程形象对企业形象、企业实力和企业层次有很强的展现力，建筑工程项目现场形象策划要围绕企业总体目标，分规划阶段、实施阶段和检查验收阶段三部分进行。

(1)现场形象规划阶段。在现场形象规划阶段，要围绕企业总体目标，结合现场实际及环境，在建筑工地管理机构内部组建现场形象工作领导小组和现场形象工作执行小组，确定现场形象目标及实施计划，编制《现场形象设计及实施细则》《现场形象视觉形象具体实施方案》《现场形象工作管理制度》，保证形象工作从策划设计及实施全面受控。

(2)现场形象实施阶段。现场形象工作实际由执行小组按照现场形象策划总体设计要求落实责任、具体实施。其工作内容包括施工平面形象总体策划，员工行为规范；办公及着装要求；现场外貌视觉策划，主体工程形象总体策划，工程"六牌两图"的设计；工程宣传牌、导向牌及标志牌的设计；施工机械、机具标识、材料堆码要求等。要把形象实施与施工质量、安全、文明及卫生工作结合起来，并注意随着施工进度改变宣传形式。

(3)现场形象检查验收阶段。形象工作检查验收分为局部质量目标检查验收与整体效果质量目标检查验收，从理念、行为到视觉识别，深化到用户满意理念，提高企业内在素质，保证整体效果。

二、人员形象

建筑企业全体员工可以采用挂牌上岗制度，安全帽、工作服统一规范，安全值班人员佩戴不同颜色标记。如工地安全负责人佩戴黄底红字臂章，班组安全员佩戴红底黄字袖章等。

(1)安全帽施工管理人员和各类操作人员可以佩戴不同颜色安全帽以示区别，如项目经理、集团公司管理人员及外来检查人员佩戴红色安全帽；一般施工管理人员佩戴白色安全帽；操作工人佩戴黄色安全帽；机械操作人员佩戴蓝色安全帽；机械吊车指挥人员佩戴红色安全帽。

一般在安全帽前方正中喷绘或贴企业标志。

(2)所有操作工人应统一服装。

(3)全体人员佩戴统一制作的胸卡。

第三节 料具管理

施工现场的料具管理属于生产领域物资所有过程的管理，是建筑施工企业物资管理的基本环节，也是安全生产、文明施工的重要内容。

一、料具管理的概念及料具分类

料具管理是材料和工具的总称。

材料是劳动对象，是指人们为了获得某些物质财富在生产工程中以劳动作用其上的一些物品。按其在施工中的作用，分为主要材料、辅助材料、周转材料等。工具是劳动对象，也称为劳动手段，是指人们用以改变或影响劳动对象的一切物质资料。

料具管理是指为满足施工所需的各种料具而进行计划、供应，保管、使用、监督和调节等的总称。其包括流通(供应)和消费两个过程。

二、现场材料管理

建筑工程施工现场是建筑材料(包括形成工程实体的主要材料、结构件以及有助于工程形成的其他材料)的消耗场所，现场材料管理在施工生产不同阶段有其不同的管理内容。

(1)施工准备阶段，现场材料管理工作的主要内容是：了解工程概况、调查现场条件、计算材料用量、编制材料计划、确定供料时间和存放位置。

1）根据施工预算，提出材料需要用量计划及构、配件加工计划，做到品种、规格、数量准确。

2）根据施工组织设计确定的施工平面图布置堆料场地、搭设仓库。堆料场地要平整、不积水，构件存放地点要夯实；仓库要符合防雨、防潮、防火、防盗的要求；木料场必须有足够的防火设施；料场和仓库附近道路畅通，有回旋的余地，便于进料和出料，雨期要有排水措施。

3）根据施工组织设计确定施工进度。考虑材料供应的间隔期，安排各种材料的进场次序和时间，组织材料分批分期进场，做到既能尽量少占用堆料场地和仓库，又能在确保生产正常进行的情况下留有适当的储备。

（2）施工阶段，现场材料管理工作的主要内容是：进场材料验收、现场材料保管和使用。

材料管理人员应全面检查、验收入场材料。应特别注意材料的规格、质量、数量，要妥善保管，减少损耗，严格按平面图计划的位置存放。

（3）施工收尾阶段，现场材料管理工作主要是：保证施工材料的顺利转移，对施工中产生的建筑垃圾及时过筛、拣复用，随时处理不能利用的建筑垃圾。

三、工具与机械管理

（1）工具的分类。工具按价值和使用期限划分为固定资产工具、低值易耗工具、消耗性工具；按使用范围分为专用工具、通用工具；按使用方式分为个人使用工具、班组共用工具。

（2）工具与机械管理办法。大型工具和机械一般采用租赁办法，就是将大型集中一个部门经营管理，对基层施工单位实行内部租赁，并独立核算。基层施工单位在使用大型工具和机械前，要提出计划，主管部门经平衡后，双方签订租赁合同，明确双方权利、义务和经济责任，规定奖罚界限。这样，可以适应大型工具专业性强、安全要求高的特点，使大型工具能够得到专业、经常的养护，确保安全生产。

小型工具是指不同班组配备使用的低值易耗工具和消耗工具。小型生产工具和机械可以采取"定包"办法，对班组实行定包，特别是一些劳保用品，要发放给每个工人，并监督工人正确使用，让工人养成一个良好的习惯。周转材料、模板、脚手架可以按照现场材料的管理办法机械管理。

📖 **思考与练习**

1. 简述施工现场场容管理的意义和内容。

2. 现场文明施工的基本要求是什么？

活动：文明施工检查与评分

1. 分组要求：全班分 3 个组。

2. 训练场景：施工现场的影像及图文资料。

3. 学习要求：学生在老师的指导下，观看施工现场的影像及图文资料，按文明施工检查评分表的内容对现场文明施工情况进行检查评分。

4. 成果：填写文明施工检查评分表。

第十二章 环境保护与环境卫生

熟悉施工现场大气污染、施工噪声污染、水污染、固体废弃物、建筑施工照明污染的防治。

具有对环境保护与环境卫生进行检查验收的能力。

第一节 建设工程项目环境管理

环境保护是按照国家有关法律法规、各级主管部门和建筑企业的要求，保护并改善作业现场的环境，控制各种污染源对环境的污染和危害，使社会的经济发展与人类的生存环境相协调。以环境保护为目的的环境管理是施工的重要部分。

建设工程项目环境管理的目的是保护生态环境，控制作业现场的各种粉尘、废水、废气、固体废弃物以及噪声、振动等对环境的污染和危害，考虑能源节约和避免资源的浪费。

一、建设工程项目环境管理的特点

1. 复杂性

建筑产品的固定性、生产的流动性及受外部环境影响因素多，决定了环境管理的复杂性。建筑产品生产工程中，生产人员、工具与设备的流动性，以及建筑产品受不同外部环境的影响，使环境管理很复杂，稍有考虑不周就会出现问题。

2. 多样性

建筑产品生产工程的多样性和生产的单件性决定了环境管理的多样性。每个建筑产品都要根据其特点要求进行施工，因此，每个技术工程项目都要根据其实际情况制订具体的环境管理计划，不可相互套用。

3. 协调性

建筑产品生产工程的连续性和分工性决定了环境管理的协调性。建筑产品不能像其他许多工业产品分解为若干部分同时生产，而必须在同一固定场地按严格程序连续生产，上一道程序不完成，下一道程序就不能进行（如基础—主体—屋顶），上一道工序生产的结果往往会被下一道工序所掩盖，而且每一道程序都由不同的人员和单位完成。因此，在建筑工程项目环境管理中，要求各单位和各专业人员横向配合与协调，共同关注产品生产接口部分环境管理的协调性。

4. 不符合性

产品的委托性决定了环境管理的不符合性。建筑产品在建造前就确定了买主，按建设单位特定的要求进行委托建造。在建设工程市场供大于求的情况下，业主经常会压低标价，造成产品生产单位对健康安全管理费用的投入减少，不符合环境管理规定的现象时有发生。这就要求建设单位和生产组织单位重视环保费用的投入，杜绝不符合环境管理的现象发生。

5. 持续性

产品生产的阶段性决定了环境管理的持续性。有关建设工程项目从立项到投产使用要经历五个阶段，即设计前的准备阶段（包括项目的可行性研究和立项）、设计阶段、施工阶段、使用前的准备阶段（包括竣工验收和试运行）、保修阶段。这五个阶段都要十分重视项目的安全和环境问题，持续不断地对项目各个阶段可能出现的安全和环境问题实施管理。否则，一旦在某个阶段出现环境问题就会造成投资的巨大浪费，甚至造成工程项目建设的失败。

6. 多样性与经济性

产品的时代性和社会性决定了环境管理的多样性和经济性。建设工程产品是时代政治、经济、文化、风俗的历史记录，表现了不同时代的艺术风格和科学文化水平，反映一定社会的、道德的、文化的、美学的艺术效果，成为可供人们观赏和旅游的景观。

建设工程产品是适应可持续发展的要求，工程的规划、设计施工质量的好坏，受益和受害的不仅是使用者，还有整个社会，影响社会持续发展的环境。因此，除考虑各类建设工程使用功能相协调外，还应考虑各类工程产品的时代性和社会性的要求。

建设工程不仅应考虑建造成本，还应考虑其寿命期内的使用成本。环境管理主要包括工程使用期内的成本，如能耗、水耗、维护、保养及改建更新的费用，并通过比较分析，判定工程是否符合经济要求，另外，环境管理要求节约资源，以减少资源消耗来降低环境污染。

二、建设工程项目环境管理的意义

（1）保护和改善施工环境是保证人们身体健康和社会文明的需要。采取专项措施防止粉尘、噪声和水污染，保护好作业现场及周围的环境，是保证职工和相关人员身体健康、体现社会总体文明的一项利国利民的重要工作。

（2）保护和改善施工现场环境是消除对外干扰、保证施工顺利进行的需要。随着人们法制观念和自我保护意识的增强，尤其在城市施工中扰民问题反映突出，应及时采取防治措施，减少对环境的污染和对市民的干扰，也是施工顺利进行的基本条件。

（3）保护和改善施工环境是现代化大生产的客观要求。现代化施工广泛应用新设备、新技术、新生产工艺，对环境质量要求很高，如果粉尘、振动超标，就可能损坏设备、影响设备的功能，使设备难以发挥作用。

（4）保护和改善施工环境是节约能源、保护人类生存环境、编制社会和建筑企业可持续发展的需要。人类社会即将面临环境污染和能源危机的挑战，为了保护子孙后代赖以生存的环境条件，每个公民和建筑企业都有责任和义务来保护环境。良好的环境和生存条件，也是建筑企业发展的基础和动力。

三、建设工程项目管理人员培训的内容

建筑企业应根据环境管理体系运行的要求，结合环境管理方案，对所有可能对环境产生影响的人员进行相应的培训，主要内容有：

（1）符合环境方针与程序、符合环境管理体系要求的重要性；

（2）个人工作对环境可能产生的影响；

（3）在实现环境保护要求方面的作用与职责；

（4）违反运行程序和规定会产生的不良后果。

四、建设工程项目管理方案的落实

建筑企业要组织有关人员，通过定期或不定期地进行安全文明施工大检查来落实环境管理方案，对环境管理体系的运行实施监督检查。对项目安全文明施工大检查中发现的环境管理的不符合项，由主管部门开出不符合报告，项目技术部门根据不符合项分析产生的原因，制定纠正措施，交专业工程师负责实施。

第二节 防治大气污染

一、大气污染的分类

大气污染物的种类有数千种，已发现有危害作用的有 100 多种，其中大部分是有机物。大气污染物通常以气体状态和粒子状态存在于空气中。

1. 气体状态污染物

气体状态污染物具有运动速度较大、扩散较快、在周围大气中分布比较均匀的特点。气体状态污染物包括分子状态污染物和蒸汽状态污染物。分子状态污染物是指在常温常压下以气体分子形式分散于大气中的物质，如燃料燃烧过程中产生的二氧化硫（SO_2）、氮氧化物（NO_x）、一氧化碳（CO）等。蒸汽状态进入大气，如机动车尾气、沥青烟中含有的碳氢化合物等。

2. 粒子状态污染物

粒子状态污染物又称固体颗粒污染物，是分散在大气中的微小液滴和固体颗粒，粒径为 0.01～100 mm，是一个复杂的非均匀体。通常，根据粒子状态污染物在重力作用下的沉降特性又可分为降尘和飘尘。降尘是指在重力作用下能很快下降的固体颗粒，其粒径小于 10 mm；飘尘具有胶体的性质，又称为气溶胶，它易随呼吸进入软土肺脏，危害人体健康，故称为可吸入颗粒。

二、施工现场空气污染的防治措施

(1)施工现场主要道路、料场、生活办公区域必须进行硬化处理，土方应集中堆放。裸露的场地和集中堆放的土方应采取覆盖、固化或绿化等措施。

(2)使用密目式安全网对在建建筑物、构筑物进行封闭，防止施工过程扬尘扩散。

(3)拆除旧有建筑物时，应采用隔离、洒水等措施防止扬尘扩散，并应在规定期限内将废弃物清理完毕。

(4)不得在施工现场熔融沥青，严禁在施工现场焚烧含有有毒、有害化学成分的装饰废料、油毡、油漆、垃圾等各类废弃物。

(5)从事土方、渣土和施工垃圾运输应采用密闭式运输车辆或采取覆盖措施；施工现场出入口处应采取保证车辆清洁的措施。

(6)施工现场应根据风力和大气湿度的具体情况，确定土方回填、转运的作业时间。

(7)水泥和其他易飞扬的细颗粒建筑材料应密闭存放，砂石等散料应采取覆盖措施。

(8)施工现场混凝土搅拌场所采取封闭、降尘措施。

(9)建筑物内施工垃圾的清运，应采用专用封闭式容器吊运或传送，严禁凌空抛撒。

(10)施工现场应设置密闭式垃圾站，施工垃圾、生活垃圾应分类存放，并及时清运出场。

(11)施工现场的机械设备、车辆的尾气排放应符合国家环保排放标准要求。

(12)对施工现场周边环境卫生每日指派专人进行清扫，保持环境清洁。

第三节　防治施工噪声污染

一、噪声的概念

噪声是影响与危害非常广泛的环境污染问题。噪声环境可以干扰人的睡眠与工作、影响人的心理状态与情绪、造成人的听力损失，甚至引起许多疾病。另外，噪声对人们的对话干扰也是相当大的。不同施工阶段作业噪声限值见表 12-1。

表 12-1　等效声级

施工阶段	主要噪声源	噪声限值/dB	
		昼间	夜间
土石方	推土机、挖掘机、装载机等	75	55
打桩	各种打桩机等	85	禁止施工
结构	混凝土搅拌机、振捣棒、电锯等	70	55
装饰	吊车、升降机等	65	55

注：表中噪声限值是指与敏感区域相应的建筑施工工地边界线处的限制。在建筑施工工地边界线处进行。

二、施工现场噪声的控制

(1)施工现场应遵照《建筑施工场界环境噪声排放标准》(GB 12523—2011)制定降噪措施。对于在城市市区范围内、建筑施工过程中可能产生噪声污染的设备，施工单位应按有关规定向工程所在地的环保部门申报。

(2)施工现场的电锯、电刨、搅拌机、固定式混凝土输送泵、大型空气压缩机等强噪声设备应搭设封闭式机棚，尽可能设置在远离居民区的一侧，以减少噪声污染。

(3)因生产工艺上要求必须连续作业或者特殊需要，确需在 2 时至次日 6 时期间进行施工的，建设单位和施工单位应当在施工前到工程所在地的区、县建设行政主管部门提出申请，经批准后方可进行夜间施工。

(4)进行夜间施工作业的，应采取措施，最大限度地减少施工噪声，可采用隔声布、低噪声振捣棒等方法。

(5)对人为的施工噪声应有管理制度和降噪措施，并进行严格控制。承担夜间材料运输的车辆，进入施工现场严禁鸣笛，装卸材料应做到轻拿轻放，最大限度地减少噪声扰民。

(6)施工现场应进行噪声值监测，监测方法执行《建筑施工场界环境噪声排放标准》(GB 12523—2011)，噪声值不应超过国家或地方噪声排放标准。

第四节　防治水污染

一、水污染物的主要来源

(1)工业污染源：指各种工业废水向自然水体的排放。

(2)生活污染源：主要有食物废渣、食油、粪便、合成洗涤剂、杀虫剂、病原微生物等。

（3）农业污染源：主要有化肥、农药等。

施工现场废水和固体废物随水流流入水体部分，包括泥浆、水泥、油漆、各种油类、混凝土外加剂、重金属、酸碱盐、非金属无机毒物等。

废水处理的目的是把废水中所含的有害物质分离出来。废水处理方法分为物理法、化学法、物理化学方法和生物法。

二、施工现场水污染的防治

（1）施工现场应设置排水沟及沉淀池，现场废水不得直接排入市政污水管网和河流。

（2）现场存放的油料、化学溶剂等应设有专门的库房，地面应进行防渗漏处理。

（3）厕所的化粪池应进行抗渗处理。

（4）食堂、盥洗室、淋浴间的下水管线应设置隔离网，并应与市政污水管线连接，保证排水通畅。

（5）严禁向附近的菜园倾倒化学溶剂、油料等有毒有害物体。

（6）搅拌机前台、混凝土输送泵及运输车辆清洗处应当设置沉淀池，废水不得直接排入市政污水管网，经二次沉淀后循环使用或用于洒水降尘。

（7）沉淀池平时每一周清掏一次，土方开挖时每天清掏一次，浇筑混凝土时，每次混凝土浇筑完后清掏一次。掏出的污泥倒入垃圾站，及时运走。

（8）施工现场设置的食堂，用餐人数在100人以上的，应设置简易有效的隔油池，生活污水经由隔油池后方可排入市政污水管道。隔油池要每天清掏一次，掏出的油污倒入泔水桶内，由专人拉走，防止污染。

（9）洗碗时的剩余饭菜倒入泔水桶内，然后再洗刷碗筷。

（10）硬化路面，施工区的雨水要防止污染排放。

第五节　防治施工固体废物污染

一、建筑工地上常见的固体废物

固体废物是生产、建设、日常生活和其他活动中产生的固态、半固态的废弃物质。固体废物是一个极其复杂的废物体系，按照其化学组成可分为有机废物和无机废物；按照其对环境和人类健康的危害程度可以分为一般废物和危险废物。

施工工地上常见的固体废物有：建筑渣土，包括砖瓦、碎石、渣土、混凝土碎块、废钢铁、碎玻璃、废屑、废弃装饰材料等；废弃的散装建筑材料，包括散装水泥、石灰等；生活垃圾，包括炊厨废物、丢弃食品、废纸、生活用具、玻璃、陶瓷碎片、废电池、废旧日用品、废塑料制品、煤灰渣、废交通工具等；设备、材料等的废弃包装材料及粪便等。

固体废物对环境的危害是全方位的，主要表现在以下几个方面：

(1)侵占土地：固体废物的堆放可直接破坏土地和植被。

(2)污染土壤：固体废物的堆放中，有害成分易污染土壤中发生积累，给作物生长带来危害。部分有害物质还能杀死土壤中的微生物，使土壤丧失腐解能力。

(3)污染水体：固体废物遇水浸泡、溶解后，其有害成分随地表径流或土壤渗流污染地下水和地表水。另外，固体废物还会随风飘迁进入水体造成污染。

(4)污染大气：建筑材料在堆放和运输过程中，以细颗粒状存在的废渣垃圾会随风扩散，使大气中悬浮的灰尘废弃物提高；另外，固体废物在焚烧等处理过程中，可能产生有害气体，造成大气污染。

(5)影响环境卫生：固体废物的大量堆放，会招致蚊蝇滋生、臭味四溢，严重影响工地以及周围环境卫生，对员工和工地附近居民的健康造成危害。

二、施工固体废物的处理

固体废物处理的基本思路是采取资源化、减量化和无害化的处理，对固体废物产生的全过程进行控制。建筑工地固体废物的主要处理方法包括以下几个方面。

1. 回收利用

回收利用是对固体废物进行资源化、减量化的重要手段之一。建筑渣土可视情况加以利用；废钢可按需要用作金属原材料；废电池等废弃物应分散回收、集中处理。

2. 减量化处理

减量化是对已经产生的固体废物进行分选、破碎、压实浓缩、脱水等减少最终处置量，降低处理成本，减少对环境的污染。在减量化处理的过程中，也包括与其他处理技术相关的工艺方法，如焚烧、热解、堆肥等。

3. 焚烧技术

焚烧用于不适合再利用且不宜直接予以填埋处置的废物，尤其是受到病菌、病毒污染的物品，可以用焚烧进行无害化处理。焚烧处理应使用符合环境要求的处理装置，避免对大气的二次污染。

4. 稳定和固化技术

利用水泥、沥青等胶结材料，将松散的废物包裹起来，减小废物的毒性和可迁移性，使得污染减少。

5. 填埋

填埋是固体废物材料的最终技术，经过无害化、减量化处理的废物残渣集中到填埋场进行处置。填埋场应利用天然或人工屏障，尽量使需处置的废物与周围的生态环境隔离，并注意废物的稳定性和长期安全性。

第六节　防治施工照明污染

随着城市建设的加快，人们的生活环境中出现了一种新的环境污染——光污染。光污染的危害日益严重，已成为危害人类的第五大污染。

光污染是一种新的环境污染，泛指影响自然环境，对人类正常生活、工作、休息和娱乐带来不利影响，损害人们观察物体的能力，引起人体不适和损害人体健康的各种光。光污染具有极大的危害性，包括危害人体健康、生态破坏、增加交通事故、妨碍天文观测、给人们生活带来麻烦、浪费能源等。

国际上一般把光污染分为三类，即白亮污染、人工白昼和彩光污染。阳光照射强烈时，城市里建筑物的玻璃幕墙、釉面砖墙、磨光大理石和各种涂料等反射光线，引起白亮污染。人为形成的大面积照亮光源导致的光污染即为人工白昼，各种灯具的灯光汇集是人工白昼的主要污染源。由激光灯、采光灯构成的光污染称为光污染。家装中普遍采用的照明灯，户外闪烁的各色霓虹灯，广告灯和娱乐场所的各种彩色光源，电视、电脑等带屏幕的家用电器是彩光污染的主要污染源，彩光污染会严重影响人们的心理健康。

从《中华人民共和国宪法》到《中华人民共和国环境保护法》和《中华人民共和国民法通则》，都有处理光污染案件的直接和间接法律依据。与国家的环境保护法律、法规不同的是，一些有关环境保护的地方性法规、规章中则明确提及了光污染的防治，如《山东省环境保护条例》《珠海市环境保护条例》等。但是，我国现在有关光污染的法律、法规仍存在不足，尚无法充分维护侵害人的利益。在我国尚没有相关标准和规范的情况下，可参照国际照明委员会(ICE)和发达国家有关规定及标准来防治光污染。光污染不能通过分解、转化、稀释来消除，只能加强预防。以防为主，防治结合，就需要弄清形成光污染的原因和条件，提出相应的防护措施和方法，并制定必要的法律和法规。

建筑工程施工照明污染也是光污染。为减少光污染，应采取下列措施：

(1)根据施工现场照明强度要求选用合理的灯具，"越亮越好"并不科学，要减少不必要的浪费。

(2)建筑工程施工中尽量采用高品质、遮光性能好的荧光灯。荧光灯的工作频率在 20 kHz 以上时，其闪烁度大幅度下降，改善了视觉环境，有利于人体健康。尽量少采用黑光灯、激光灯、探照灯、空中玫瑰灯等不利光源。

(3)施工现场应采取遮蔽措施，限制电焊炫光、夜间施工照明光、具有强反光性建筑材料的反射光等污染源外泄，使夜间照明只照射施工区域而不影响周围居民休息。

(4)施工现场大型照明灯应采用俯视角，不应将直度光线射入空中；应利用挡光、遮光板，或利用减光方法将投光灯产生的溢散光和干扰降到最低的限度。

(5)对紫外线和红外线等看不见的辐射源，必须采取必要的个人防护措施，如电焊工要佩戴防护眼镜和防护面罩。光污染的防护镜有反射型防护镜、吸收型防护镜、反射·吸收型防护镜、光电型防护镜、变色微晶玻璃型防护镜等，可依据防护对象选择相应的防护镜。

(6)对有红外线和紫外线污染以及应用激光的场所，应制定相应的卫生标准并采取必要的安全防护措施，注意张贴警告标志，禁止无关人员进入禁区。

第七节　环境卫生与防疫

建筑工程施工现场条件差、人员流动性强，做好环境卫生与防疫工作非常重要。为防止或最大限度地减少疾病传播和传染病的流行，搞好环境卫生与卫生防疫工作应采取以下措施。

一、施工区卫生管理

为创造舒适的工作环境、养成良好的文明施工作风、保证职工身体健康，施工区域和生活区域应有明确划分，把施工区和生活区分成若干片，分片包干；建立责任区，从道路交通、消防器材、材料堆放到垃圾、厕所、厨房、宿舍、火炉、吸烟等都有专人负责，做到责任落实到人(名单上墙)；使文明施工、环境卫生工作保持经常化、制度化。

施工区卫生管理措施如下：

(1)施工现场要天天打扫，保持整洁卫生，场地平整，各类物品堆放整齐，道路平坦畅通，无堆放物、散落物，做到无积水、无黑臭、无垃圾，有排水措施。生活垃圾与建筑垃圾要分别定点堆放，严禁混放，并应及时清运。

(2)施工现场严禁大小便，发现有随地大小便现象要对责任区负责人进行处罚。施工区、生活区有明确划分，设置标志牌，标牌上注明责任人姓名和管理范围。

(3)卫生区的平面图应按比例绘制，并注明责任区编号和负责人姓名。

(4)施工现场零散材料和垃圾要及时清理，垃圾临时放置不得超过3天，如违反本条规定要处罚工地负责人。

(5)办公室内做到天天打扫，保持整洁卫生，做到窗明地净，文具摆放整齐，达不到要求者对当天卫生值班人员罚款。

(6)职工宿舍铺上、铺下做到整洁有序，室内和宿舍四周保持干净，污水和污物、生活垃圾集中堆放、及时外运，发现不符合此条要求，处罚当天卫生值班人员。

(7)冬季办公室和职工宿舍取暖炉，必须有验收手续，合格后方可使用。

(8)楼内清理出的垃圾，要用容器或小推车、塔式起重机或提升设备运下，严禁高空抛撒。

(9)施工现场的厕所，做到有顶，门窗齐全并有纱，坚持天天打扫，每周撒白灰或打药一至两次，消灭蝇蛆，便坑须加盖。

（10）为了广大职工身体健康，施工现场必须设置保温桶（冬季）和开水（水杯自备），公用杯子必须采取消毒措施，茶水桶必须有盖并加锁。

（11）施工现场的卫生要定期进行检查，发现问题，限期改正。

二、生活区卫生管理

1. 办公室卫生管理

（1）办公室的卫生由办公室全体人员轮流值班负责打扫，并排出值班表。

（2）值班人员负责打扫卫生、打水，做好来访记录。整理文具，文具应摆放整齐，做到窗明地净，无蝇、无鼠。

（3）冬季负责取暖炉的看火，落地炉灰及时清扫，炉灰按指定地点堆放，定期清理外运，防止发生火灾。

（4）未经许可一律禁止使用电炉及其他电加热器具。

2. 宿舍卫生管理

（1）职工宿舍要有卫生管理制度，实行室长负责制，规定一周内每天卫生值日名单并张贴上墙，做到天天有人打扫，保持室内窗明地净，通风良好。

（2）宿舍内各类物品应堆放整齐，不到处乱放，做到整齐、美观。

（3）宿舍内保持清洁卫生，清扫出的垃圾倒在指定的垃圾站堆放，并及时清理。

（4）生活废水应有污水池，二楼以上也要有水源及水池，做到卫生区内无污水、无污物，废水不得乱倒乱流。

（5）夏季宿舍应有消暑和防蚊虫叮咬措施。冬季取暖炉的防煤气中毒设施必须齐全、有效，建立验收合格证制度，经验收合格发证后，方准使用。

（6）未经许可一律禁止使用电炉及其他用电加热器具。

三、食堂卫生管理

为加强建筑工地食堂管理，严防肠道传染病的发生，杜绝食物中毒，把住病从口入关，各单位要加强对食堂的治理整顿。

《中华人民共和国食品卫生法》（以下简称《食品卫生法》）规定，依照食堂规模的大小，入伙人数的多少，应当有相应的食品原料处理、加工、储存等场所及必要的上、下水等卫生设施。要做到防尘、防蝇，与污染源（污水沟、厕所、垃圾箱等）应保持 30 m 以上的距离。食堂内、外做到每天清洗打扫，并保持内、外环境的整洁。

（一）食品卫生

1. 采购运输

（1）采购外地食品应向供货单位索取县以上食品卫生监督机构开具的检验合格证或检验单。必要时可请当地食品卫生监督机构进行复验。

（2）采购食品使用的车辆、容器要清洁卫生，做到生熟分开，防尘、防蝇、防雨、防晒。

（3）不得采购制售腐败变质、霉变、生虫、有异味或《食品卫生法》规定禁止生产经营的食品。

2. 储存、保管

（1）《食品卫生法》的规定，食品不得接触有毒物、不洁物。建筑工程使用的防冻盐（亚硝酸钠）等有毒有害物质，各施工单位要设专人专库存放，严禁亚硝酸盐和食盐同仓共储，要建立健全的管理制度。

（2）存食品要隔墙、离地，注意做到通风、防潮、防虫、防鼠。食堂内必须设置合格的密封熟食间，有条件的单位应设冷藏设备。主副食品、原料、半成品、成品要分开存放。

（3）盛放酱油、盐等副食调料要做到容器物见本色，加盖存放，清洁卫生。

（4）禁止用铝制品、非食用性塑料制品盛放熟菜。

3. 制售过程的卫生

（1）制作食品的原料要新鲜卫生，做到不用、不卖腐败变质的食品，各种食品要烧熟煮透，以免发生食物中毒。

（2）制售过程及刀、墩、案板、盆、碗及其他盛器、筐、水池子、抹布和冰箱等工具要严格做到生熟分开，售饭时要用工具销售直接入口食品。

（3）非经过卫生监督管理部门批准，工地食堂禁止供应生吃凉拌菜，以防止肠道传染疾病。剩饭、剩菜要回锅彻底加热再食用，一旦发现变质，不得食用。

（4）共用食具要洗净消毒，应有上下水洗手和餐具洗涤设备。

（5）使用的代价券必须每天消毒，防止交叉污染。

（6）盛放丢弃食物的桶（缸）必须有盖，并及时清运。

（二）炊管人员卫生

（1）凡在岗位上的炊管人员，必须持有所在地区卫生防疫部门办理的健康证和岗位培训合格证，并且每年进行一次体检。

（2）凡患有痢疾、肝炎、伤寒、活动性肺结核、渗出性皮肤病以及其他有碍食品卫生的疾病，不得参加接触直接入口食品的制售及食品洗涤工作。

（3）民工炊管人员无健康证的不准上岗，否则予以经济处罚，责令关闭食堂，并追究有关领导的责任。

（4）炊管人员操作时必须穿戴好工作服、发帽，做到"三白"（白衣、白帽、白口罩），并保持清洁整齐，做到文明操作，不赤背，不光脚，禁止随地吐痰。

（5）炊管人员必须做好个人卫生，要坚持做到四勤（勤理发、勤洗澡、勤换衣、勤剪指甲）。

（三）集体食堂发放卫生许可证验收标准

（1）新建、改建、扩建的集体食堂，在选址和设计时应符合卫生要求，远离有毒有害场所，30 m 内不得有露天坑式厕所、暴露垃圾堆(站)和粪堆畜圈等污染源。

(2)需有与进餐人数相适应的餐厅、制作间和原料库等辅助用房。餐厅和制作间(含库房)建筑面积比例一般应为 1：1.5。其地面和墙裙的建筑材料，要用具有防鼠、防潮和便于洗刷的水泥等。有条件的食堂制作间灶台及其周围要镶嵌白瓷砖，炉灶应有通风排烟设备。

(3)制作间应分为主食间、副食间、烧火间，有条件的可开设生间、摘菜间、炒菜间、冷荤间、面点间。做到生与熟，原料与成品、半成品，食品与杂物、毒物(亚硝酸盐、农药、化肥等)严格分开。冷荤间应具备"五专"(专人、专室、专容器用具、专消毒、专冷藏)。

(4)主、副食应分开存放。易腐食品应有冷藏设备(冷藏库或冰箱)。

(5)食品加工机械、用具、炊具、容器应有防蝇、防尘设备。用具、容器和食用苫布(棉被)要有生、熟及反、正面标记，防止食品污染。

(6)采购运输要有专用食品容器及专用车。

(7)食堂应有相应的更衣、消毒、盥洗、采光、照明、通风和防蝇、防尘设备，以及通畅的上、下水管道。

(8)餐厅设有洗碗池、残渣桶和洗手设备。

(9)公用餐具应有专用洗刷、消毒和存放设备。

(10)食堂炊管人员(包括合同工、临时工)必须按有关规定进行健康检查和卫生知识培训并取得健康合格证和培训证。

(11)具有健全的卫生管理制度。单位领导要负责食堂管理工作，并将提高食品卫生质量、预防食物中毒，列入岗位责任制的考核评奖条件中。

(12)集体食堂的经常性食品卫生检查工作，各单位要根据《食品卫生法》有关规定和本地颁发的《饮食行业(集体食堂)食品卫生管理标准和要求》及《建筑工地食堂卫生管理标准和要求》，进行管理检查。

(四)职工饮水卫生规定

施工现场应供应开水，饮水器具要卫生。夏季要确保施工现场的凉开水或清凉饮料供应，暑伏天可增加绿豆汤，防止中暑脱水现象发生。

四、厕所卫生管理

(1)施工现场要按规定设置厕所，厕所的合理设置方案：厕所的设置要离食堂 30 m 以外，屋顶墙壁要严密，门窗齐全有效，便槽内必须铺设瓷砖。

(2)厕所要有专人管理，应有化粪池，严禁将粪便直接排入下水道或河流沟渠中，露天粪池必须加盖。

(3)厕所定期清扫制度：厕所设专人天天冲洗打扫，做到无积垢、垃圾及明显臭味，并应有洗手水源，市区工地厕所要有水冲设施保持厕所清洁卫生。

(4)厕所灭蝇蛆措施：厕所按规定采取冲水或加盖措施，定期打药或撒白灰粉，消灭蝇蛆。

思考与练习

1. 简述环境管理的特点。
2. 简述建筑施工现场防治噪声污染的措施。
3. 简述建筑施工现场防治大气污染的措施。
4. 如何做好建筑施工现场环境卫生与防疫工作?

第十三章　消防安全管理

◉ **知识目标**

1. 了解施工现场，加强消防安全管理的必要性；
2. 了解消防安全职责与消防安全法律责任。

◉ **能力目标**

1. 具有参与编制施工现场消防专项施工方案的能力；
2. 能够组织施工现场消防安全检查，并记录与收集有关安全管理档案资料。

第一节　消防安全管理概述

一、消防安全管理的基本概念

消防安全是指控制能引起火灾、爆炸的因素，消除能导致人员伤亡或引起设备、财产破坏和损失的条件，为人们生产、经营、工作、生活创造一个不发生或少发生火灾的安全环境。

消防安全管理是指单位管理者和主管部门遵循经营管理活动规律和火灾发生的客观规律，依照一个规定，运用管理方法，通过管理职能合理、有效地组合，保证消防安全的各种资源所进行的一系列活动，以保护单位员工免遭火灾危害，保护财产不受火灾损失，促进单位改善消防安全环境，保障单位经营、技术的顺利发展。

消防安全管理是单位劳动、经营过程的一般要求，是其生存和发展的客观要求，是单位共同劳动和共同生活不可缺少的组成部分。

二、加强消防安全管理的必要性

加强施工现场消防安全管理的必要性主要体现在以下几个方面：

(1)在建设工程中，可燃性临时建筑物多，受现场条件限制，仓库、食堂等临时性的易燃建筑物毗邻。

(2)易燃材料多，现场除传统的油毡、木料、油漆等可燃性建材之外，还有许多施工人员不太熟悉的可燃材料，如聚苯乙烯泡沫塑料板，聚氨酯软质海绵、玻璃钢等。

（3）建筑施工手段的现代化、机械化，使施工离不开电源、卷扬机、起重机、搅拌机、对焊机、电焊机、聚光灯塔等大功率电气设备，其电源线的敷设大多是临时性的，电气绝缘层容易磨损，电气负荷容易超载，而且这些电气设备多是露天设置的，易绝缘老化、漏电或遭受雷击，造成火灾。

施工现场存在着用电量大、临时线路纵横交错、容易短路和漏电产生电火花或用电负荷量大等引起火灾的隐患。

（4）交叉作业多，施工工序相互交叉，火灾隐患不易发现，施工人员流动性较大，民工多，安全文化程度不一，安全意识薄弱。

（5）装修过程险情多，在装修阶段或者工程竣工后的维护过程，因场地狭小、操作不便，建筑物的隐蔽部位较多，如果用火、喷涂油漆等，不小心就会酿成火灾。

施工现场存在较多的火灾隐患，一旦发生火灾，不仅会烧毁未建成的建筑物和其周围建筑物，带来巨大的经济损失，而且还会造成重大人员伤亡。消防安全直接关系到人民群众的生命和财产安全，必须加强消防安全管理。

第二节　施工现场消防安全职责

一、施工单位消防安全职责

《机关、团体、企业、事业单位消防安全管理规定》第十二条规定，建筑工程施工现场的消防安全由施工单位负责。实行施工总承包的，由总承包单位负责。分包单位向总承包单位负责，服从总承包单位对施工现场的消防安全管理。对建筑物进行局部改建、扩建和装修的工程，技术单位应当与施工单位订立的合同中明确各方对施工现场的消防安全责任。

《中华人民共和国消防法》（以下简称《消防法》）第十六条规定，机关、团体、企业、事业单位应当履行下列消防安全职责：

（1）落实消防安全责任制，制定本单位的消防安全制度、消防安全操作规程，制定灭火和应急疏散预案；

（2）按照国家标准、行业标准配置消防设施、器材，设置消防安全标志，并定期组织检验、维修，确保完好有效，如图13-1所示；

（3）对建筑消防设施每年至少进行一次全面检测，确保完好有效，检测记录应当完整准确，存档备查；

（4）保障疏散通道、安全出口、消防车通道畅通，保证防火防烟分区、防火间距符合消防技术标准，如图13-2所示；

（5）组织防火检查，及时消除火灾隐患；

(6)组织进行有针对性的消防演练。

图 13-1　消防器材

图 13-2　厂区道路

《消防法》第二十一条规定，禁止在具有火灾、爆炸危险的场所吸烟、使用明火。因施工等特殊情况需要使用明火作业的，应当按照规定事先办理审批手续，采取相应的消防安全措施；作业人员应当遵守消防安全规定。进行电焊、气焊等具有火灾危险作业的人员和自动消防系统的操作人员，必须持证上岗，并遵守消防安全操作规程。

《消防法》第二十八条规定，任何单位、个人不得损坏、挪用或者擅自拆除、停用消防设施、器材，不得埋压、圈占、遮挡消火栓或者占用防火间距，不得占用、堵塞、封闭疏散通道、安全出口、消防车通道。人员密集场所的门窗不得设置影响逃生和灭火救援的障碍物。

《中华人民共和国建筑法》第三十九条规定，建筑施工企业应当在施工现场采取维护安全、防范危险、预防火灾等措施；有条件的，应当对施工现场实行封闭管理。

《建设工程安全生产管理条例》第三十一条规定，施工单位应当在施工现场建立消防安全责任制度，确定消防安全责任人，制定用火、用电、使用易燃易爆材料等各项消防安全管理制度和操作规程，设置消防通道、消防水源，配备消防设施和灭火器材，并在施工现场入口处设置明显标志。

《关于防止发生施工火灾事故的紧急通知》（建监〔1998〕12 号）主要内容如下：

（1）各地区、各部门、各企业都要切实增强全员的消防安全意识。

（2）各地区、各部门、各企业要立即组织一次施工现场消防安全大检查，切实消除火灾隐患，警惕火灾的发生，检查的重点是施工现场（包括装饰装修工程）、生产加工车间、临时办公室、临时宿舍以及有明火作业和各类易燃、易爆物品的存放场所等。

（3）建筑施工企业要严格执行国家和地方有关消防安全的法规、标准和规范，坚持"预防为主"的原则，建立和落实施工现场消防设备的维护、保养制度以及化工材料、各类油料等易燃品仓库管理制度，确保各类消防设施的可靠、有效及易燃品存放、使用安全。

（4）要严肃施工火灾事故的查处工作，对发生重大火灾事故的，要严格按照"四不放过"的原则，查明原因、查清责任，对肇事者和有关负责人要严肃进行查处，施工现场发生重大火灾事故的，在向公安消防部门报告的同时，必须及时报告当地建设行政主管部门，对有重大经济损失的和产生重大社会影响的火灾事故，要及时报告原建设部建设监理司。

二、施工现场的消防安全组织

建立消防安全组织，明确各级消防安全管理职责，是确保施工现场消防安全的重要前提。施工现场消防安全组织包括：

（1）建立消防安全领导小组，负责施工现场的消防安全领导工作。

（2）成立消防安全保卫组（部），负责施工现场的日常消防安全管理工作。

（3）成立义务消防队，负责施工现场的日常消防安全检查、消防器材维护和初期火灾扑救工作。

（4）项目经理是施工现场的消防安全责任人，对施工现场的消防安全工作全面负责；同时，确定一名主要领导为消防安全管理人，具体负责施工现场的消防安全工作；配备专、兼职消防安全管理人员（消防干部、消防主管），负责施工现场的日常消防安全管理工作。

三、施工现场消防安全职责

1. 项目经理职责

（1）对项目工程生产经营过程中的消防负全面领导责任。

（2）贯彻落实消防方针、政策、法规和各项规章制度，结合项目工程特点及施工全过程的情况，制定本项目各消防管理办法或提出要求，并监督实施。

（3）根据工程特点确定消防规章管理体制和人员，并确定各业务承包人的消防保卫责任和考核指标，支持、指导消防人员工作。

（4）组织落实施工组织设计中的消防措施，组织并监督项目施工中消防技术交底和设备、设施验收制度的实施。

（5）领导、组织施工现场定期的消防检查，发现消防工作中的问题，制定措施，及时解决。对上级提出的消防与管理方面的问题，要定时、定人、定措施予以整改。

（6）发生事故后，要做好现场保护与抢救工作，及时上报，组织、配合事故调查，认真落实制定的整改措施，吸取事故教训。

（7）对外包队伍加强消防安全管理，并对其教训评定。

（8）参加消防检查，对施工中存在的不安全因素，从技术方面提出整改意见和方法并予以清除。

（9）参加并配合火灾及重大未遂事故的调查，从技术上分析事故原因，提出防范措施和意见。

2. 工长职责

（1）认真执行上级有关消防安全生产规定，对所管辖班组的消防安全生产负直接领导责任。

（2）认真执行消防安全技术措施及安全操作规程，针对生产任务的特点，向班组进行书面消防安全技术交底，履行签字手续，并对规程、措施、交底的执行情况实施经常检查，随时纠正现场及作业中的违章、违规行为。

（3）经常检查所管辖班组作业环境及各种设备、设施的消防安全状况，发现问题及时纠正、解决。对重点、特殊部位的施工，必须检查作业人员及设备、设施及时状况是否符合消防安全要求，严格执行消防安全技术交底，落实安全技术措施，并监督其认真执行，做到不违章指挥。

（4）定期组织所辖班组学习消防规章制度，开展消防安全教育活动，接受安全部门或人员的消防安全监督检查，及时解决提出的不安全问题。

（5）对分管工程项目应用的符合审批手续的新材料、新工艺、新技术，要组织作业工人进行消防安全技术培训；若在施工中发现问题，必须立即停止使用，并上报有关部门或领导。

（6）发生火灾或未遂事故要保护现场，立即上报。

3. 班组长的职责

（1）对本班、组的消防工作负全面责任。认真贯彻执行各项消防规章制度及安全操作规程，认真落实消防安全技术交底，合理安排班组人员工作。

（2）熟悉本班组的火险危险性，遵守岗位防火责任制，定期检查班组作业现场消防状况，发现问题及时解决。

（3）严格执行劳动纪律，及时纠正违章、蛮干现象，认真填写交接班记录和有关防火工作的原始资料，使防火管理和火险隐患检查整改在班组不留任何漏洞。

(4)经常组织班组人员学习消防知识，监督班组人员正确使用个人劳动保护用品。

(5)对新调入的职工或变更工种的职工，在上岗位之前进行防火安全教育。

(6)熟悉本班组消防器材的分布位置，加强管理，明确分工，发现问题及时反映，保证初期火灾的扑救。

(7)发现火灾苗头，保护好现场，立即上报有关领导。

(8)发生火灾事故，立即报警和向上级报告，组织本班组义务消防人员和职工扑救，保护火灾现场，积极协助有关部门调查火灾原因，查明责任者并提出改进意见。

4. 班组工人的职责

(1)认真学习和掌握消防知识，严格遵守各项防火规章制度。

(2)认真执行消防安全技术交底，不违章作业，服从指挥、管理；随时随地注意消防安全，积极主动地做好消防安全工作。

(3)发扬团结友爱精神，在消防安全生产方面做到互相帮助、互相监督，对新工人要积极传授消防保卫知识，维护一切消防设施和防护用具，做到整齐使用，不损坏、不私人拆改、挪用。

(4)对不利于消防安全的作业要积极提出意见，并有权拒绝违章指挥。

(5)发现有火灾险情立即向领导反映，避免事故发生。

(6)发现火灾应立即向有关部门报告火警，不谎报火警。

(7)发生火灾事故时，有参加、组织灭火工作的义务，并保护好现场，主动协助领导查清起火原因。

5. 消防负责人职责

项目消防负责人是工地防火安全的第一责任人，负责本工地的消防安全，履行以下职责：

(1)制定并落实消防安全责任制和防火安全管理制度，组织编制火灾的应急预案和落实防火、灭火方案以及火灾发生时应急预案的实施。

(2)拟定项目经理部及义务消防队的消防工作计划。

(3)配备灭火器材，落实定期维护、保养措施，改善防火条件，开展消防安全检查和火灾隐患整改工作，及时消除火险隐患。

(4)管理本工地的义务消防队和灭火训练，组织灭火和应急疏散预案的实施和演练。

(5)组织开展员工消防知识、技能的宣传教育和培训，使职工懂得安全用火、用电和其他防火、灭火常识，增强职工消防意识和自防自救能力。

(6)组织火灾自救，保护火灾现场，协助火灾原因调查。

6. 消防干部的职责

(1)认真贯彻"预防为主、防消结合"的消防工作方针，协助防火负责人制定防火安全方案和措施，并督促落实。

(2)定期进行防火安全检查，及时消除各种火险隐患，纠正违反消防法规、规章的行为，并向防火负责人报告，提出对违章人的处理意见。

（3）指导防火工作，落实防火组织、防火制度和灭火准备，对职工进行防火宣传教育。

（4）组织参加本业务系统召集的会议，参加施工组织设计的审查工作，按时填报各种报表。

（5）对重大火险隐患及时提出消除措施的建议、填发火险隐患通知书，并报消防监督机关备案。

（6）组织义务消防队的业务学习和训练。

（7）发生火灾事故，立即报警和向上级报告，同时要积极组织扑救，保护火灾现场，配合事故的调查。

7. 义务消防队职责

（1）热爱消防工作，遵守和贯彻有关消防制度，并向职工进行消防知识宣传，提高防火警惕性。

（2）结合本职工作，班前、班后进行防火检查，发现不安全的问题及时解决，解决不了的应采取措施并向领导报告，发现违反防火制定者有权制止。

（3）经常维修、保养消防器材及设备，并根据本单位的实际情况和需要报请领导添置各种消防器材。

（4）组织消防业务学习和技术操练，提高消防业务水平。

（5）组织队员轮流值勤。

（6）协助领导制定本单位灭火的应急预案。发生火灾立即启动应急预案，实施灭火与抢救工作。协助领导和有关部门保护现场，追查失火原因，提出改进措施。

四、消防安全法律责任

《消防法》第五十八条规定，有下列行为之一的，责令停止施工、停止使用或者停产停业，并处三万元以上三十万元以下罚款：（1）依法应当经公安机关消防机构进行消防设计审核的建设工程，未经依法审核或者审核不合格，擅自施工的；（2）消防设计经公安机关消防机构依法抽查不合格，不停止施工的；（3）依法应当进行消防验收的建设工程，未经消防验收或者消防验收不合格，擅自投入使用的；（4）建设工程投入使用后经公安机关消防机构依法抽查不合格，不停止使用的；（5）公众聚集场所未经消防安全检查或者经检查不符合消防安全要求，擅自投入使用、营业的。

建设单位未依照《消防法》规定将消防设计文件报公安机关消防机构备案，或者在竣工后未依照本法规定报公安机关消防机构备案的，责令限期改正，处五千元以下罚款。

《消防法》第五十九条规定，有下列行为之一的，责令改正或者停止施工，并处一万元以上十万元以下罚款：（1）建设单位要求建筑设计单位或者建筑施工企业降低消防技术标准设计、施工的；（2）建筑设计单位不按照消防技术标准强制性要求进行消防设计的；（3）建筑施工企业不按照消防设计文件和消防技术标准施工，降低消防施工质量的；（4）工程监理单位与建设单位或者建筑施工企业串通，弄虚作假，降低消防施工质量的。

《消防法》第六十条规定，有下列行为之一的，责令改正，处五千元以上五万元以下罚款：(1)消防设施、器材或者消防安全标志的配置、设置不符合国家标准、行业标准，或者未保持完好有效的；(2)损坏、挪用或者擅自拆除、停用消防设施、器材的；(3)占用、堵塞、封闭疏散通道、安全出口或者有其他妨碍安全疏散行为的；(4)埋压、圈占、遮挡消火栓或者占用防火间距的；(5)占用、堵塞、封闭消防车通道，妨碍消防车通行的；(6)人员密集场所在门窗上设置影响逃生和灭火救援的障碍物的；(7)对火灾隐患经公安机关消防机构通知后不及时采取措施消除的。

《消防法》第六十一条规定，生产、储存、经营易燃易爆危险品的场所与居住场所设置在同一建筑物内，或者未与居住场所保持安全距离的，责令停产停业，并处五千元以上五万元以下罚款。

《消防法》第六十二条规定，有下列行为之一的，依照《中华人民共和国治安管理处罚法》的规定处罚：

(1)违反有关消防技术标准和管理规定生产、储存、运输、销售、使用、销毁易燃易爆危险品的；(2)非法携带易燃易爆危险品进入公共场所或者乘坐公共交通工具的；(3)谎报火警的；(4)阻碍消防车、消防艇执行任务的；(5)阻碍公安机关消防机构的工作人员依法执行职务的。

《消防法》第七十一条规定，公安机关消防机构的工作人员滥用职权、玩忽职守、徇私舞弊，有下列行为之一，尚不构成犯罪的，依法给予处分：(1)对不符合消防安全要求的消防设计文件、建设工程、场所准予审核合格、消防验收合格、消防安全检查合格的；(2)无故拖延消防设计审核、消防验收、消防安全检查，不在法定期限内履行审批职责的；(3)发现火灾隐患不及时通知有关单位或者个人整改的；(4)利用职务为用户、建设单位指定或者变相指定消防产品的品牌、销售单位或者消防技术服务机构、消防设施施工单位的；(5)将消防车、消防艇以及消防器材、装备和设施用于与消防和应急救援无关的事项的；(6)其他滥用职权、玩忽职守、徇私舞弊的行为。

建设、产品质量监督、工商行政管理等其他有关行政主管部门的工作人员在消防工作中滥用职权、玩忽职守、徇私舞弊，尚不构成犯罪的，依法给予处分。

第三节 消防设施管理

一、施工现场平面布置的消防安全要求

1. 防火间距要求

施工现场的平面布局应以施工工程为中心，明确划分出用火作业区、禁火作业区（易燃可燃材料的堆放场地）、仓库区、现场生活区和办公区等区域。区域间应设立明显的标志，

将火灾危险性大的区域布置在施工现场常年主导风向的下风侧或侧风向，各区域之间的防火间距应符合消防技术规范和有关地方法规的要求。

(1)禁火作业区距离生活区应不小于15 m，距离其他区域应不小于25 m。

(2)易燃、可燃材料的堆料场及仓库距离修建的建筑物和其他区域应不小于20 m。

(3)易燃废品的集中场地距离修建的建筑物和其他区域应不小于30 m。

(4)防火间距内，不应堆放易燃、可燃材料。

(5)临时设施最小防火间距，应符合《建筑设计防火规范》(GB 50016—2014)的规定。

2. 现场道路及消防要求

(1)施工现场的道路，夜间要有足够的照明设备。

(2)施工现场必须建立消防通道，其宽度应不小于3.5 m，禁止占用场内通道堆放材料，在工程施工的任何阶段都必须通行无阻。施工现场的消防水源处，还要筑有消防车能驶入的道路，如果不可能修建通道，应在水源(池)一边铺砌停车和回车空地。

(3)临时性建筑物、仓库以及正在修建的建(构)筑物的道路旁，都应该配置适当种类和一定数量灭火器，并布置在明显的和便于取用的地点。冬期施工还应对消防水池、消防栓和灭火器等做好防冻工作。

3. 消防用水要求

施工现场要设有足够的消防水源(给水管道或蓄水池)，对有消防给水管道设计的工程，应在施工时先敷设好室外消防给水管道与消防栓。

现场应设消防水管网、配备消防栓。进水干管直径不小于100 mm。较大工程要分区设置消防栓；施工现场消防栓处，要设明显标志，配备足够水带，周围3 m内，不准存放任何物品。消防泵房应用非燃材料建造，设在安全位置，消防泵专用配电线路应引自施工现场总断路器的上端，要保证连续、不间断供电。

二、焊接机具、燃气具的安全管理

1. 电焊设备的防火、防爆炸要求

(1)每台电焊机均需设专用断路开关，并有与电焊机相匹配的过流保护装置，装在防火防雨的闸箱内。现场使用的电焊机，应设有防雨、防潮、防晒的机棚，并装设相应的消防器材。

(2)每台电焊机应设独立的接地、接零线，其接点用螺钉压紧。电焊机的接线柱、接线孔等应装在绝缘板上，并有防护罩保护。电焊机应放置在避雨、干燥的地方，不准与易燃、易爆的物品或容器混放在一起。

(3)电焊机和电源要符合用电安全负荷。超过3台以上的电焊机要固定地点集中管理、统一编号。室内焊接时，电焊机的位置、线路敷设和操作地点的选择应符合防火安全要求，作业前必须进行检查。

(4)电焊钳应具有良好的绝缘和隔热能力。电焊钳握柄必须良好绝缘，握柄与导线连接牢靠，接触良好。

(5)电焊机导线应具有良好的绝缘，绝缘电阻不得小于 1 MΩ，应使用防水型的橡胶皮护套多股铜芯软电缆，不得将电焊机导线放在高温物体附近。

(6)电焊机导线和接地线不得搭在氧气瓶、乙炔瓶、乙炔发生器、煤气、液化气等易燃、易爆设备和带有热源的物品上；专用的接地线直接接在焊件上，不准接在管道、机械设备、建筑物金属架或轨道上。

(7)电焊导线长度不宜大于 30 m，当需要加长时，应相应增加导线的截面，电焊导线中间不应有接头，如果必须设有接头，其接头处要距离易燃、易爆物 10 m 以上，防止接触打火，造成起火事故。

(8)电焊机二次线，应用线鼻子压接牢固，并加防护罩，防止松动、短路放弧。禁止使用无防护罩的电焊机。

(9)施焊现场 10 m 范围内，不得堆放油类、木材、氧气瓶、乙炔发生器等易燃、易爆物品。

(10)当长期停用的电焊恢复使用时，其绝缘电阻不得小于 0.5 MΩ，接线部分不得有腐蚀或受潮现象。

2. 气焊设备的防火、防爆要求

(1)氧气瓶与乙炔瓶。

1)氧气瓶与乙炔瓶是气焊工艺的主要设备，属于易燃、易爆的压力容器。乙炔气瓶必须配备专用的乙炔减压器和回火防止器可以防止氧气倒回而发生事故。氧气瓶要安装高、低气压表，不得接近热源，瓶阀及其附件不得沾油脂。

2)乙炔气瓶、氧气瓶与气焊操作地点(含一切明火)的距离不应小于 10 m，焊、割作业时，两者的距离不应小于 5 m，存放时的距离不小于 2 m。

3)氧气瓶、乙炔瓶应立放固定，严禁倒放，夏季不得在日光下曝晒，不得放在高压线下面，禁止在氧气瓶、乙炔瓶的垂直上方进行焊接。

4)气焊工在操作前，必须对其设备进行检查，禁止使用保险装置失灵或导管有缺陷的设备。装置要经常检查和维护，防止漏气，同时严禁气路沾油。

5)冬期施工完毕后，要及时将乙炔瓶和氧气瓶送回存放处，并采取一定的防冻措施，以免冻结。如果冻结，严禁敲击和明火烘烤，要用热水或蒸气加热解冻，不许用热水或蒸气加热瓶体。

6)检查漏气时要用肥皂水，禁止用明火试漏。作业时，要根据金属材料的材质、形状确定焊炬与金属的距离，不要距离太近，以防喷嘴太热，引起焊炬年自燃回火。点火前，要检查焊炬是否正常，其方法是检查焊炬的吸力，若开了氧气而乙炔管毫无吸力，则焊炬不能使用，必须及时修复。

7)瓶内气体不得用尽，必须留有 0.1~0.2 MPa 的余压。

8)储运时，瓶阀应戴安全帽，瓶体要有防震圈，应轻装轻卸，搬运时严禁滚动、撞击。

（2）液化石油气瓶。

1）运输和储存时，环境温度不得高于 60 ℃；严禁受日光曝晒或靠近高温热源；与明火距离不小于 10 m。

2）气瓶正立使用，严禁卧放、倒置。必须装专用减压器，使用耐油性强的橡胶管和衬垫；使用时环境温度以 20 ℃ 为宜。

3）冬季时，严禁火烤或沸水加热气瓶，只可以用 40 ℃ 以下温水加热。

4）禁止自行倾倒残液，防止发生火灾和爆炸。

5）瓶内气体不得用尽，必须留有 0.1 MPa 以上的余压。

6）禁止剧烈振动和撞击。

7）严格控制充装量，不得充满液体。

三、消防设施、器材的布置

根据灭火的需要，建筑施工现场必须配置相应种类、数量的消防器材、设备、设施，如消防水池（缸）、消防梯、砂箱（池）、消防栓、消防桶、消防锹、消防钩（安全钩）及灭火器等。

1. 消防器材的配备

（1）一般临时设施区域内，每 100 m² 配备 2 只 10 L 灭火器。

（2）大型临时设施总面积超过 1 200 m²，应备有专供消防用的积水桶（池）、黄砂池等器材、设施、上述设施周围不得堆放物品，并留有消防车道。

（3）临时木工间、油漆间，木、机具间每 25 m² 配备一只种类合适的灭火器、油库、危险品仓库应配备足够数量、种类合适的灭火器。

（4）仓库或堆料场内，应根据灭火对象的特征，分组布置酸碱、泡沫、清水、二氧化碳等灭火器，每组灭火器不应少于 4 个，每组灭火器之间的距离不应大于 30 m。

（5）高度 24 m 以上高层建筑施工现场，应设置具有足够扬程的高压水泵或其他防火设备和设施。

（6）施工现场的临时消防栓应分设于明显且便于使用的地点，并保证消防栓的充实水柱能达到工程的任何部位。

（7）室外消防栓应沿消防车道或堆料场内交通道路的边缘设置，消防栓之间的距离不应大于 50 m。

（8）采用低压给水系统，管道内的压力在消防用水量最大时不低于 0.1 MPa；采用高压给水系统，管道内的压力应保证两支水枪同时布置在堆场内最远和最高处的要求，水枪充实水柱不小于 13 m，每支水枪的流量不应小于 5 L/s。

2. 灭火器使用温度

灭火器的使用温度范围，见表 13-1。

表 13-1　灭火器的使用温度范围

灭火器类型	使用温度范围/℃	灭火器类型		使用温度范围/℃
清水灭火器	4～55	干粉灭火器	贮气瓶式	10～55
酸碱灭火器	4～55		贮压式	20～55
化学泡沫灭火器	4～55	卤代烷式灭火器		20～55
二氧化碳灭火器	10～55			

3. 消防器材的日常管理

(1)各种消防梯经常保持完整、完好。

(2)水枪要经常检查，保持开关灵活、水流畅通、附件齐全、无锈蚀。

(3)水带冲水防骤然折弯，不被油脂污染，用后清洗晒干，收藏时单层卷起，竖直放在架上。

(4)各种管接头和阀盖应接装灵遍、松紧适度、无渗漏，不得与酸碱等化学用品混放，使用时不得撞压。

(5)消防栓按室内外(地上、地下)的不同要求定期进行检查和及时加注润滑液，消防栓上应经常清理。

(6)工地设有火灾探测和自动报警灭火系统时，应设专人管理，保持处于完好状态。

(7)消防水池与建筑物之间的距离一般不得小于 10 m，在水池的周围留有消防车道。在冬季或寒冷地区，消防水池应有可靠的防冻措施。

📖 思考与练习

1. 工长的消防安全职责是什么?

2. 违反有关的消防安全法律，需要承担什么责任?

3. 施工现场平面布置的消防安全要求有哪些?

4. 如何对焊接机具进行消防安全管理?

附录 建筑施工安全检查标准
(JGJ 59—2011)

1 总 则

1.0.1 为科学评价建筑施工现场安全生产，预防生产安全事故的发生，保障施工人员的安全和健康，提高施工管理水平，实现安全检查工作的标准化，制定本标准。

1.0.2 本标准适用于房屋建筑工程施工现场安全生产的检查评定。

1.0.3 建筑施工安全检查除应符合本标准外，尚应符合国家现行有关标准的规定。

2 术 语

2.0.1 保证项目 assuring items

检查评定项目中，对施工人员生命、设备设施及环境安全起关键性作用的项目。

2.0.2 一般项目 general items

检查评定项目中，除保证项目以外的其他项目。

2.0.3 公示标牌 public signs

在施工现场的进出口处设置的工程概况牌、管理人员名单及监督电话牌、消防保卫牌、安全生产牌、文明施工牌及施工现场总平面图等。

2.0.4 临边 temporary edges

施工现场内无围护设施或围护设施高度低于 0.8 m 的楼层周边、楼梯侧边、平台或阳台边、屋面周边和沟、坑、槽、深基础周边等危及人身安全的边沿的简称。

3 检查评定项目

3.1 安全管理

3.1.1 安全管理检查评定应符合国家现行有关安全生产的法律、法规、标准的规定。

3.1.2 安全管理检查评定保证项目应包括：安全生产责任制、施工组织设计及专项施工方案、安全技术交底、安全检查、安全教育、应急救援。一般项目应包括：分包单位安全管理、持证上岗、生产安全事故处理、安全标志。

3.1.3 安全管理保证项目的检查评定应符合下列规定：

1. 安全生产责任制

(1)工程项目部应建立以项目经理为第一责任人的各级管理人员安全生产责任制；

(2)安全生产责任制应经责任人签字确认；

(3)工程项目部应有各工种安全技术操作规程；

（4）工程项目部应按规定配备专职安全员；

（5）对实行经济承包的工程项目，承包合同中应有安全生产考核指标；

（6）工程项目部应制定安全生产资金保障制度；

（7）按安全生产资金保障制度，应编制安全资金使用计划，并应按计划实施；

（8）工程项目部应制定以伤亡事故控制、现场安全达标、文明施工为主要内容的安全生产管理目标；

（9）按安全生产管理目标和项目管理人员的安全生产责任制，应进行安全生产责任目标分解；

（10）应建立对安全生产责任制和责任目标的考核制度；

（11）按考核制度，应对项目管理人员定期进行考核。

2. 施工组织设计及专项施工方案

（1）工程项目部在施工前应编制施工组织设计，施工组织设计应针对工程特点、施工工艺制定安全技术措施；

（2）危险性较大的分部分项工程应按规定编制安全专项施工方案，专项施工方案应有针对性，并按有关规定进行设计计算；

（3）超过一定规模危险性较大的分部分项工程，施工单位应组织专家对专项施工方案进行论证；

（4）施工组织设计、安全专项施工方案，应由有关部门审核，施工单位技术负责人、监理单位项目总监批准；

（5）工程项目部应按施工组织设计、专项施工方案组织实施。

3. 安全技术交底

（1）施工负责人在分派生产任务时，应对相关管理人员、施工作业人员进行书面安全技术交底；

（2）安全技术交底应按施工工序、施工部位、施工栋号分部分项进行；

（3）安全技术交底应结合施工作业场所状况、特点、工序，对危险因素、施工方案、规范标准、操作规程和应急措施进行交底；

（4）安全技术交底应由交底人、被交底人、专职安全员进行签字确认。

4. 安全检查

（1）工程项目部应建立安全检查制度；

（2）安全检查应由项目负责人组织，专职安全员及相关专业人员参加，定期进行并填写检查记录；

（3）对检查中发现的事故隐患应下达隐患整改通知单，定人、定时间、定措施进行整改。重大事故隐患整改后，应由相关部门组织复查。

5. 安全教育

（1）工程项目部应建立安全教育培训制度；

（2）当施工人员入场时，工程项目部应组织进行以国家安全法律法规、企业安全制度、施工现场安全管理规定及各工种安全技术操作规程为主要内容的三级安全教育培训和考核；

（3）当施工人员变换工种或采用新技术、新工艺、新设备、新材料施工时，应进行安全教育培训；

（4）施工管理人员、专职安全员每年度应进行安全教育培训和考核。

6. 应急救援

（1）工程项目部应针对工程特点，进行重大危险源的辨识。应制定防触电、防坍塌、防高处坠落、防起重及机械伤害、防火灾、防物体打击等主要内容的专项应急救援预案，并对施工现场易发生重大安全事故的部位、环节进行监控；

（2）施工现场应建立应急救援组织，培训、配备应急救援人员，定期组织员工进行应急救援演练；

（3）按应急救援预案要求，应配备应急救援器材和设备。

3.1.4 安全管理一般项目的检查评定应符合下列规定：

1. 分包单位安全管理

（1）总包单位应对承揽分包工程的分包单位进行资质、安全生产许可证和相关人员安全生产资格的审查；

（2）当总包单位与分包单位签订分包合同时，应签订安全生产协议书，明确双方的安全责任；

（3）分包单位应按规定建立安全机构，配备专职安全员。

2. 持证上岗

（1）从事建筑施工的项目经理、专职安全员和特种作业人员，必须经行业主管部门培训考核合格，取得相应资格证书，方可上岗作业；

（2）项目经理、专职安全员和特种作业人员应持证上岗。

3. 生产安全事故处理

（1）当施工现场发生生产安全事故时，施工单位应按规定及时报告；

（2）施工单位应按规定对生产安全事故进行调查分析，制定防范措施；

（3）应依法为施工作业人员办理保险。

4. 安全标志

（1）施工现场入口处及主要施工区域、危险部位应设置相应的安全警示标志牌；

（2）施工现场应绘制安全标志布置图；

（3）应根据工程部位和现场设施的变化，调整安全标志牌设置；

（4）施工现场应设置重大危险源公示牌。

3.2 文明施工

3.2.1 文明施工检查评定应符合国家现行标准《建设工程施工现场消防安全技术规范》（GB 50720）和《建筑施工现场环境与卫生标准》（JGJ 146）、《施工现场临时建筑物技术规范》

(JGJ/T 188)的规定。

3.2.2 文明施工检查评定保证项目应包括：现场围挡、封闭管理、施工场地、材料管理、现场办公与住宿、现场防火。一般项目应包括：综合治理、公示标牌、生活设施、社区服务。

3.2.3 文明施工保证项目的检查评定应符合下列规定：

1. 现场围挡

(1)市区主要路段的工地应设置高度不小于 2.5 m 的封闭围挡；

(2)一般路段的工地应设置高度不小于 1.8 m 的封闭围挡；

(3)围挡应坚固、稳定、整洁、美观。

2. 封闭管理

(1)施工现场进出口应设置大门，并应设置门卫值班室；

(2)应建立门卫职守管理制度，并应配备门卫职守人员；

(3)施工人员进入施工现场应佩戴工作卡；

(4)施工现场出入口应标有企业名称或标识，并应设置车辆冲洗设施。

3. 施工场地

(1)施工现场的主要道路及材料加工区地面应进行硬化处理；

(2)施工现场道路应畅通，路面应平整坚实；

(3)施工现场应有防止扬尘措施；

(4)施工现场应设置排水设施，且排水通畅无积水；

(5)施工现场应有防止泥浆、污水、废水污染环境的措施；

(6)施工现场应设置专门的吸烟处，严禁随意吸烟；

(7)温暖季节应有绿化布置。

4. 材料管理

(1)建筑材料、构件、料具应按总平面布局进行码放；

(2)材料应码放整齐，并应标明名称、规格等；

(3)施工现场材料码放应采取防火、防锈蚀、防雨等措施；

(4)建筑物内施工垃圾的清运，应采用器具或管道运输，严禁随意抛掷；

(5)易燃易爆物品应分类储藏在专用库房内，并应制定防火措施。

5. 现场办公与住宿

(1)施工作业、材料存放区与办公、生活区应划分清晰，并应采取相应的隔离措施；

(2)在施工程、伙房、库房不得兼做宿舍；

(3)宿舍、办公用房的防火等级应符合规范要求；

(4)宿舍应设置可开启式窗户，床铺不得超过 2 层，通道宽度不应小于 0.9 m；

(5)宿舍内住宿人员人均面积不应小于 2.5 m²，且不得超过 16 人；

(6)冬季宿舍内应有采暖和防一氧化碳中毒措施；

(7)夏季宿舍内应有防暑降温和防蚊蝇措施；

(8)生活用品应摆放整齐，环境卫生应良好。

6. 现场防火

(1)施工现场应建立消防安全管理制度、制定消防措施；

(2)施工现场临时用房和作业场所的防火设计应符合规范要求；

(3)施工现场应设置消防通道、消防水源，并应符合规范要求；

(4)施工现场灭火器材应保证可靠有效，布局配置应符合规范要求；

(5)明火作业应履行动火审批手续，配备动火监护人员。

3.2.4　文明施工一般项目的检查评定应符合下列规定：

1. 综合治理

(1)生活区内应设置供作业人员学习和娱乐的场所；

(2)施工现场应建立治安保卫制度、责任分解落实到人；

(3)施工现场应制定治安防范措施。

2. 公示标牌

(1)大门口处应设置公示标牌，主要内容应包括：工程概况牌、消防保卫牌、安全生产牌、文明施工牌、管理人员名单及监督电话牌、施工现场总平面图；

(2)标牌应规范、整齐、统一；

(3)施工现场应有安全标语；

(4)应有宣传栏、读报栏、黑板报。

3. 生活设施

(1)应建立卫生责任制度并落实到人；

(2)食堂与厕所、垃圾站、有毒有害场所等污染源的距离应符合规范要求；

(3)食堂必须有卫生许可证，炊事人员必须持身体健康证上岗；

(4)食堂使用的燃气罐应单独设置存放间，存放间应通风良好，并严禁存放其他物品；

(5)食堂的卫生环境应良好，且应配备必要的排风、冷藏、消毒、防鼠、防蚊蝇等设施；

(6)厕所内的设施数量和布局应符合规范要求；

(7)厕所必须符合卫生要求；

(8)必须保证现场人员卫生饮水；

(9)应设置淋浴室，且能满足现场人员需求；

(10)生活垃圾应装入密闭式容器内，并应及时清理。

4. 社区服务

(1)夜间施工前，必须经批准后方可进行施工；

(2)施工现场严禁焚烧各类废弃物；

(3)施工现场应制定防粉尘、防噪声、防光污染等措施；

(4)应制定施工不扰民措施。

3.3 扣件式钢管脚手架

3.3.1 扣件式钢管脚手架检查评定应符合现行行业标准《建筑施工扣件式钢管脚手架安全技术规范》(JGJ 130)的规定。

3.3.2 检查评定保证项目包括：施工方案、立杆基础、架体与建筑物结构拉结、杆件间距与剪刀撑、脚手板与防护栏杆、交底与验收。一般项目包括：横向水平杆设置、杆件搭接、架体防护、脚手架材质、通道。

3.3.3 保证项目的检查评定应符合下列规定：

1. 施工方案

(1)架体搭设应有施工方案，搭设高度超过 24 m 的架体应单独编制安全专项方案，结构设计应进行设计计算，并按规定进行审核、审批；

(2)搭设高度超过 50 m 的架体，应组织专家对专项方案进行论证，并按专家论证意见组织实施；

(3)施工方案应完整，能正确指导施工作业。

2. 立杆基础

(1)立杆基础应按方案要求平整、夯实，并设排水设施，基础垫板及立杆底座应符合规范要求；

(2)架体应设置距地高度不大于 200 mm 的纵、横向扫地杆，并用直角扣件固定在立杆上。

3. 架体与建筑结构拉结

(1)架体与建筑物拉结应符合规范要求；

(2)连墙件应靠近主节点设置，偏离主节点的距离不应大于 300 mm；

(3)连墙件应从架体底层第一步纵向水平杆开始设置，并应牢固可靠；

(4)搭设高度超过 24.m 的双排脚手架应采用刚性连墙件与建筑物可靠连接。

4. 杆件间距与剪刀撑

(1)架体立杆、纵向水平杆、横向水平杆间距应符合规范要求；

(2)纵向剪刀撑及横向斜撑的设置应符合规范要求；

(3)剪刀撑杆件接长、剪刀撑斜杆与架体杆件连接应符合规范要求。

5. 脚手板与防护栏杆

(1)脚手板材质、规格应符合规范要求，铺板应严密、牢靠；

(2)架体外侧应封闭密目式安全网，网间应严密；

(3)作业层应在 1.2 m 和 0.6 m 处设置上、中两道防护栏杆；

(4)作业层外侧应设置高度不小于 180 mm 的挡脚板。

6. 交底与验收

(1)架体搭设前应进行安全技术交底；

(2)搭设完毕应办理验收手续，验收内容应量化。

3.3.4　一般项目的检查评定应符合下列规定：

1. 横向水平杆设置

(1)横向水平杆应设置在纵向水平杆与立杆相交的主节点上，两端与大横杆固定；

(2)作业层铺设脚手板的部位应增加设置小横杆；

(3)单排脚手架横向水平杆插入墙内应大于 18 cm。

2. 杆件搭接

(1)纵向水平杆杆件搭接长度不应小于 1 m，且固定应符合规范要求；

(2)立杆除顶层顶步外，不得使用搭接。

3. 架体防护

(1)架体作业层脚手板下应用安全平网双层兜底，以下每隔 10 m 应用安全平网封闭；

(2)作业层与建筑物之间应进行封闭。

4. 脚手架材质

(1)钢管直径、壁厚、材质应符合规范要求；

(2)钢管弯曲、变形、锈蚀应在规范允许范围内；

(3)扣件应进行复试且技术性能符合规范要求。

5. 通道

架体必须设置符合规范要求的上下通道。

3.10　满堂式脚手架

3.10.1　满堂式脚手架检查评定除符合现行行业标准《建筑施工扣件式钢管脚手架安全技术规范》(JGJ 130)的规定外，尚应符合其他现行脚手架安全技术规范。

3.10.2　检查评定保证项目包括：施工方案、架体基础、架体稳定、杆件锁件、脚手板、交底与验收。一般项目包括：架体防护、材质、荷载、通道。

3.10.3　保证项目的检查评定应符合下列规定：

1. 施工方案

(1)架体搭设应编制安全专项方案，结构设计应进行设计计算；

(2)专项施工方案应按规定进行审批。

2. 架体基础

(1)立杆基础应按方案要求平整、夯实，并设排水设施，基础垫板符合规范要求；

(2)架体底部应按规范要求设置底座；

(3)架体扫地杆设置应符合规范要求。

3. 架体稳定

(1)架体周围与中部应按规范要求设置竖向剪刀撑及专用斜杆；

(2)架体应按规范要求设置水平剪刀撑或水平斜杆；

(3)架体高宽比大于 2 时，应按规范要求与建筑结构刚性连接或扩大架体底脚。

4. 杆件锁件

(1)满堂式脚手架的搭设高度应符合规范及设计计算要求；

(2)架体立杆件跨距，水平杆步距应符合规范要求；

(3)杆件的接长应符合规范要求；

(4)架体搭设应牢固，杆件节点应按规范要求进行紧固。

5. 脚手板

(1)架体脚手板应满铺，确保牢固稳定；

(2)脚手板的材质、规格应符合规范要求；

(3)钢脚手板的挂钩必须完全扣在水平杆上，并处于锁住状态。

6. 交底与验收

(1)架体搭设完毕应按规定进行验收，验收内容应量化并经责任人签字确认；

(2)分段搭设的架体应进行分段验收；

(3)架体搭设前应进行安全技术交底。

3.10.4 一般项目的检查评定应符合下列规定：

1. 架体防护

(1)作业层应在外侧立杆1.2 m和0.6 m高度设置上、中两道防护栏杆；

(2)作业层外侧应设置高度不小于180 mm的挡脚板；

(3)架体作业层脚手板下应用安全平网双层兜底，以下每隔10 m应用安全平网封闭。

2. 材质

(1)架体构配件的规格、型号、材质应符合规范要求；

(2)钢管不应有弯曲、变形、锈蚀严重的现象，材质符合规范要求。

3. 荷载

(1)架体承受的施工荷载应符合规范要求；

(2)不得在架体上集中堆放模板、钢筋等物料。

4. 通道

架体必须设置符合规范要求的上下通道。

3.11 基坑支护、土方作业

3.11.1 基坑支护、土方作业安全检查评定除符合现行国家标准《建筑基坑工程监测技术规范》(GB 50497)、现行行业标准《建筑基坑支护技术规程》(JGJ 120)、《建筑施工土石方工程安全技术规范》(JGJ 180)的规定。

3.11.2 检查评定保证项目包括：施工方案、临边防护、基坑支护及支撑拆除、基坑降排水、坑边荷载。一般项目包括：上下通道、土方开挖、基坑工程监测、作业环境。

3.11.3 保证项目的检查评定应符合下列规定：

1. 施工方案

(1)深基坑施工必须有针对性、能指导施工的施工方案，并按有关程序进行审批；

（2）危险性较大的基坑工程应编制安全专项施工方案，应由施工单位技术、安全、质量等专业部门进行审核，施工单位技术负责人签字，超过一定规模的危险性较大的基坑工程由施工单位组织进行专家论证。

2. 临边防护

基坑施工深度超过 2 m 的必须有符合防护要求的临边防护措施。

3. 基坑支护及支撑拆除

（1）坑槽开挖应设置符合安全要求的安全边坡；

（2）基坑支护的施工应符合支护设计方案的要求；

（3）应有针对性支护设施产生变形的防治预案，并及时采取措施；

（4）应严格按支护设计及方案要求进行土方开挖及支撑的拆除；

（5）采用专业方法拆除支撑的施工队伍必须具备专业施工资质。

4. 基坑降排水

（1）高水位地区深基坑内必须设置有效的降水措施；

（2）深基坑边界周围地面必须设置排水沟；

（3）基坑施工必须设置有效的排水措施；

（4）深基坑降水施工必须有防止临近建筑及管线沉降的措施。

5. 坑边荷载

基坑边缘堆置建筑材料等，距槽边最小距离必须满足设计规定，禁止基坑边堆置弃土，施工机械施工行走路线必须按方案执行。

3.11.4 一般项目的检查评定应符合下列规定

1. 上下通道

基坑施工必须设置符合要求的人员上下专用通道。

2. 土方开挖

（1）施工机械必须进行进场验收制度，操作人员持证上岗；

（2）严禁施工人员进入施工机械作业半径内；

（3）基坑开挖应严格按方案执行，宜采用分层开挖的方法，严格控制开挖面坡度和分层厚度，防止边坡和挖土机下的土体滑动，严禁超挖；

（4）基坑支护结构必须在达到设计要求的强度后，方可开挖下层土方。

3. 基坑工程监测

（1）基坑工程均应进行基坑工程监测，开挖深度大于 5 m 应由建设单位委托具备相应资质的第三方实施监测；

（2）总包单位应自行安排基坑监测工作，并与第三方监测资料定期对比分析，指导施工作业；

（3）基坑工程监测必须有基坑设计方确定监测报警值，施工单位应及时通报变形情况。

4. 作业环境

(1)基坑内作业人员必须有足够的安全作业面;

(2)垂直作业必须有隔离防护措施;

(3)夜间施工必须有足够的照明设施。

3.12 模板支架

3.12.1 模板支架安全检查评定应符合现行行业标准《建筑施工模板安全技术规程》JGJ 162 和《建筑施工扣件式钢管脚手架安全技术规程》JGJ 130 的规定。

3.12.2 检查评定保证项目包括:施工方案、立杆基础、支架稳定、施工荷载、交底与验收。一般项目包括:立杆设置、水平杆设置、支架拆除、支架材质。

3.12.3 保证项目的检查评定应符合下列规定:

1. 施工方案

(1)模板支架搭设应编制专项施工方案,结构设计应进行设计计算,并应按规定进行审核、审批;

(2)超过一定规模的模板支架,专项施工方案应按规定组织专家论证;

(3)专项施工方案应明确混凝土浇筑方式。

2. 立杆基础

(1)立杆基础承载力应符合设计要求,并能承受支架上部全部荷载;

(2)基础应设排水设施;

(3)立杆底部应按规范要求设置底座、垫板。

3. 支架稳定

(1)支架高宽比大于规定值时,应按规定设置连墙杆;

(2)连墙杆的设置应符合规范要求;

(3)应按规定设置纵、横向及水平剪刀撑,并符合规范要求。

4. 施工荷载

施工均布荷载、集中荷载应在设计允许范围内。

5. 交底与验收

(1)支架搭设(拆除)前应进行交底,并应有交底记录;

(2)支架搭设完毕,应按规定组织验收,验收应有量化内容。

3.12.4 一般项目的检查评定应复合下列规定:

1. 立杆设置

(1)立杆间距应符合设计要求;

(2)立杆应采用对接连接;

(3)立杆伸出顶层水平杆中心线至支撑点的长度应符合规范要求。

2. 水平杆设置

(1)应按规定设置纵、横向水平杆;

(2)纵、横向水平杆间距应符合规范要求；

(3)纵、横向水平杆连接应符合规范要求。

3. 支架拆除

(1)支架拆除前应确认混凝土强度符合规定值；

(2)模板支架拆除前应设置警戒区，并设专人监护。

4. 支架材质

(1)杆件弯曲、变形、锈蚀量应在规范允许范围内；

(2)构配件材质应符合规范要求；

(3)钢管壁厚应符合规范要求。

3.13 "三宝、四口"及临边防护

3.13.1 "三宝、四口"及临边防护检查评定应符合现行行业标准《建筑施工高处作业安全技术规范》(JGJ 80)的规定。

3.13.2 检查评定项目包括：安全帽、安全网、安全带、临边防护、洞口防护、通道口防护、攀登作业、悬空作业、移动式操作平台、物料平台、悬挑式钢平台。

3.13.3 检查评定应符合下列规定：

1. 安全帽

(1)进入施工现场的人员必须正确佩戴安全帽；

(2)现场使用的安全帽必须是符合国家相应标准的合格产品。

2. 安全网

(1)在建工程外侧应使用密目式安全网进行封闭；

(2)安全网的材质应符合规范要求；

(3)现场使用的安全网必须是符合国家标准的合格产品。

3. 安全带

(1)现场高处作业人员必须系挂安全带；

(2)安全带的系挂使用应符合规范要求；

(3)现场作业人员使用的安全带应符合国家标准。

4. 临边防护

(1)作业面边沿应设置连续的临边防护栏杆；

(2)临边防护栏杆应严密、连续；

(3)防护设施应达到定型化、工具化。

5. 洞口防护

(1)在建工程的预留洞口、楼梯口、电梯井口应有防护措施；

(2)防护措施、设施应铺设严密，符合规范要求；

(3)防护设施应达到定型化、工具化。

(4)电梯井内应每隔二层(不大于 10 m)设置一道安全平网。

6. 通道口防护

(1)通道口防护应严密、牢固；

(2)防护棚两侧应设置防护措施；

(3)防护棚宽度应大于通道口宽度，长度应符合规范要求；

(4)建筑物高度超过 30 m 时，通道口防护顶棚应采用双层防护；

(5)防护棚的材质应符合规范要求；

7. 攀登作业

(1)梯脚底部应坚实，不得垫高使用；

(2)折梯使用时上部夹角以 35°~45° 为宜，设有可靠的拉撑装置；

(3)梯子的制作质量和材质应符合规范要求。

8. 悬空作业

(1)悬空作业处应设置防护栏杆或其他可靠的安全措施；

(2)悬空作业所使用的索具、吊具、料具等设备应为经过技术鉴定或验证、验收的合格产品。

9. 移动式操作平台

(1)操作平台的面积不应超过 10 m²，高度不应超过 5 m。

(2)移动式操作平台轮子与平台连接应牢固、可靠，立柱底端距地面高度不得大于 80 mm；

(3)操作平台应按规范要求进行组装，铺板应严密；

(4)操作平台四周应按规范要求设置防护栏杆，并设置登高扶梯；

(5)操作平台的材质应符合规范要求。

10. 物料平台

(1)物料平台应有相应的设计计算，并按设计要求进行搭设；

(2)物料平台支撑系统必须与建筑结构进行可靠连接；

(3)物料平台的材质应符合规范及设计要求，并应在平台上设置荷载限定标牌。

11. 悬挑式钢平台

(1)悬挑式钢平台应有相应的设计计算，并按设计要求进行搭设；

(2)悬挑式钢平台的搁支点与上部拉结点，必须位于建筑结构上；

(3)斜拉杆或钢丝绳应按要求两边各设置前后两道；

(4)钢平台两侧必须安装固定的防护栏杆，并应在平台上设置荷载限定标牌；

(5)钢平台台面、钢平台与建筑结构间铺板应严密、牢固。

3.14 施工用电

3.14.1 施工用电检查评定应符合现行国家标准《建设工程施工现场供用电安全规范》（GB 50194）和《施工现场临时用电安全技术规范》（JGJ 46）的规定。

3.14.2 施工用电检查评定的保证项目应包括：外电防护、接地与接零保护系统、配电线路、配电箱与开关箱。一般项目应包括：配电室与配电装置、现场照明、用电档案。

3.14.3　施工用电保证项目的检查评定应符合下列规定：

1. 外电防护

(1)外电线路与在建工程及脚手架、起重机械、场内机动车道的安全距离应符合规范要求；

(2)当安全距离不符合规范要求时，必须采取绝缘隔离防护措施，并应悬挂明显的警示标志；

(3)防护设施与外电线路的安全距离应符合规范要求，并应坚固、稳定；

(4)外电架空线路正下方不得进行施工、建造临时设施或堆放材料物品。

2. 接地与接零保护系统

(1)施工现场专用的电源中性点直接接地的低压配电系统应采用 TN-S 接零保护系统；

(2)施工现场配电系统不得同时采用两种保护系统；

(3) 保护零线应由工作接地线、总配电箱电源侧零线或总漏电保护器电源零线处引出，电气设备的金属外壳必须与保护零线连接；

(4)保护零线应单独敷设，线路上严禁装设开关或熔断器，严禁通过工作电流；

(5)保护零线应采用绝缘导线，规格和颜色标记应符合规范要求；

(6)TN 系统的保护零线应在总配电箱处、配电系统的中间处和末端处做重复接地；

(7) 接地装置的接地线应采用 2 根及以上导体，在不同点与接地体做电气连接。接地体应采用角钢、钢管或光面圆钢；

(8)工作接地电阻不得大于 4 Ω，重复接地电阻不得大于 10 Ω；

(9)施工现场起重机、物料提升机、施工升降机、脚手架应按规范要求采取防雷措施，防雷装置的冲击接地电阻值不得大于 30 Ω；

(10)做防雷接地机械上的电气设备，保护零线必须同时做重复接地。

3. 配电线路

(1)线路及接头应保证机械强度和绝缘强度；

(2)线路应设短路、过载保护，导线截面应满足线路负荷电流；

(3)线路的设施、材料及相序排列、挡距、与邻近线路或固定物的距离应符合规范要求；

(4) 电缆应采用架空或埋地敷设并应符合规范要求，严禁沿地面明设或沿脚手架、树木等敷设；

(5) 电缆中必须包含全部工作芯线和用作保护零线的芯线，并应按规定接用；

(6)室内非埋地明敷主干线距地面高度不得小于 2.5 m。

4. 配电箱与开关箱

(1)施工现场配电系统应采用三级配电、二级漏电保护系统，用电设备必须有各自专用的开关箱；

(2)箱体结构、箱内电器设置及使用应符合规范要求；

(3)配电箱必须分设工作零线端子板和保护零线端子板，保护零线、工作零线必须通过各自的端子板连接；

(4)总配电箱与开关箱应安装漏电保护器，漏电保护器参数应匹配并灵敏可靠；

(5)箱体应设置系统接线图和分路标记，并应有门、锁及防雨措施；

(6)箱体安装位置、高度及周边通道应符合规范要求；

(7)分配箱与开关箱间的距离不应超过 30 m，开关箱与用电设备间的距离不应超过 3 m。

3.14.4 施工用电一般项目的检查评定应符合下列规定：

1. 配电室与配电装置

(1)配电室的建筑耐火等级不应低于三级，配电室应配置适用于电气火灾的灭火器材；

(2)配电室、配电装置的布设应符合规范要求；

(3)配电装置中的仪表、电器元件设置应符合规范要求；

(4)备用发电机组应与外电线路进行联锁；

(5)配电室应采取防止风雨和小动物侵入的措施；

(6)配电室应设置警示标志、工地供电平面图和系统图。

2. 现场照明

(1)照明用电应与动力用电分设；

(2)特殊场所和手持照明灯应采用安全电压供电；

(3)照明变压器应采用双绕组安全隔离变压器；

(4)灯具金属外壳应接保护零线；

(5)灯具与地面、易燃物间的距离应符合规范要求；

(6)照明线路和安全电压线路的架设应符合规范要求；

(7) 施工现场应按规范要求配备应急照明。

3. 用电档案

(1)总包单位与分包单位应签订临时用电管理协议，明确各方相关责任；

(2)施工现场应制定专项用电施工组织设计、外电防护专项方案；

(3)专项用电施工组织设计、外电防护专项方案应履行审批程序，实施后应由相关部门组织验收；

(4)用电各项记录应按规定填写，记录应真实有效；

(5)用电档案资料应齐全，并应设专人管理。

3.15 物料提升机

3.15.1 物料提升机检查评定应符合现行行业标准《龙门架及井架物料提升机安全技术规范》(JGJ 88)的规定。

3.15.2 物料提升机检查评定保证项目应包括：安全装置、防护设施、附墙架与缆风绳、钢丝绳、安拆、验收与使用。一般项目应包括：基础与导轨架、动力与传动、通信装置、卷扬机操作棚、避雷装置。

3.15.3 物料提升机保证项目的检查评定应符合下列规定：

1. 安全装置

(1)应安装起重量限制器、防坠安全器，并应灵敏可靠；

(2)安全停层装置应符合规范要求，并应定型化；

(3)应安装上行程限位并灵敏可靠，安全越程不应小于3m；

(4)安装高度超过30m的物料提升机应安装渐进式防坠安全器及自动停层、语音影像信号监控装置。

2. 防护设施

(1)应在地面进料口安装防护围栏和防护棚，防护围栏、防护棚的安装高度和强度应符合规范要求；

(2)停层平台两侧应设置防护栏杆、挡脚板，平台脚手板应铺满、铺平；

(3)平台门、吊笼门安装高度、强度应符合规范要求，并应定型化。

3. 附墙架与缆风绳

(1)附墙架结构、材质、间距应符合产品说明书要求；

(2)附墙架应与建筑结构可靠连接；

(3)缆风绳设置的数量、位置、角度应符合规范要求，并应与地锚可靠连接；

(4)安装高度超过30m的物料提升机必须使用附墙架；

(5)地锚设置应符合规范要求。

4. 钢丝绳

(1)钢丝绳磨损、断丝、变形、锈蚀量应在规范允许范围内；

(2)钢丝绳夹设置应符合规范要求；

(3)当吊笼处于最低位置时，卷筒上钢丝绳严禁少于3圈；

(4)钢丝绳应设置过路保护措施。

5. 安拆、验收与使用

(1)安装、拆卸单位应具有起重设备安装工程专业承包资质和安全生产许可证；

(2)安装、拆卸作业应制定专项施工方案，并应按规定进行审核、审批；

(3)安装完毕应履行验收程序，验收表格应由责任人签字确认；

(4)安装、拆卸作业人员及司机应持证上岗；

(5)物料提升机作业前应按规定进行例行检查，并应填写检查记录；

(6)实行多班作业、应按规定填写交接班记录。

3.15.4 物料提升机一般项目的检查评定应符合下列规定：

1. 基础与导轨架

(1)基础的承载力和平整度应符合规范要求；

(2)基础周边应设置排水设施；

(3)导轨架垂直度偏差不应大于导轨架高度0.15%；

(4)井架停层平台通道处的结构应采取加强措施。

2. 动力与传动

(1)卷扬机曳引机应安装牢固,当卷扬机卷筒与导轨底部导向轮的距离小于 20 倍卷筒宽度时,应设置排绳器;

(2)钢丝绳应在卷筒上排列整齐;

(3)滑轮与导轨架、吊笼应采用刚性连接,并应与钢丝绳相匹配;

(4)卷筒、滑轮应设置防止钢丝绳脱出装置;

(5)当曳引钢丝绳为 2 根及以上时,应设置曳引力平衡装置。

3. 通信装置

(1)应按规范要求设置通信装置;

(2)通信装置应具有语音和影像显示功能。

4. 卷扬机操作棚

(1)应按规范要求设置卷扬机操作棚;

(2)卷扬机操作棚强度、操作空间应符合规范要求。

5. 避雷装置

(1)当物料提升机未在其他防雷保护范围内时,应设置避雷装置;

(2)避雷装置设置应符合现行行业标准《施工现场临时用电安全技术规范》(JGJ 46)的规定。

3.16 施工升降机

3.16.1 施工升降机检查评定应符合现行国家标准《施工升降机安全规程》(GB 10055)和《建筑施工升降机安装、使用、拆卸安全技术规程》(JGJ 215)的规定。

3.16.2 施工升降机检查评定保证项目应包括:安全装置、限位装置、防护设施、附墙架、钢丝绳、滑轮与对重、安拆、验收与使用。一般项目应包括:导轨架、基础、电气安全、通信装置。

3.16.3 施工升降机保证项目的检查评定应符合下列规定:

1. 安全装置

(1)应安装起重量限制器,并应灵敏可靠;

(2)应安装渐进式防坠安全器并应灵敏可靠,应在有效的标定期内使用;

(3)对重钢丝绳应安装防松绳装置,并应灵敏可靠;

(4)吊笼的控制装置应安装非自动复位型的急停开关,任何时候均可切断控制电路停止吊笼运行;

(5)底架应安装吊笼和对重缓冲器,缓冲器应符合规范要求;

(6)SC 型施工升降机应安装一对以上安全钩。

2. 限位装置

(1)应安装非自动复位型极限开关并应灵敏可靠;

(2)应安装自动复位型上、下限位开关并应灵敏可靠，上、下限位开关安装位置应符合规范要求；

(3)上极限开关与上限位开关之间的安全越程不应小于0.15m；

(4)极限开关、限位开关应设置独立的触发元件；

(5)吊笼门应安装机电联锁装置并应灵敏可靠；

(6)吊笼顶窗应安装电气安全开关并应灵敏可靠。

3. 防护设施

(1)吊笼和对重升降通道周围应安装地面防护围栏，防护围栏的安装高度、强度应符合规范要求，围栏门应安装机电联锁装置并应灵敏可靠；

(2)地面出入通道防护棚的搭设应符合规范要求；

(3)停层平台两侧应设置防护栏杆、挡脚板，平台脚手板应铺满、铺平；

(4)层门安装高度、强度应符合规范要求，并应定型化。

4. 附墙架

(1)附墙架应采用配套标准产品，当附墙架不能满足施工现场要求时，应对附墙架另行设计，附墙架的设计应满足构件刚度、强度、稳定性等要求，制作应满足设计要求；

(2)附墙架与建筑结构连接方式、角度应符合产品说明书要求；

(3)附墙架间距、最高附着点以上导轨架的自由高度应符合产品说明书要求。

5. 钢丝绳、滑轮与对重

(1)对重钢丝绳绳数不得少于2根且应相互独立；

(2)钢丝绳磨损、变形、锈蚀应在规范允许范围内；

(3)钢丝绳的规格、固定应符合产品说明书及规范要求；

(4)滑轮应安装钢丝绳防脱装置并应符合规范要求；

(5)对重重量、固定应符合产品说明书要求；

(6)对重除导向轮、滑靴外应设有防脱轨保护装置。

6. 安拆、验收与使用

(1)安装、拆卸单位应具有起重设备安装工程专业承包资质和安全生产许可证；

(2)安装、拆卸应制定专项施工方案，并经过审核、审批；

(3)安装完毕应履行验收程序，验收表格应由责任人签字确认；

(4)安装、拆卸作业人员及司机应持证上岗；

(5)施工升降机作业前应按规定进行例行检查，并应填写检查记录；

(6)实行多班作业，应按规定填写交接班记录。

3.16.4 施工升降机一般项目的检查评定应符合下列规定：

1. 导轨架

(1)导轨架垂直度应符合规范要求；

(2)标准节的质量应符合产品说明书及规范要求；

(3)对重导轨应符合规范要求；

(4)标准节连接螺栓使用应符合产品说明书及规范要求。

2. 基础

(1)基础制作、验收应符合说明书及规范要求；

(2)基础设置在地下室顶板或楼面结构上，应对其支承结构进行承载力验算；

(3)基础应设有排水设施。

3. 电气安全

(1)施工升降机与架空线路的安全距离和防护措施应符合规范要求；

(2)电缆导向架设置应符合说明书及规范要求；

(3)施工升降机在其他避雷装置保护范围外应设置避雷装置，并应符合规范要求。

4. 通信装置

通信装置应安装楼层信号联络装置，并应清晰有效。

3.17 塔式起重机

3.17.1 塔式起重机检查评定应符合现行国家标准《塔式起重机安全规程》(GB 5144)和《建筑施工塔式起重机安装、使用、拆卸安全技术规程》(JGJ 196)的规定。

3.17.2 塔式起重机检查评定保证项目应包括：载荷限制装置、行程限位装置、保护装置、吊钩、滑轮、卷筒与钢丝绳、多塔作业、安拆、验收与使用。一般项目应包括：附着、基础与轨道、结构设施、电气安全。

3.17.3 塔式起重机保证项目的检查评定应符合下列规定：

1. 载荷限制装置

(1)应安装起重量限制器并应灵敏可靠。当起重量大于相应挡位的额定值并小于该额定值的110%时，应切断上升方向上的电源，但机构可作下降方向的运动；

(2)应安装起重力矩限制器并应灵敏可靠。当起重力矩大于相应工况下的额定值并小于该额定值的110%应切断上升和幅度增大方向的电源，但机构可作下降和减小幅度方向的运动。

2. 行程限位装置

(1)应安装起升高度限位器，起升高度限位器的安全越程应符合规范要求，并应灵敏可靠；

(2)小车变幅的塔式起重机应安装小车行程开关，动臂变幅的塔式起重机应安装臂架幅度限制开关，并应灵敏可靠；

(3)回转部分不设集电器的塔式起重机应安装回转限位器，并应灵敏可靠；

(4)行走式塔式起重机应安装行走限位器，并应灵敏可靠。

3. 保护装置

(1)小车变幅的塔式起重机应安装断绳保护及断轴保护装置，并应符合规范要求；

(2)行走及小车变幅的轨道行程末端应安装缓冲器及止挡装置，并应符合规范要求；

(3)起重臂根部绞点高度大于 50 m 的塔式起重机应安装风速仪，并应灵敏可靠；

（4）当塔式起重机顶部高度大于 30 m 且高于周围建筑物时，应安装障碍指示灯。

4. 吊钩、滑轮、卷筒与钢丝绳

（1）吊钩应安装钢丝绳防脱钩装置并应完整可靠，吊钩的磨损、变形应在规定允许范围内；

（2）滑轮、卷筒应安装钢丝绳防脱装置并应完整可靠，滑轮、卷筒的磨损应在规定允许范围内；

（3）钢丝绳的磨损、变形、锈蚀应在规定允许范围内，钢丝绳的规格、固定、缠绕应符合说明书及规范要求。

5. 多塔作业

（1）多塔作业应制定专项施工方案并经过审批；

（2）任意两台塔式起重机之间的最小架设距离应符合规范要求。

6. 安拆、验收与使用

（1）安装、拆卸单位应具有起重设备安装工程专业承包资质和安全生产许可证；

（2）安装、拆卸应制定专项施工方案，并经过审核、审批；

（3）安装完毕应履行验收程序，验收表格应由责任人签字确认；

（4）安装、拆卸作业人员及司机、指挥应持证上岗；

（5）塔式起重机作业前应按规定进行例行检查，并应填写检查记录；

（6）实行多班作业、应按规定填写交接班记录。

3.17.4　塔式起重机一般项目的检查评定应符合下列规定：

1. 附着

（1）当塔式起重机高度超过产品说明书规定时，应安装附着装置，附着装置安装应符合产品说明书及规范要求；

（2）当附着装置的水平距离不能满足产品说明书要求时，应进行设计计算和审批；

（3）安装内爬式塔式起重机的建筑承载结构应进行受力计算；

（4）附着前和附着后塔身垂直度应符合规范要求。

2. 基础与轨道

（1）塔式起重机基础应按产品说明书及有关规定进行设计、检测和验收；

（2）基础应设置排水措施；

（3）路基箱或枕木铺设应符合产品说明书及规范要求；

（4）轨道铺设应符合产品说明书及规范要求。

3. 结构设施

（1）主要结构件的变形、锈蚀应在规范允许范围内；

（2）平台、走道、梯子、护栏的设置应符合规范要求；

（3）高强螺栓、销轴、紧固件的紧固、连接应符合规范要求，高强螺栓应使用力矩扳手或专用工具紧固。

4. 电气安全

(1)塔式起重机应采用 TN-S 接零保护系统供电；

(2)塔式起重机与架空线路的安全距离和防护措施应符合规范要求；

(3)塔式起重机应安装避雷接地装置，并应符合规范要求；

(4)电缆的使用及固定应符合规范要求。

3.18　起重吊装

3.18.1　起重吊装检查评定应符合现行国家标准《起重机械安全规程》GB 6067 的规定。

3.18.2　起重吊装检查评定保证项目应包括：施工方案、起重机械、钢丝绳与地锚、索具、作业环境、作业人员。一般项目应包括：起重吊装、高处作业、构件码放、警戒监护。

3.18.3　起重吊装保证项目的检查评定应符合下列规定：

1. 施工方案

(1)起重吊装作业应编制专项施工方案，并按规定进行审核、审批；

(2)超规模的起重吊装作业，应组织专家对专项施工方案进行论证。

2. 起重机械

(1)起重机械应按规定安装荷载限制器及行程限位装置；

(2)荷载限制器、行程限位装置应灵敏可靠；

(3)起重拔杆组装应符合设计要求；

(4)起重拔杆组装后应进行验收，并应由责任人签字确认。

3. 钢丝绳与地锚

(1)钢丝绳磨损、断丝、变形、锈蚀应在规范允许范围内；

(2)钢丝绳规格应符合起重机产品说明书要求；

(3)吊钩、卷筒、滑轮磨损应在规范允许范围内；

(4)吊钩、卷筒、滑轮应安装钢丝绳防脱装置；

(5)起重拔杆的缆风绳、地锚设置应符合设计要求。

4. 索具

(1)当采用编结连接时，编结长度不应小于 15 倍的绳径，且不应小于 300 mm；

(2)当采用绳夹连接时，绳夹规格应与钢丝绳相匹配，绳夹数量、间距应符合规范要求；

(3)索具安全系数应符合规范要求；

(4)吊索规格应互相匹配，机械性能应符合设计要求。

5. 作业环境

(1)起重机行走、作业处地面承载能力应符合产品说明书要求；

(2)起重机与架空线路安全距离应符合规范要求。

6. 作业人员

(1)起重机司机应持证上岗，操作证应与操作机型相符；

(2)起重机作业应设专职信号指挥和司索人员，一人不得同时兼顾信号指挥和司索作业；

（3）作业前应按规定进行技术交底，并应有交底记录。

3.18.4 起重吊装一般项目的检查评定应符合下列规定

1. 起重吊装

（1）当多台起重机同时起吊一个构件时，单台起重机所承受的荷载应符合专项施工方案要求；

（2）吊索系挂点应符合专项施工方案要求；

（3）起重机作业时，任何人不应停留在起重臂下方，被吊物不应从人的正上方通过；

（4）起重机不应采用吊具载运人员；

（5）当吊运易散落物件时，应使用专用吊笼。

2. 高处作业

（1）应按规定设置高处作业平台；

（2）平台强度、护栏高度应符合规范要求；

（3）爬梯的强度、构造应符合规范要求；

（4）应设置可靠的安全带悬挂点，并应高挂低用。

3. 构件码放

（1）构件码放荷载应在作业面承载能力允许范围内；

（2）构件码放高度应在规定允许范围内；

（3）大型构件码放应有保证稳定的措施。

4. 警戒监护

（1）应按规定设置作业警戒区；

（2）警戒区应设专人监护。

3.19 施工机具

3.19.1 施工机具检查评定应符合现行行业标准《建筑机械使用安全技术规程》（JGJ 33）和《施工现场机械设备检查技术规程》（JGJ 160）的规定。

3.19.2 施工机具检查评定项目应包括：平刨、圆盘锯、手持电动工具、钢筋机械、电焊机、搅拌机、气瓶、翻斗车、潜水泵、振捣器、桩工机械。

3.19.3 施工机具的检查评定应符合下列规定：

1. 平刨

（1）平刨安装完毕应按规定履行验收程序，并应经责任人签字确认；

（2）平刨应设置护手及防护罩等安全装置；

（3）保护零线应单独设置，并应安装漏电保护装置；

（4）平刨应按规定设置作业棚，并应具有防雨、防晒等功能；

（5）不得使用同台电机驱动多种刃具、钻具的多功能木工机具。

2. 圆盘锯

（1）圆盘锯安装完毕应按规定履行验收程序，并应经责任人签字确认；

（2）圆盘锯应设置防护罩、分料器、防护挡板等安全装置；

（3）保护零线应单独设置，并应安装漏电保护装置；

（4）圆盘锯应按规定设置作业棚，并应具有防雨、防晒等功能；

（5）不得使用同台电机驱动多种刀具、钻具的多功能木工机具。

3．手持电动工具

（1）Ⅰ类手持电动工具应单独设置保护零线，并应安装漏电保护装置；

（2）使用Ⅰ类手持电动工具应按规定穿戴绝缘手套、绝缘鞋；

（3）手持电动工具的电源线应保持出厂状态，不得接长使用。

4．钢筋机械

（1）钢筋机械安装完毕应按规定履行验收程序，并应经责任人签字确认；

（2）保护零线应单独设置，并应安装漏电保护装置；

（3）钢筋加工区应搭设作业棚，并应具有防雨、防晒等功能；

（4）对焊机作业应设置防火花飞溅的隔热设施；

（5）钢筋冷拉作业应按规定设置防护栏；

（6）机械传动部位应设置防护罩。

5．电焊机

（1）电焊机安装完毕应按规定履行验收程序，并应经责任人签字确认；

（2）保护零线应单独设置，并应安装漏电保护装置；

（3）电焊机应设置二次空载降压保护装置；

（4）电焊机一次线长度不得超过5m，并应穿管保护；

（5）二次线应采用防水橡皮护套铜芯软电缆；

（6）电焊机应设置防雨罩，接线柱应设置防护罩。

6．搅拌机

（1）搅拌机安装完毕应按规定履行验收程序，并应经责任人签字确认；

（2）保护零线应单独设置，并应安装漏电保护装置；

（3）离合器、制动器应灵敏有效，料斗钢丝绳的磨损、锈蚀、变形量应在规定允许范围内；

（4）料斗应设置安全挂钩或止挡装置，传动部位应设置防护罩；

（5）搅拌机应按规定设置作业棚，并应具有防雨、防晒等功能。

7．气瓶

（1）气瓶使用时必须安装减压器，乙炔瓶应安装回火防止器，并应灵敏可靠；

（2）气瓶间安全距离不应小于5m，与明火安全距离不应小于10m；

（3）气瓶应设置防震圈、防护帽，并应按规定存放。

8．翻斗车

（1）翻斗车制动、转向装置应灵敏可靠；

（2）司机应经专门培训，持证上岗，行车时车斗内不得载人。

9. 潜水泵

(1)保护零线应单独设置，并应安装漏电保护装置；

(2)负荷线应采用专用防水橡皮电缆，不得有接头。

10. 振捣器

(1)振捣器作业时应使用移动配电箱、电缆线长度不应超过 30 m；

(2)保护零线应单独设置，并应安装漏电保护装置；

(3)操作人员应按规定穿戴绝缘手套、绝缘鞋。

11. 桩工机械：

(1)桩工机械安装完毕应按规定履行验收程序，并应经责任人签字确认；

(2)作业前应编制专项方案，并应对作业人员进行安全技术交底；

(3)桩工机械应按规定安装安全装置，并应灵敏可靠；

(4)机械作业区域地面承载力应符合机械说明书要求；

(5) 机械与输电线路安全距离应符合现行行业标准《施工现场临时用电安全技术规范》(JGJ 46)的规定。

4 检查评分方法

4.0.1 建筑施工安全检查评定中，保证项目应全数检查。

4.0.2 建筑施工安全检查评定应符合本标准第 3 章中各检查评定项目的有关规定，并应按本标准附录 A、B 的评分表进行评分。检查评分表应分为安全管理、文明施工、脚手架、基坑工程、模板支架、高处作业、施工用电、物料提升机与施工升降机、塔式起重机与起重吊装、施工机具分项检查评分表和检查评分汇总表。

4.0.3 各评分表的评分应符合下列规定：

(1)分项检查评分表和检查评分汇总表的满分分值均应为 100 分，评分表的实得分值应为各检查项目所得分值之和；

(2)评分应采用扣减分值的方法，扣减分值总和不得超过该检查项目的应得分值；

(3)当按分项检查评分表评分时，保证项目中有一项未得分或保证项目小计得分不足 40 分，此分项检查评分表不应得分；

(4)检查评分汇总表中各分项项目实得分值应按下式计算：

$$A_1 = \frac{B \times C}{100} \tag{4.0.3-1}$$

式中 A_1 —— 汇总表各分项项目实得分值；

B —— 汇总表中该项应得满分值；

C —— 该项检查评分表实得分值。

(5)当评分遇有缺项时，分项检查评分表或检查评分汇总表的总得分值应按下式计算：

$$A_2 = \frac{D}{E} \times 100 \tag{4.0.3-2}$$

式中 A_2 —— 遇有缺项时总得分值；

D——实查项目在该表的实得分值之和；

E——实查项目在该表的应得满分值之和。

(6)脚手架、物料提升机与施工升降机、塔式起重机与起重吊装项目的实得分值，应为所对应专业的分项检查评分表实得分值的算术平均值。

5 检查评定等级

5.0.1 应按汇总表的总得分和分项检查评分表的得分，对建筑施工安全检查评定划分为优良、合格、不合格三个等级。

5.0.2 建筑施工安全检查评定的等级划分应符合下列规定：

(1)优良。分项检查评分表无零分，汇总表得分值应在 80 分及以上。

(2)合格。分项检查评分表无零分，汇总表得分值应在 80 分以下，70 分及以上。

(3)不合格。

1)当汇总表得分值不足 70 分时；

2)当有一分项检查评分表得零分时。

5.0.3 当建筑施工安全检查评定的等级为不合格时，必须限期整改达到合格。

附录A 建筑施工安全检查评分汇总表

表A 建筑施工安全检查评分汇总表

企业名称：　　　　　　　　　　资质等级：　　　　　　　　　年 月 日

单位工程(施工现场)名称	建筑面积/m²	结构类型	总计得分(满分分值100分)	项目名称及分值									
				安全管理(满分10分)	文明施工(满分15分)	脚手架(满分10分)	基坑工程(满分10分)	模板支架(满分10分)	高处作业(满分10分)	施工用电(满分10分)	物料提升机与施工升降机(满分10分)	塔式起重机与起重吊装(满分5分)	施工机具(满分5分)
评语：													
检查单位				负责人		受检项目				项目经理			

附录 B 建筑施工安全分项检查评分表

表 B.1 安全管理检查评分表

序号	检查项目		扣 分 标 准	应得分数	扣减分数	实得分数
1		安全生产责任制	未建立安全责任制，扣10分； 安全生产责任制未经责任人签字确认，扣3分； 未备有各工种安全技术操作规程，扣2～10分； 未按规定配备专职安全员，扣2～10分； 工程项目部承包合同中未明确安全生产考核指标，扣5分； 未制定安全生产资金保障制度，扣5分； 未编制安全资金使用计划或未按计划实施，扣2～5分； 未制定伤亡控制、安全达标、文明施工等管理目标，扣5分； 未进行安全责任目标分解，扣5分； 未建立对安全生产责任制和责任目标的考核制度，扣5分； 未按考核制度对管理人员定期考核，扣2～5分	10		
2	保证项目	施工组织设计及专项施工方案	施工组织设计中未制定安全技术措施，扣10分； 危险性较大的分部分项工程未编制安全专项施工方案，扣10分； 未按规定对超过一定规模危险性较大的分部分项工程专项施工方案进行专家论证，扣10分； 施工组织设计、专项施工方案未经审批，扣10分； 安全技术措施、专项施工方案无针对性或缺少设计计算，扣2～8分； 未按施工组织设计、专项施工方案组织实施，扣2～10分	10		
3		安全技术交底	未进行书面安全技术交底，扣10分； 未按分部分项进行交底，扣5分； 交底内容不全面或针对性不强，扣2～5分； 交底未履行签字手续，扣4分	10		
4		安全检查	未建立安全检查制度，扣10分； 未有安全检查记录，扣5分； 事故隐患的整改未做到定人、定时间、定措施，扣2～6分； 对重大事故隐患整改通知书所列项目未按期整改和复查，扣5～10分	10		

序号	检查项目		扣分标准	应得分数	扣减分数	实得分数
5	保证项目	安全教育	未建立安全教育培训制度，扣10分； 施工人员入场未进行三级安全教育培训和考核，扣5分； 未明确具体安全教育培训内容，扣2~8分； 变换工种或采用新技术、新工艺、新设备、新材料施工时未进行安全教育，扣5分； 施工管理人员、专职安全员未按规定进行年度教育培训和考核，每人扣2分			
6		应急救援	未制定安全生产应急救援预案，扣10分； 未建立应急救援组织或未按规定配备救援人员，扣2~6分； 未定期进行应急救援演练，扣5分； 未配置应急救援器材和设备，扣5分	10		
		小计		60		
7	一般项目	分包单位安全管理	分包单位资质、资格、分包手续不全或失效，扣10分； 未签订安全生产协议书，扣5分； 分包合同、安全生产协议书，签字盖章手续不全，扣2~6分； 分包单位未按规定建立安全机构或未配备专职安全员，扣2~6分	10		
8		持证上岗	未经培训从事施工、安全管理和特种作业，每人扣5分； 项目经理、专职安全员和特种作业人员未持证上岗，每人扣2分	10		
9		生产安全事故处理	生产安全事故未按规定报告，扣10分； 生产安全事故未按规定进行调查分析、制定防范措施，扣10分； 未依法为施工作业人员办理保险，扣5分	10		
10		安全标志	主要施工区域、危险部位未按规定悬挂安全标志，扣2~6分； 未绘制现场安全标志布置图，扣3分； 未按部位和现场设施的变化高速安全标志设置，扣2~6分； 未设置重大危险源公示牌，扣5分	10		
		小计		40		
检查项目合计				100		

表 B.2 文明施工检查评分表

序号	检查项目		扣分标准	应得分数	扣减分数	实得分数
1	保证项目	现场围挡	市区主要路段的工地未设置封闭围挡或围挡高度小于2.5m，扣5~10分； 一般路段的工地未设置封闭围挡或围挡高度小于1.8m，扣5~10分； 围挡未达到坚固、稳定、整洁、美观，扣5~10分	10		

序号	检查项目		扣 分 标 准	应得分数	扣减分数	实得分数
2		封闭管理	施工现场进出口未设置大门，扣10分； 未设置门卫室，扣5分； 未建立门卫值守管理制度或未配备门卫值守人员，扣2~6分； 施工人员进入施工现场未佩戴工作卡，扣2分； 施工现场出入口未标有企业名称或标识，扣2分； 未设置车辆冲洗设施，扣3分	10		
3		施工场地	施工现场主要道路及材料加工区地面未进行硬化处理，扣5分； 施工现场道路不畅通、路面不平整坚实，扣5分； 施工现场未采取防尘措施，扣5分； 施工现场未设置排水设施或排水不通畅、有积水，扣5分； 未采取防止泥浆、污水、废水污染环境措施，扣2~10分； 未设置吸烟处、随意吸烟，扣5分； 温暖季节未进行绿化布置，扣分	10		
4	保证项目	材料管理	建筑材料、构件、料具未按总平面布局码放，扣4分； 材料码放不整齐，未标明名称、规格，扣2分； 施工现场材料存放未采取防火、防锈蚀、防雨措施，扣3~10分； 建筑物内施工垃圾的清运未使用器具或管道运输，扣5分； 易燃、易爆物品未分类储藏在专用库房、未采取防火措施，扣5~10分	10		
5		现场办公与住宿	施工作业区、材料存放区与办公、生活区未采取隔离措施扣6分； 宿舍、办公用房防火等级不符合有关消防安全技术规范要求，扣10分； 在施工程、伙房、库房兼作住宿，扣10分； 宿舍未设置可开启式窗户，扣4分 宿舍未设置床铺、床铺超过2层或通道宽度小于0.9 m，扣2~6分； 宿舍人均面积或人员数量不符合规范要求，扣5分； 夏季宿舍内未采取防暑降温和防蚊蝇措施，扣5分； 生活用品摆放混乱、环境卫生不符合要求，扣3分	10		
6		现场防火	施工现场未制定消防安全管理制度、消防措施，扣10分； 施工现场的临时用房和作业场所的防火设计不符合规范要求，扣10分； 施工现场消防通道、消防水源的设置不符合规范要求，扣5~10分； 施工现场灭火器材布局、配置不合理或灭火器材失效，扣5分； 未办理动火审批手续或未指定动火监护人员，扣5~10分			
		小计		60		

序号	检查项目		扣 分 标 准	应得分数	扣减分数	实得分数
7	一般项目	综合治理	生活区未设置供作业人员学习和娱乐场所，扣2分； 施工现场未建立治安保卫制度或责任未分到人，扣3～5分； 施工现场未制定治安防范措施，扣5分	10		
8		公示标牌	大门口处设置的公示标牌内容不齐全，扣2～8分； 标牌不规范、不整齐，扣3分； 未设置安全标语，扣3分； 未设置宣传栏、读报栏、黑板报，扣2～4分	10		
9		生活设施	未建立卫生责任制度，扣5分； 食堂与厕所、垃圾站、有毒有害场所的距离不符合规范要求，扣2～6分； 食堂未办理卫生许可证或未办理炊事人员健康证，扣5分； 食堂使用的燃气罐未单独设置存放间或存放间通风条件不良，扣2～4分； 食堂未配备排风、冷藏、消毒、防鼠、防蚊蝇等设施，扣4分； 厕所内的设施数量和布局不符合规范要求，扣2～6分； 厕所卫生未达到规定要求，扣4分； 不能保证现场人员卫生饮水，扣5分； 未设置淋浴室或淋浴室不能满足现场人员需求，扣4分； 生活垃圾未装容器或未及时清理，扣3～5分			
10		社区服务	夜间未经许可施工，扣8分； 施工现场焚烧各类废弃物，扣8分； 施工现场未制定防粉尘、防噪声、防光污染等措施，扣5分； 未制定施工不扰民措施，扣5分			
		小计		40		
	检查项目合计			100		

表 B.3 扣件式钢管脚手架检查评分表

序号	检查项目		扣 分 标 准	应得分数	扣减分数	实得分数
1	保证项目	施工方案	架体搭设未编制专项施工方案或未按规定审核、审批，扣10分； 架体结构设计未进行设计计算，扣10分； 架体搭设超过规范允许高度，专项施工方案未按规定组织专家论证，扣10分	10		

序号	检查项目		扣 分 标 准	应得分数	扣减分数	实得分数
2	保证项目	立杆基础	立杆基础不平、不实，不符合专项施工方案要求，扣5~10分； 立杆底部缺少底座、垫板或垫板的规格不符合规范要求，处扣2~5分； 未按规范要求设置纵、横向扫地杆，扣5~10分； 扫地杆的设置和固定不符合规范要求，扣5分； 未采取排水措施，扣8分	10		
3		架体与建筑结构拉结	架体与建筑结构拉结方式或间距不符合规范要求，每年扣2分； 架体底层第一步纵向水平杆处未按规定设置连墙件或未采用其他可靠措施固定，每处扣2分； 搭设高度超过24 m的双排脚手架，未采用刚性连墙件与建筑结构可靠连接，扣10分	10		
4		杆件间距与剪刀撑	立杆、纵向水平杆、横向水平杆间距超过设计或规范要求，每处扣2分； 未按规定设置纵向剪刀撑或横向斜撑，每处扣5分； 剪刀撑未沿脚手架高度连续设置或角度不符合规范要求，扣5分； 剪刀撑斜杆的接长或剪刀撑斜杆与架体杆件固定不符合规范要求，每处扣2分	10		
5		脚手板与防护栏杆	脚手板未满铺或铺设不牢、不稳，扣5~10分； 脚手板规格或材质不符合规范要求，扣5~10分； 架体外侧未设置密目式安全网封闭或网间连接不严，扣5~10分； 作业层防护栏杆不符合规范要求，扣5分 作业层未设置高度不小于180 mm的挡脚板，扣3分	10		
6		交底与验收	架体搭设前未进行交底或交底未有文字记录，扣5~10分； 架体分段搭设、分段使用未进行分段验收，扣5分； 架体搭设完毕未办理验收手续，扣10分； 验收内容未进行量化，或未经责任人签字确认，扣5分	10		
		小计		60		
7	一般项目	横向水平杆设置	未在立杆与纵向水平杆交点处设置横向水平杆，每处扣2分； 未按脚手板铺设的需要增加设置横向水平杆，每处扣2分； 双排脚手架横向水平杆只固定一端，每处扣2分； 单排脚手架横向水平杆插入墙内小于180 mm，每处扣2分	10		

序号	检查项目		扣 分 标 准	应得分数	扣减分数	实得分数
8	一般项目	杆件连接	纵向水平杆搭接长度小于1m或固定不符合要求，每处扣2分； 立杆除顶层顶步外采用搭接，每处扣4分； 杆件对接扣件的布置不符合规范要求，扣2分； 扣件紧固力矩小于40N·m或大于65N·m，每处扣2分	10		
9		层间防护	作业层脚手板下未采用安全平网兜底或作业层以下每隔10m未受安全平网封闭，扣5分	10		
10		构配件材质	钢管直径、壁厚、材质不符合要求，扣5分； 钢管弯曲、变形、锈蚀严重，扣5分； 扣件未进行复试或技术性能不符合标准，扣5分	5		
11		通道	未设置人员上下专用通道，扣5分； 通道设置不符合要求，扣2分	5		
		小计		40		
检查项目合计				100		

表 B.10 满堂式脚手架检查评分表

序号	检查项目		扣 分 标 准	应得分数	扣减分数	实得分数
1	保证项目	施工方案	未编制专项施工方案或未进行设计计算，扣10分； 专项施工方案未按规定审核、审批，扣10分	10		
2		架体基础	架体基础不平、不实，不符合专项施工方案要求，扣5~10分； 架体底部未设置垫板或垫板的规格不符合规范要求，每处扣2~5分； 架体底部未按规范要求设置底座，每处扣2分； 架体底部未按规范要求设置扫地杆，扣5分； 未采取排水措施，扣8分	10		
3		架体稳定	架体四周与中间未按规范要求设置竖向剪刀撑或专用斜杆，扣10分； 未按规范要求设置水平剪刀撑或专用水平斜杆，扣10分； 架体高宽比超过规范要求时未采取与结构拉结或其他可靠的稳定措施，扣10分	10		
4		杆件锁件	架体立杆间距、水平杆步距超过设计和规范要求，每处扣2分； 杆件接长不符合要求，每处扣2分； 架体搭设不牢或杆件节点紧固不符合要求，每处扣2分	10		
5		脚手板	脚手板不满铺或铺设不牢、不稳，扣5~10分； 脚手板规格或材质不符合要求，扣5~10分； 采用挂扣式钢脚手板时挂钩未挂扣在水平杆上或挂钩未处于锁住状态，每处扣2分	10		

序号	检查项目		扣分标准	应得分数	扣减分数	实得分数
6	保证项目	交底与验收	架体搭设前未进行交底或交底未有文字记录，扣5~10分； 架体分段搭设、分段使用未进行分段验收，扣5分； 架体搭设完毕未办理验收手续，扣10分； 验收内容未进行量化，或未经责任人签字确认，扣5分	10		
		小计		60		
7	一般项目	架体防护	作业层防护栏杆不符合规范要求，扣5分； 作业层外侧未设置高度不小于180 mm挡脚板，扣3分； 作业层脚手板下未采用安全平网兜底或作业层以下每隔10 m未采用安全平网封闭，扣5分	10		
8		构配件材质	钢管、构配件的规格、型号、材质或产品质量不符合规范要求，扣5~10分； 杆件弯曲、变形、锈蚀严重，扣10分	10		
9		荷载	架体的施工荷载超过设计和规范要求，扣10分； 荷载堆放不均匀，每处扣5分	10		
10		通道	未设置人员上下专用通道，扣10分； 通道设置不符合要求，扣5分	10		
		小计		40		
	检查项目合计			100		

表 B.11 基坑工程检查评分表

序号	检查项目		扣分标准	应得分数	扣减分数	实得分数
1	保证项目	施工方案	基坑工程未编制专项施工方案，扣10分； 专项施工方案未按规定审核、审批，扣10分； 超过一定规模条件的基坑工程专项施工方案未按规定组织专家论证，扣10分； 基坑周边环境或施工条件发生变化，专项施工方案未重新进行审核、审批，扣10分	10		
2		基坑支护	人工开挖的狭窄基槽，开挖深度较大或存在边坡塌方危险未采取支护措施，扣10分； 自然放坡的坡率不符合专项施工方案和规范要求，扣10分； 基坑支护结构不符合设计要求，扣10分； 支护结构水平位移达到设计报警值未采取有效控制措施，扣10分	10		

序号	检查项目		扣 分 标 准	应得分数	扣减分数	实得分数
3	保证项目	降排水	基坑开挖深度范围内有地下水未采取有效的降排水措施，扣10分； 基坑边沿周围地面未设排水沟或排水沟设置不符合规范要求，扣5分； 放坡开挖对坡顶、坡面、坡脚未采了降排水措施，扣5~10分； 基坑底四周未设排水沟和集水井或排除积水不及时，扣5~8分	10		
4		基坑开挖	支护结构未达到设计要求的强度提前开挖下层土方，扣10分； 未按设计和施工方案的要求分层、分段开挖或开挖不均衡，扣10分； 基坑开挖过程中未采取防止碰撞支护结构或工程桩的有效措施，扣10分； 机械在软土场地作业，未采取铺设渣土、砂石等硬化措施，扣10分	10		
5		坑边荷载	基坑边堆置土、料具等荷载超过基坑支护设计允许要求，扣10分； 施工机械与基坑边沿的安全距离不符合设计要求，扣10分	10		
6		安全防护	开挖深度2m及以上的基坑周边未按规范要求设置防护栏杆或栏杆设置不符合规范要求，扣5~10分； 基坑内未设置供施工人员上下的专用梯道设置不符合规范要求，扣5~10分； 降水井口未设置防护盖板或围栏，扣10分	10		
7		基坑监测	未按要求进行基坑工程监测，扣10分； 基坑监测项目不符合设计和规范要求，扣5~10分； 监测的时间间隔不符合监测方案要求或监测结果变化速率较大未加密观测次数，扣5~8分； 未按设计要求提交监测报告或监测报告内容不完整，扣5~8分	10		
8	一般项目	支撑拆除	基坑支撑结构的拆除方式、拆除顺序不符合专项施工方案要求，扣5~10分； 机械拆除作业时，施工荷载大于支撑结构承载能力，扣10分； 人工拆除作业时，未按规定设置防护设施，扣8分； 采用非常规拆除方式不符合国家现行相关规范要求，扣10分	10		
9		作业环境	基坑内土方机械、施工人员的安全距离不符合规范要求，扣10分； 上下垂直作业未采取防护措施，扣5分； 在各种管线范围内挖土作业未设专人监护，扣5分； 作业区光线不良，扣5分	10		
10		应急预案	未按要求编制基坑工程应急预案或应急预案内容不完整，扣5~10分； 应急组织机构不健全或应急物资、材料、工具机具储备不符合应急预案要求，扣2~6分	10		
		小计		40		
检查项目合计				100		

表 B.12 模板支架检查评分表

序号	检查项目		扣 分 标 准	应得分数	扣减分数	实得分数
1	保证项目	施工方案	未编制专项施工方案或结构设计未经计算，扣10分； 专项施工方案未经审核、审批，扣10分； 超规模模板支架专项施工方案未按规定组织专家论证，扣10分	10		
2		支架基础	基础不坚实平整、承载力不符合专项施工方案要求，扣5～10分； 支架底部未设置垫板或垫板的规格不符合规范要求，扣5～10分； 支架底部未按规范要求设置底座，每处扣2分； 未按规范要求设置扫地杆，扣5分； 未采取排水设施，扣5分； 支架设在楼面结构上时，未对楼面结构的承载力进行验算或楼面结构下方未采取加固措施，扣10分	10		
3		支架构造	立杆纵、横间距大于设计和规范要求，每处扣2分； 水平杆步距大于设计和规范要求，每处扣2分； 水平杆未连续设置，扣5分； 未按规范要求设置竖向剪刀撑或专用斜杆，扣10分； 未按规范要求设置水平剪刀撑或专用水平斜杆，扣10分； 剪刀撑或斜杆设置不符合规范要求，扣5分	10		
4		支架稳定	支架高宽比超过规范要求未采取与建筑结构刚性连接或增加架体宽度等措施，扣10分； 立杆伸出顶层水平杆的长度超过规范要求，每处扣2分； 浇筑混凝土未对支架的基础沉降、架体变形采取监测措施，扣8分	10		
5		施工荷载	荷载堆放不均匀，每处扣5分； 施工荷载超过设计规定，扣10分； 浇筑混凝土未对混凝土堆积高度进行控制，扣8分	10		
6		交底与验收	支架搭设、拆除前未进行交底或无文字记录，扣5～10分； 架体搭设完毕未办理验收手续，扣10分； 验收内容未进行量化，或未经责任人签字确认，扣5分	10		
		小计		60		
7	一般项目	杆件连接	立杆连接不符合规范要求，扣3分； 水平杆连接不符合规范要求，扣3分； 剪刀撑斜杆接长不符合规范要求，每处扣3分； 杆件各连接点的坚固不符合规范要求，每和扣2分	10		
8		底座与托撑	螺杆直径与立杆内径不匹配，每处扣3分； 螺杆旋入螺母内的长度或外伸长度不符合规范要求，每处扣3分	10		

序号	检查项目		扣分标准	应得分数	扣减分数	实得分数
9	一般项目	构配件材质	钢管、构配件的规格、型号、材质不符合规范要求，扣5～10分； 杆件弯曲、变形、锈蚀严重，扣10分			
10		支架拆除	支架拆除前未确认混凝土强度达到设计要求，扣10分； 未按规定设置警戒区或未设置专人监护，扣5～10分	10		
		小计		40		
	检查项目合计			100		

表 B.13 高处作业检查评分表

序号	检查项目		扣分标准	应得分数	扣减分数	实得分数
1	保证项目	安全帽	施工现场人员未佩戴安全帽，每人扣5分； 未按标准佩戴安全帽，每人扣2分； 安全帽质量不符合现行国家相关标准的要求，扣5分	10		
2		安全网	在建工程外脚手架架体外侧未采用密目式安全网封闭或网间连接不严，扣2～10分； 安全网质量不符合现行国家相关标准的要求，扣10分	10		
3		安全带	高处作业人员未按规定系挂安全带，每人扣5分； 安全带系挂不符合要求，每人扣5分； 安全带质量不符合现行国家相关标准的要求，扣10分	10		
4		临边防护	工作机边沿无临边防护，扣10分； 临边防护设施的构造、强度不符合规范要求，扣5分； 防护设施未形成定型化、工具式，扣3分	10		
5		洞口防护	在建工程的孔、洞未采取防护措施，每处扣5分； 防护措施、设施不符合要求或不严密，每处扣3分； 防护设施未形成定型化、工具式，扣3分； 电梯井内未按每隔两层且不大于10 m设置安全平网，扣5分	10		
6		通道口防护	未搭设防护棚或防护不严、不牢固，扣5～10分； 防护棚两侧未进行封闭，扣4分； 防护棚宽度小于通道口宽度，扣4分； 防护棚长度不符合要求，扣4分； 建筑物高度超过24 m，防护棚顶未采用双层防护，扣4分； 防护棚的材质不符合规范要求，扣5分	10		
		小计		60		

序号	检查项目		扣 分 标 准	应得分数	扣减分数	实得分数
7	一般项目	攀登作业	移动式梯子的梯脚底部垫高使用，扣3分； 折梯未使用可靠拉撑装置，扣5分； 梯子的材质或制作质量不符合规范要求，扣10分	10		
8		悬空作业	悬空作业处未设置防护栏杆或其他可靠的安全设施，扣5～10分； 悬空作业所用的索具、吊具等未经验收，扣5分； 悬空作业人员未系挂安全带或佩戴工具袋，扣2～10分	10		
9		移动式操作平台	操作平台未按规定进行设计计算，扣8分； 移动式操作平台，轮子与平台的连接不牢固可靠或立柱底端距离地面超过80 mm，扣5分； 操作平台的组装不符合设计和规范要求，扣10分； 平台台面铺板不严，扣5分； 操作平台四周未按规定设置防护栏杆或未设置登高扶梯，扣10分； 操作平台的材质不符合规范要求，扣10分	10		
10		悬挑式物料钢平台	未编制专项施工方案或未经设计计算，扣10分； 悬挑式钢平台的下部支撑系统或上就拉结点，未设置在建筑结构上，扣10分； 斜拉杆或钢丝绳未按要求在平台两侧各设置两道，扣10分； 钢平台未按要求设置固定的防护栏杆或挡脚板，扣3～10分； 钢平台台面铺板不严或钢平台与建筑结构之间铺板不严，扣5分； 未在平台明显处设置荷载限定标牌，扣5分	10		
		小计		40		
	检查项目合计			100		

表 B.14 施工用电检查评分表

序号	检查项目		扣 分 标 准	应得分数	扣减分数	实得分数
1	保证项目	外电防护	外电线路与在建工程及脚手架、起重机械、场内机动车道之间的安全距离不符合规范要求且未采取防护措施，扣10分； 防护设施未设置明显的警示标志，扣5分； 防护设施与外电线路的安全距离及搭设方式不符合规范要求，扣5～10分； 在外电架空线路正下方施工、建造临时设施或堆放材料物品，扣10分	10		

序号	检查项目		扣 分 标 准	应得分数	扣减分数	实得分数
2	保证项目	接地与接零保护系统	施工现场专用的电源中性点直接接地的低压配电系统未采用TN-S接零保护系统，扣20分； 配电系统未采用同一保护系统，扣20分； 保护零线引出位置不符合规范要求，扣5～10分； 电气设备未接保护零线，每处扣2分； 保护零线装设开关、熔断器或通过工作电流，扣20分； 保护零线材质、规格及颜色标记不符合规范要求，每处扣2分； 工作接地与重复接地的设置、安装及接地装置的材料不符合规范要求，扣10～20分； 工作接地电阻大于4Ω，重复接地电阻大于10Ω，扣20分； 施工现场起重机、物料提升机、施工升降机、脚手架防雷措施不符合规范要求，扣5～10分； 做防雷接地机械上的电气设备，保护零线未做重复接地，扣10分	20		
3		配电线路	线路及接头不能保证机械强度和绝缘强度，扣5～10分； 线路未设短路、过载保护，扣5～10分； 线路截面不能满足负荷电流，每处扣2分； 线路的设施、材料及相序排列、挡距、与邻近线路或固定物的距离不符合规范要求，扣5～10分； 电缆沿地面明设，沿脚手架、树木等敷设或敷设不符合规范要求，扣5～10分； 线路敷设的电缆不符合规范要求，扣5～10分； 室内明敷主干线距地面高度小于2.5m，每处扣2分	10		
4		配电箱与开关箱	配电系统未采用三级配电、二级漏电保护系统，扣10～20分； 用电设备未有各自专用的开关箱，每处扣2分； 箱体结构、箱内电器设置不符合规范要求，扣10～20分； 配电箱零线端子板的设置、连接不符合规范要求，扣5～10分； 漏电保护器参数不匹配或检测不灵敏，每处扣2分； 配电箱与开关箱电器损坏或进出线混乱，每处扣2分； 箱体未设置系统接线图和分路标记，每处扣2分； 箱体未设门、锁，未采取防雨措施，每处扣2分； 箱体安装位置、高度及周边通道不符合规范要求，每处扣2分； 分配电箱与开关箱、开关箱与用电设备的距离不符合规范要求，每处扣2分	20		
		小计		60		

序号	检查项目		扣 分 标 准	应得分数	扣减分数	实得分数
5	一般项目	配电室与配电装置	配电室建筑耐火等级未达到三级，扣15分； 未配置适用于电气火灾的灭火器材，扣3分； 配电室、配电装置布设不符合规范要求，扣5～10分； 配电装置中的仪表、电气元件设置不符合规范要求或仪表、电气元件损坏，扣5～10分； 备用发电机组未与外电线路进行连锁，扣15分； 配电室未采取防雨雪和小动物侵入的措施，扣10分； 配电室未设警示标志、工地供电平面图和系统图，扣3～5分	15		
6		现场照明	照明用电与动力用电混用，每处扣2分； 特殊场所未使用36V及以下安全电压，扣15分； 手持照明灯未使用36V以下电源供电，扣10分； 照明变压器未使用双绕组安全隔离变压器，扣15分； 灯具金属外壳未接保护零线，每处扣2分； 灯具与地面、易燃物之间小于安全距离，每处扣2分； 照明线路和安全电压线路的架设不符合规范要求，扣10分； 施工现场未按规范要求配备应急照明，每处扣2分	15		
7		用电档案	总包单位与分包单位未订立临时用电管理协议，扣10分； 未制定专项用电施工组织设计、外电防护专项方案或设计、方案缺乏针对性，扣5～10分； 专项用电施工组织设计、外电防护专项方案未履行审批程序，实施后相关部门未组织验收，扣5～10分； 接地电阻、绝缘电阻和漏电保护器检测记录未填写或填写不真实，扣3分； 安全技术交底、设备设施验收记录未填写或填写不真实，扣3分； 定期巡视检查、隐患整改记录未填写或填写不真实，扣3分； 档案资料不齐全，未设专人管理，扣3分	10		
		小计		40		
	检查项目合计			100		

表 B.15 物料提升机检查评分表

序号	检查项目		扣 分 标 准	应得分数	扣减分数	实得分数
1	保证项目	安全装置	未安装起重量限制器、防坠安全器，扣15分； 起重量限制器、防坠安全器不灵敏，扣15分； 安全停层装置不符合规范要求或未达到定型化，扣5～10分； 未安装上行程限位，扣15分； 上行程限位不灵敏，安全越程不符合规范要求，扣10分； 物料提升机安装高度超过30m未安装渐进式防坠安全器、自动停层、语音及影像信号监控装置，每项扣5分	15		

序号	检查项目		扣 分 标 准	应得分数	扣减分数	实得分数
2	保证项目	防护设施	未设置防护围栏或设置不符合规范要求，扣5~15分； 未设置进料口防护棚或设置不符合规范要求，5~15分； 停层平台两侧未设置防护栏杆、挡脚板，每处扣2分； 停层平台脚手板铺设不严、不牢，每处扣2分； 未安装平台门或平台门不起作用，扣5~15分； 平台门未达到定型化，每处扣2分； 吊笼门不符合规范要求，扣10分	15		
3		附墙架与缆风绳	附墙架结构、材质、间距不符合产品说明书要求，扣10分； 附墙架未与建筑结构可靠连接，扣10分； 缆风绳设置数量、位置不符合规范要求，扣5分； 缆风绳未使用钢丝绳或未与地锚连接，扣10分； 钢丝绳直径小于8 mm或角度不符合45°~60°要求，扣5~10分； 安装高度超过30 m的物料提升机使用缆风绳，扣10分； 地锚设置不符合规范要求，每处扣5分	10		
4		钢丝绳	钢丝绳磨损、变形、锈蚀达到报废标准，扣10分； 钢丝绳绳夹设置不符合规范要求，每处扣2分； 吊笼处于最低位置，卷筒上钢丝绳少于3圈，扣10分； 未设置钢丝绳过路保护措施或钢丝绳拖地，扣5分	10		
5		安拆、验收与使用	安装、拆卸单位未取得专业承包资质和安全生产许可证，扣10分； 未制定专项施工方案或未经审核、审批，扣10分； 未履行验收程序或验收表未经责任人签字，扣5~10分； 安装、拆除人员及司机未持证上岗，扣10分； 物料提升机作业前未按规定进行例行检查或未填写检查记录，扣4分； 实行多班作业未按规定填写交接班记录，扣3分	10		
		小计		60		
6	一般项目	基础与导轨架	基础的承载力、平整度不符合规范要求，扣5~10分； 基础周边未设排水设施，扣5分； 导轨架垂直度偏差大于导轨架高度0.15%，扣5分； 井架停层平台通道处的结构未采取加强措施，扣8分	10		
7		动力与传动	卷扬机、曳引机安装不牢固，扣10分； 卷筒与导轨架底部导向轮的距离小于20倍卷筒宽度未设置排绳器，扣5分； 钢丝绳在卷筒上排列不整齐，扣5分； 滑轮与导轨架、吊笼未采用刚性连接，扣10分； 滑轮与钢丝绳不匹配，扣10分； 卷筒、滑轮未设置防止钢丝绳脱出装置，扣5分； 曳引钢丝绳为2根及以上时，未设置曳引力平衡装置，扣5分	10		

序号	检查项目		扣 分 标 准	应得分数	扣减分数	实得分数
8	一般项目	通信装置	未按规范要求设置通信装置，扣5分 通信装置信号显示不清晰，扣3分	5		
9		卷扬机操作棚	未设置卷扬机操作棚，扣10分； 操作棚搭设不符合规范要求，扣5～10分	10		
10		避雷装置	物料提升机在其他防雷保护范围以外未设置避雷装置，扣5分； 避雷装置不符合规范要求，扣3分	5		
		小计		40		
检查项目合计				100		

表 B.16 施工升降机检查评分表

序号	检查项目		扣 分 标 准	应得分数	扣减分数	实得分数
1	保证项目	安全装置	未安装起重量限制器或起重量限制器不灵敏，扣10分； 未安装渐进式防坠安全器或防坠安全器不灵敏，扣10分； 防坠安全器超过有效标定期限，扣10分； 对重钢丝绳未安装防松绳装置或防松绳装置不灵敏，扣5分； 未安装急停开关或急停开关不符合规范要求，扣5分； 未安装吊笼和对重缓冲器或缓冲器不符合规范要求，扣5分； SC型施工升降机未安装安全钩，扣10分	10		
2		限位装置	未安装极限开关或极限开关不灵敏，扣10分； 未安装上限位开关或上限位开关不灵敏，扣10分； 未安装下限位开关或下限位开关不灵敏，扣5分； 极限开关与上限位开关安全越程不符合规范要求，扣5分； 极限开关与上、下限位开关共用一个触发元件，扣5分； 未安装吊笼门机电连锁装置或不灵敏，扣10分； 未安装吊笼顶窗电气安全开关或不灵敏，扣5分	10		
3		防护设施	未设置地防护围栏或设置不符合规范要求，扣5～10分； 未安装地面防护围栏门连锁保护装置或连锁保护装置不灵敏，扣5～8分； 未设置出入口防护棚或设置不符合规范要求，扣5～10分； 停层平台搭设不符合规范要求，扣5～8分； 未安装层门或层门不起作用，扣5～10分； 层门不符合规范要求、未达到定型化，每处扣2分	10		
4		附墙架	附墙架采用非配套标准产品未进行设计计算，扣10分； 附墙架与建筑结构连接方式、角度不符合产品说明书要求，扣5～10分； 附墙架间距、最高附着点以上导轨架的自由高度超过产品说明书要求，扣10分	10		

序号	检查项目		扣 分 标 准	应得分数	扣减分数	实得分数
5	保证项目	钢丝绳、滑轮与对重	对重钢丝绳数少于2根或未相对独立，扣5分； 钢丝绳磨损、变形、锈蚀达到报废标准，扣10分； 钢丝绳的规格、固定不符合产品说明书及规范要求，扣10分； 滑轮未安装钢丝绳防脱装置或不符合规范要求，扣4分； 对重重量、固定不符合产品说明书及规范要求，扣10分； 对重未安装防脱轨保护装置，扣5分	10		
6		安拆、验收与使用	安装、拆卸单位未取得专业承包资质和安全生产许可证，扣10分； 未编制安装、拆卸专项方案或专项方案未经审核、审批，扣10分； 未履行验收程序或验收表未经责任人签字，扣5～10分； 安装、拆除人员及司机未持证上岗，扣10分； 施工升降机作业前未按规定进行例行检查，未填写检查记录，扣4分； 实行多班作业未按规定填写交接班记录，扣3分	10		
		小计		60		
7	一般项目	导轨架	导轨架垂直度不符合规范要求，扣10分； 标准节质量不符合产品说明书及规范要求，扣10分； 对重导轨不符合规范要求，扣5分； 标准节连接螺栓使用不符合产品说明书及规范要求，扣5～8分	10		
8		基础	基础制作、验收不符合产品说明书及规范要求，扣5～10分； 基础设置在地下室顶板或楼面结构上，未对其支承结构进行承载力验算，扣10分； 基础未设置排水设施，扣4分	10		
9		电气安全	施工升降机与架空线路距离不符合规范要求，未采取防护措施，扣10分； 防护措施不符合规范要求，扣5分； 未设置电缆导向架或设置不符合规范要求，扣5分； 施工升降机在防雷保护范围以外未设置避雷装置，扣10分； 避雷装置不符合规范要求，扣5分	10		
10		通信装置	未安装楼层信号联络装置，扣10分； 楼层联络信号不清晰，扣5分	10		
		小计		40		
检查项目合计				100		

表 B.17 塔式起重机检查评分表

序号	检查项目		扣 分 标 准	应得分数	扣减分数	实得分数
1	保证项目	载荷限制装置	未安装起重量限制器或不灵敏,扣10分; 未安装力矩限制器或不灵敏,扣10分	10		
2		行程限位装置	未安装起升高度限位器或不灵敏,扣10分; 起升高度限位器的安全越程不符合规范要求,扣6分; 未安装幅度限位器或不灵敏,扣10分; 回转不设集电器的塔式起重机未安装回转限位器或不灵敏,扣6分; 行走式塔式起重机未安装行走限位器或不灵敏,扣10分	10		
3		保护装置	小车变幅的塔式起重机未安装断绳保护及断轴保护装置,扣8分; 行走及小车变幅的轨道行程开端未安装缓冲器及止挡装置或不符合规范要求,扣4~8分; 起重臂根部绞点高度大于50 m的塔式起重机未安装风速仪或不灵敏,扣4分; 塔式起重机顶部高度大于30 m且高于周围建筑物未安装障碍指示灯,扣4分	10		
4		吊钩、滑轮、卷筒与钢丝绳	吊钩未安装钢丝绳防脱钩装置或不符合规范要求,扣10分; 吊钩磨损、变形达到报废标准,扣10分; 滑轮、卷筒未安装钢丝绳防脱装置或不符合规范要求,扣4分; 滑轮及卷筒磨损达到报废标准,扣10分; 钢丝绳磨损、变形、锈蚀达到报废标准,扣10分; 钢丝绳的规格、固定、缠绕不符合产品说明书及规范要求,扣5~10分	10		
5		多塔作业	多塔作业未制定专项施工方案或施工方案未经审批,扣10分; 任意两台塔式起重机之间的最小架设距离不符合规范要求,扣10分	10		
6		安拆、验收与使用	安装、拆卸单位未取行专业承包资质和安全生产许可证,扣10分; 未制定安装、拆卸专项方案,扣10分; 方案未经审核、审批,扣10分; 未履行验收程序或验收表未经责任人签字,扣5~10分; 安装、拆除人员入司机、指挥未持证上岗,扣10分; 塔式起重机作业前未按规定进行例行检查,未填写检查记录,扣4分; 实行多班作业未按规定填写交接班记录,扣3分	10		
		小计		60		

序号	检查项目		扣 分 标 准	应得分数	扣减分数	实得分数
7	一般项目	附着	塔式起重机高度超过规定未安装附着装置，扣10分； 附着装置水平距离不满足产品说明书要求，未进行设计计算和审批，扣8分； 安装内爬式塔式起重机的建筑承载结构未进行承载力验算，扣8分； 附着装置安装不符合产品说明书及规范要求，扣5~10分； 附着前和附着后塔身垂直度不符合规范要求，扣10分	10		
8		基础与轨道	塔式起重机基础未按产品说明书及有关规定设计、检测、验收，扣5~10分； 基础未设置排水措施，扣4分； 路基箱或枕木铺设不符合产品说明书及规范要求，扣6分； 轨道铺设不符合产品说明书及规范要求，扣6分	10		
9		结构设施	主要结构件的变形、锈蚀不符合规范要求，扣10分； 平台、走道、梯子、护栏的设置不符合规范要求，扣4~8分； 高强螺栓、销轴、坚固件的坚固、连接不符合规范要求，扣5~10分	10		
10		电气安全	未采用 TN-S 接零保护系统供电，扣10分； 塔式起重机与架空线路安全距离不符合规范要求，未采取防护措施，扣10分； 防护措施不符合规范要求，扣5分； 未安装避雷接地装置，扣10分； 避雷拉地装置不符合规范要求，扣5分； 电缆使用及固定不符合规范要求，扣5分	10		
		小计		40		
检查项目合计				100		

表 B.18 起重吊装检查评分表

序号	检查项目		扣 分 标 准	应得分数	扣减分数	实得分数
1	保证项目	施工方案	未编制专项施工方案或专项施工方案未经审核、审批，扣10分； 超规模的起重吊装专项施工方案未按规定组织专家论证，扣10分	10		
2		起重机械	未安装荷载限制装置或不灵敏，扣10分； 未安装行程限位装置或不灵敏，扣10分； 起重拔杆组织不符合设计要求，扣10分； 起重拔杆组装后未履行验收程序或验收表无责任人签字，扣5~10分	10		

序号	检查项目		扣 分 标 准	应得分数	扣减分数	实得分数
3	保证项目	钢丝绳与地锚	钢丝绳磨损、断丝、变形锈蚀达到报废标准，扣10分； 钢丝绳规格不符合起重机产品说明书要求，扣10分； 吊钩、卷筒、滑轮磨损达到报废标准，扣10分； 吊钩、卷筒、滑轮未安装钢丝绳防脱装置，扣5～10分； 起重拔杆的缆风绳、地锚设置不符合设计要求，扣8分	10		
4		索具	索具采用编结连接时，编结部分的长度不符合规范要求，扣10分； 索具采用绳夹连接时，绳夹的规格、数量及绳夹间距不符合规范要求，扣5～10分； 索具安全系数不符合规范要求，扣10分； 吊索规格不匹配或机械性能不符合设计要求，扣5～10分	10		
5		作业环境	起重机行走作业处地面承载能力不符合产品说明书要求或未采用有效加固措施，扣10分； 起重机与架空线路安全距离不符合规范要求，扣10分	10		
6		作业人员	起重机司机无证操作或操作证与操作机型不符，扣5～10分； 未设置专职信号指挥和司索人员，扣10分； 作业前未按规定进行安全技术交底或交底未形成文字记录，扣5～10分	10		
	小计			60		
7	一般项目	起重吊装	多台起重机同时起吊一个构件时，单台起重机所承受的荷载不符合专项施工方案要求，扣10分； 吊索系挂点不符合专项施工方案要求，扣5分； 起重机作业时起重臂下有人停留或吊运重物从人的正上方通过，扣10分； 起重机吊具载运人员，扣10分； 吊运易散落物件不使用吊笼，扣6分	10		
8		高处作业	未按规定设置高处作业平台，扣10分； 高处作业平台设置不符合规范要求，扣5～10分； 未按规定设置爬梯或爬梯的强度，构造不符合规范要求，扣5～8分； 未按规定设置安全带悬挂点，扣8分	10		
9		构件码放	构件码放荷载超过作业面承载能力，扣10分； 构件码放高度超过规定要求，扣4分； 大型构件码放无稳定措施，扣10分；	10		

序号	检查项目		扣 分 标 准	应得分数	扣减分数	实得分数
10	一般项目	警戒监护	未按规定设置作业警戒区，扣10分； 警戒区未设专人监护，扣5分	10		
		小计		40		
检查项目合计				100		

表 B.19 施工机具检查评分表

序号	检查项目	扣 分 标 准	应得分数	扣减分数	实得分数
1	平刨	平刨安装后未履行验收程序，扣5分； 未设置护手安全装置，扣5分； 传动部位未设置防护罩，扣5分； 未作保护接零或未设置漏电保护器，扣10分； 未设置安全作业棚，扣6分； 使用多功能木工机具，扣10分	10		
2	圆盘锯	圆盘锯安装后未履行验收程序，扣5分； 未设置锯盘护罩、分料器、防护挡板安全装置和传动部位未设置防护罩，每处扣3分； 未作保护接零或未设置漏电保护器，扣10分； 未设置安全作业棚，扣6分； 使用多功能木工机具，扣10分	10		
3	手持电动工具	Ⅰ类手持电动工具未采取保护接零或未设置漏电保护器，扣8分； 使用Ⅰ类手持电动工具不按规定穿戴绝缘用品，扣6分； 手持电动工具随意接长电源线，扣4分	8		
4	钢筋机械	机械安装后未履行验收程序，扣5分； 未作保护接零或未设置漏电保护器，扣10分； 钢筋加工区未设置作业棚，钢筋对焊作业区未采取防止火花飞溅措施或冷拉作业区未设置防护栏板，每处扣5分； 传动部位未设置防护罩，扣5分	10		
5	电焊机	电焊机安装后未履行验收程序，扣5分； 未作保护接零或未设置漏电保护器，扣10分； 未设置二次空载降压保护器，扣10分； 一次线长度超过规定或未进行穿管保护，扣3分； 二次线未采用防水橡皮护套铜芯软电缆，扣10分； 二次线长度超过规定或绝缘层老化，扣3分； 电焊机未设置防雨罩或接线柱未设置防护罩，扣5分	10		

序号	检查项目	扣 分 标 准	应得分数	扣减分数	实得分数
6	搅拌机	搅拌机安装后未履行验收程序，扣5分； 未作保护接零或未设置漏电保护器，扣10分； 离合器、制动器、钢丝绳达不到规定要求，每项扣5分； 上料斗未设置安全挂钩或止挡装置，扣5分； 传动部位未设置防护罩，扣4分； 未设置安全作业棚，扣6分	10		
7	气瓶	气瓶未安装减压器，扣8分； 乙炔瓶未安装回火防止器，扣8分； 气瓶间距小于5 m或与明火距离小于10 m未采取隔离措施，扣8分； 气瓶未设置防振圈和防护帽，扣2分； 气瓶存放不符合要求，扣4分	8		
8	翻斗车	翻斗车制动、转向装置不灵敏，扣5分； 驾驶员无证操作，扣8分； 行车载人或声音行车，扣8分	8		
9	潜水泵	未作保护接零或未设置漏电保护器，扣6分； 负荷线未使用专用防水橡皮电缆，扣6分； 负荷线有接头，扣3分	6		
10	振捣器	未作保护接零或未设置漏电保护器，扣8分； 未使用移动式配电箱，扣4分； 电缆线长度超过30 m，扣4分； 操作人员未穿戴绝缘防护用器，扣8分	8		
11	桩工机械	机械安装后未履行验收程序，扣10分； 作业前未编制专项施工方案或未按规定进行安全技术交底，扣10分； 安全装置不齐全或不灵敏，扣10分； 机械作业区域地面承载力不符合规定要求或未采取有效硬化措施，扣12分； 机械与输电线路安全距离不符合规范要求，扣12分	12		
检查项目合计			100		

本规范用词说明：

(1)为便于在执行本规范条文时区别对待，对要求严格程度不同的用词说明如下：

1)表示很严格，非这样做不可的：

正面词采用"必须"，反面词采用"严禁"；

2）表示严格，在正常情况下均应这样做的：

正面词采用"应"，反面词采用"不应"或"不得"；

3）表示允许稍有选择，在条件许可时首先应这样做的：

正面词采用"宜"，反面词采用"不宜"；

4）表示有选择，在一定条件下可以这样做的，采用"可"。

（2）条文中指明应按其他有关标准执行的，写法为"应符合……的规定"或"应按……执行"。

参 考 文 献

[1] 白锋．建筑工程质量检验与安全管理[M]．北京：机械工业出版社，2006．

[2] "绿十字"安全生产教育丛书编写组．消防安全知识[M]．北京：中国劳动社会保障出版社，2004．

[3] 任宏，兰定筠．建设工程施工安全管理[M]．北京：中国建筑工业出版社，2005．

[4] 冯小川，张颖．项目经理安全生产管理手册[M]．北京：中国建筑工业出版社，2004．

[5] 建设部工程质量安全监督与行业发展司．建设工程安全生产技术[M]．北京：中国建筑工业出版社，2004．

[6] 瞿义勇．安全员上岗必读[M]．北京：机械工业出版社，2011．

[7] 北京海德中安工程技术研究院．建筑企业安全生产标准化实施指南[M]．北京：中国建筑工业出版社，2007．

[8] 建筑工程管理人员职业技能全书编委会．安全员[M]．武汉：华中科技大学出版社，2008．

[9] 张瑞生．建筑工程质量与安全管理[M]．北京：中国建筑工业出版社，2009．